Michael Paul

Der Kampf um den Nordpol

Michael Paul

DER KAMPF UM DEN NORDPOL

Die Arktis, der Klimawandel und die Rivalität der Großmächte

HERDER

FREIBURG · BASEL · WIEN

MIX
Papier aus verantwortungsvollen Quellen
FSC® C014496

www.herder.de

Umschlaggestaltung: Verlag Herder
Umschlagmotiv: © mauritius images / Samantha Crimmin / AlamY
Satz: Röser MEDIA GmbH & Co. KG, Karlsruhe
Herstellung: GGP Media GmbH, Pößneck

Printed in Germany

ISBN Print 978-3-451-39052-4
ISBN E-Book (EPUB) 978-3-451-82702-0
ISBN E-Book (PDF) 978-3-451-82728-0

Inhalt

EINFÜHRUNG

Die Arktis ist legendär. Das Land „jenseits des Nördlichen“, wofür das griechische Wort Ὑπερβορέα (Hyperboréa) steht, galt in der antiken Mythologie als paradiesischer Ort mit einer besonderen Nähe zu den Göttern. Hinter den schroffen Eisbergen wurden warme Gefilde vermutet, und ihre Bewohner – die Hyperboreer – galten als weise, glücklich und unsterblich. Erstmals scheint der griechische Seefahrer Pytheas die Länder nahe der Frostzone erreicht zu haben, darunter die Insel Thule als das am weitesten entfernte Reiseziel – wobei es sich wohl um eine Insel vor Grönland handelte. Daher wird die nördlichste Landfläche der Erde auch Ultima Thule genannt.[1]

Der „Mythos Nordpol“ wurde von europäischen Gelehrten und Handelsreisenden geschaffen, die von einem warmen Meer hinter den Eisbarrieren träumten, in dessen Mitte ein polares Arkadien liegt. Nach Passieren des Nordpols sollte das Klima der dortigen Seen und Länder ebenso gemäßigt sein wie in hiesigen Gegenden.[2] Doch für Seefahrer wie Willem Barents (1550–97), der als Entdecker Spitzbergens gilt, blieben die Eismassen im Nordpolarmeer undurchdringlich. Im 18. Jahrhundert lebte die Vorstellung vom eisfreien Nordpol unter anderem durch den Universalgelehrten Michail Lomonossow (1711–65) wieder auf. Eine Entdeckungsreise zum Nordpol, wo es „weder Kälte noch Schnee“ gebe, stand 1818 auch im Mittelpunkt des Frankenstein-Romans von Mary Shelley.[3] Noch 1865 vertrat der Kartograf August Petermann auf der ersten Versammlung Deutscher Meister und Freunde der Erdkunde die Theorie von dem zu allen Jahreszeiten eisfreien Nordpolarmeer und initiierte damit die deutsche Arktisforschung.[4] Entgegen seinen Erwartungen musste Kapitän George Strong Nares bei seiner Expedition 1875–76 jedoch die Theorie widerlegen, denn er fand einen zugefrorenen Ozean vor. Zwar erreichte seine Mannschaft mit 83 Grad nördlicher Breite den nördlichsten Ort, der bis dato jemals von Menschen betreten worden war, Skorbut und mangelhafte Ausrüstung zwangen Nares jedoch zur Umkehr. Nach der Rückkehr aus dem Nördlichen Eismeer sandte er ein Telegramm mit den Worten „Pol unerreichbar!" an die britische Admiralität.[5] Heute droht die zunehmende Erderwärmung die Vorstellung von der eisfreien Arktis wahr werden zu lassen, und Grönland könnte in Zukunft das von den Wikingern erhoffte Grünland werden – vielleicht sogar mittels „grüner" umweltverträglicher Technologie?

Das „ewige Eis" schmilzt. Immer schneller und für längere Zeiträume verschwindet das Meereis am Nordpol, tauen die Permafrostböden und weicht die klirrende Kälte als Symbole einer menschenfeindlichen Eiswelt. Trotz der widrigen Lebensbedingungen ist die Arktis aber das Ziel großer Ambitionen geblieben. Die Briten unternahmen 1773 den ersten von vielen erfolglosen Versuchen, den Nordpol zu erreichen. Später wurde der Kampf um den Nordpol inneramerikanisch ausgetragen – mit dem bis heute strittigen Patt zwischen Robert Peary und Frederick Cook. Nach seiner eigenen Aussage hat Peary am 6. April 1909 die US-Flagge an der Stelle gehisst, die nach seinen Beobachtungen die nordpolare Achse der Welt sei, und „im Namen des Präsidenten der Vereinigten Staaten von Amerika förmlich von der ganzen Gegend und Umgebung für diese Besitz genommen".[6] Der Nordpol und dessen Besitz hatten schon damals und haben noch heute einen hohen symbolischen Wert. Während Washington die Arktis lange vernachlässigt hat, fordert Moskau mit dem Anspruch auf große Gebiete im Nordpolarmeer auch Respekt für Russland als Großmacht ein. Und auch China hat als selbsternannter „Naher Arktisstaat" strategische Interessen und macht damit die Rivalität der Großmächte im Eismeer deutlich.

Die Arktis ist das Ziel geopolitischer Ambitionen. Der Begriff Geopolitik ist ein Synonym für raumbezogene internationale Politik. Er bezieht sich auf den Einfluss grundlegender geografischer Merkmale auf die internationalen Beziehungen. Zu den Merkmalen, die in die geopolitische Analyse einfließen, gehören etwa die relative Größe und Lage von Ländern, die Standorte wichtiger Ressourcen wie Öl oder Gas, geografische Barrieren wie Ozeane, Eiswüsten und Gebirge sowie die Zugänge zum Meer und die Verfügbarkeit von Transportverbindungen wie Land- und Wasserwege. In der Politikwissenschaft besteht „zunehmend Einigkeit" darüber, dass der Raumdimension in der Analyse internationaler Beziehungen eine wichtige Rolle zukommen sollte.[7] In Deutschland sollte idealiter die „Raumblindheit" ebenso ihr Ende finden wie im maritimen Kontext die „Seeblindheit". Die Geopolitik als Analysemethode findet ihre Ergänzung in der Geostrategie als raumbezogenes, außenpolitisches Agieren – so in Bezug auf Grönland. Eine Geostrategie legt konkret fest, an welchen Orten ein Staat seine diplomatischen Aktivitäten und die Projektion militärischer Macht konzentriert. In diesem Sinne sollten neben „Werten" und „Recht" auch „Raum" und „Macht" als handlungsleitende normative Kategorien deutscher und europäischer Sicherheitspolitik gelten.

Erst seit wenigen Jahren ist die Arktis wieder ein sicherheitspolitisches Thema, gleichwohl waren strategische und militärische Erwägungen seit dem Kalten Krieg nie ganz verschwunden. Allein schon aufgrund ihrer Lage bleibt sie von hoher Bedeutung für die USA und Russland, die in der Beringstraße nur 85 Kilometer voneinander entfernt sind. Noch heute würden Raketen bei einem nuklearen Schlagabtausch ihren Kurs über das Nordpolarmeer nehmen. In den 1990er Jahren gab es Hoffnung auf eine andauernde Ära der Kooperation, und das 21. Jahrhundert hätte die „Ära der Arktis"[8] werden können. Stattdessen sind die 2020er Jahre wieder von einer Rivalität großer Mächte geprägt; der russische Angriffskrieg gegen die Ukraine zeigt die damit verbundene latente Gefahr.

Das schmelzende Eis eröffnet neue Einflussmöglichkeiten, die ebenso Investitionen und Kooperation wie Konkurrenz und Konfrontation fördern können. Die Arktis hat ihren Ausnahmecharakter als Ort der Zusammenarbeit, des Friedens und der Stabilität verloren. Die Zeit des arktischen Exzeptionalismus ist zu Ende. Die Arktis ist keine einsam entrückte Region fernab von Konflikten mehr, sondern der

Klimawandel macht sie zunehmend selbst zum Ort widerstreitender Interessen und Machtkonflikte. Gibt es trotz alledem Aussichten für eine neue, friedliche Arktis?

Die Arktis ändert sich rapide. Die Temperaturerhöhungen sind in der Arktis bis zu dreimal so hoch wie im weltweiten Durchschnitt. Hier ist der Klimawandel bereits Realität. Die Arktis ist nicht nur von extremen Umweltbedingungen geprägt, sie erfährt durch den Klimawandel auch höchst widersprüchliche Entwicklungen. Einerseits nehmen Umwelt und Bevölkerung in der Arktis durch die Folgen der Erderwärmung großen Schaden. Andererseits eröffnen sich blendende Aussichten für ambitionierte Förderprojekte, reiche Ressourcen, kostensparende Seewege und lukrative Tourismusziele. Ein Beispiel bietet wiederum Grönland: Je schneller die Gletscher schmelzen, desto mehr Aufmerksamkeit findet die Insel. Der Klimawandel hat hier eine Art Werbeeffekt, der es erleichtert, Kapital zur Entwicklung neuer eigener Wirtschaftszweige anzuziehen und damit die Abhängigkeit vom Königreich Dänemark zu verringern.

Die vielfältigen Entwicklungsprozesse in der Arktis haben gravierende Auswirkungen auf internationale Politik, Wirtschaft, Umwelt und Sicherheit. Deshalb ist es wichtig, sich eingehend mit Akteuren, deren Ambitionen und den Aussichten für diesen Raum zu befassen. Bislang war die Arktis von friedlicher Zusammenarbeit geprägt, und noch heute überwiegen kooperative Ansätze. Politische Konflikte und Spannungen der letzten Jahre liegen zu einem kleinen Teil in der Arktis selbst, größtenteils kommen sie von außen als geopolitischer „Spillover" der Konkurrenz zwischen den USA, China und Russland. Denn die Arktis ist aus verschiedenen Gründen bedeutsam, um den eigenen Status zu erhalten oder zu vergrößern: Die USA haben sie als „Arena" im Kampf um Macht und Einfluss identifiziert und wollen den Status quo erhalten. Russland will sie nutzen, um seine Rolle als Großmacht auszubauen, und China will sie für den Aufstieg zur Weltmacht nutzen. Typisch dafür ist der jeweilige Umgang mit Schifffahrtswegen: Die USA wollen freie Schifffahrtswege, während Russland ihren Zugang begrenzen will.

Gerade im Falle arktischer Seewege fehlt jedoch moderne Infrastruktur, und weil die nationalen Einsatzmittel nicht ausreichen, bedarf es internationaler Zusammenarbeit für Seenotrettung und Katastrophenfälle. Die arktischen Umweltbedingungen bleiben eine extreme Herausforderung für Schiffe und Besatzungen, zumal die Erwärmung die Lage verschärft und noch stärkere Winde, höhere Wellen und mehr Eisdrift schafft. Das erfordert mehr statt weniger Kooperation der Arktisstaaten und ihrer Küstenwachen; angesichts begrenzter Mittel erscheint hier (Macht-) Konkurrenz kontraproduktiv.

Es lohnt sich auch hier der Blick zurück in die Geschichte: Die Arktis war schon früh in Konflikte der Großmächte verwickelt. Der Siebenjährige Krieg von 1756 bis 1763 gilt als globaler Konflikt, weil alle damaligen Großmächte involviert waren und die Auseinandersetzung auf allen Kontinenten – mit Ausnahme der Antarktis – geführt wurde. Die Arktis war damals direkt beteiligt, was bis heute andauernde Folgen hat. Denn am Ende des Krieges musste Frankreich sein nordamerikanisches Territorium Nouvelle-France an Großbritannien abgeben – was Kanada nachhaltig politisch, sozial und kulturell geprägt hat.[9] Heute wächst abermals die Konkurrenz der Großmächte, und dies wirkt sich zunehmend auch auf die Arktis aus. Im Folgenden werden daher die Arktisstaaten und die im Arktischen Rat vertretenen Beobachterstaaten auf Unterschiede und Gemeinsamkeiten im Kontext der Großmachtrivalität zwischen den USA, Russland und China untersucht. Welche Schwerpunkte setzen arktische Akteure in ihrer unterschiedlichen Arktispolitik und inwiefern weichen Pläne und Praxis voneinander ab und bilden Potenzial für Kooperation oder Konkurrenz? Welche Aussichten bietet eine zunehmend eisfreie Arktis alten und neuen Akteuren in der Arktis?

Offiziell werden weiterhin Frieden und Kooperation in der Arktis beschworen. Allerdings erwähnte der russische Außenminister im Mai 2021 in Reykjavik nicht die Rede von Michail Gorbatschow in Murmansk, in der dieser 1987 vorgeschlagen hatte, die Arktis in eine Zone des Friedens zu verwandeln. Die Übernahme des Vorsitzes im Arktischen Rat wäre dazu der geeignete Anlass gewesen, aber zu sehr verbindet der russische Präsident Wladimir Putin mit dem Namen

Gorbatschow das von ihm beklagte Ende der Sowjetunion. Putin sieht die Arktis nicht als Zone des Friedens, sondern als Ressourcenbasis und Bastion zur Verteidigung Russlands als Großmacht. Der Nordpolarraum hat für Russland eine hohe, oft mystisch überhöhte Bedeutung. Ein Symbol dafür war die spektakuläre Aktion, bei der 2007 eine russische Flagge in über 4000 Metern Tiefe auf den Meeresboden am Nordpol gesetzt wurde. Die Arktis sei russisch, wurde erklärt. Droht ein internationaler Kampf um den Nordpol?

Moskau tritt immer aggressiver auf. Damit wird auch die Rolle von Deutschland als Partner und Verbündeter nördlicher NATO-Staaten im arktisch-nordatlantischen Raum wichtiger. Die Zeit „europäischer Ausreden" ist zu Ende, in der Berlin und Brüssel einen „kollektiven Urlaub von strategischem Denken"[10] nehmen konnten. Alles, was nun außenpolitisch zu tun ist, sollte strategisch angelegt sein – also langfristig und ein breites Spektrum abdeckend. Das heißt, in der Außen- und Sicherheitspolitik in Bezug auf die Arktis nicht nur den sicherheitspolitischen Aspekt zu betrachten, sondern verschiedene Politikgebiete – wie Klima- und Ressourcenpolitik – zu berücksichtigen.

Dieses Buch soll mehr Verständnis für die komplexen Veränderungsprozesse in der Arktis wecken und Orientierung geben, selbst wenn aufgrund der Fülle des Materials oft nur anekdotische Evidenz geboten werden kann. Wer sich darüber hinaus über die arktischen Lebensumstände informieren möchte, dem empfehle ich die neu aufgelegten Erinnerungen von Christiane Ritter, *Eine Frau erlebt die Polarnacht*, und das aktuelle Buch von Line Nagell Ylvisaker, *Meine Welt schmilzt.*[11] Beide beschreiben – in einem Abstand von über 80 Jahren – das Leben auf Spitzbergen und illustrieren die tiefgreifenden Veränderungen, die mit dem Klimawandel in der Arktis verbunden sind.

Im Entstehungsprozess dieses Buches[12] waren neben vielen Gesprächen diesseits und jenseits des nördlichen Polarkreises wieder Kolleginnen und Kollegen der Stiftung Wissenschaft und Politik (SWP) eine wertvolle Hilfe, wofür ich herzlich danke. Etwaige Fehler sind allein dem Autor zuzurechnen michael.paul@swp-berlin.org

DIE ARKTIS

Wesentlich ist die Arktis ein Meer, das Kontinentalstaaten umgeben, während es sich bei der Antarktis um einen Kontinent handelt, der von Meer umschlossen ist. Die Arktis umfasst so viele unterschiedliche Klimazonen und Lebenswelten, dass es „nichts intuitiv Offensichtliches“[13] gibt, was sie als Region kennzeichnet. Allein Eisbären existieren nur in der Arktis und sind ihre bekanntesten Symbole. Seit 1989 ist der Eisbär das Wappentier Grönlands. Eisbären sind wegen des Klimawandels gefährdet, da ihre Zukunft vom Fortbestand des Meereises abhängt.

Geografisch wird die Arktis durch den nördlichen Polarkreis begrenzt. Fünf arktische Küstenstaaten (Arctic 5, A5) umgeben das Nordpolarmeer mit dem ihnen zugehörigen Territorium: die Vereinigten Staaten von Amerika (mit dem Bundesstaat Alaska), das Königreich Dänemark (mit Grönland), Kanada, die Russische Föderation und Norwegen. Weitere territoriale Anteile an der Arktis haben Finnland, Island und Schweden. Diese acht Staaten (A8) bilden den Arktischen Rat, in dem überdies indigene Volksgruppen vertreten sind.

Was ist die Arktis? Definitionen und Ordnungsrahmen

Die älteste Definition folgt dem System der mathematisch-astronomischen Zonen: Die Arktis befindet sich unter dem Sternbild des Großen Bären. Das dafür verwendete griechische Wort ἀρκτικός (arktikós) ist der Ursprung für die Bezeichnung dieses Raumes. Er wird durch den Polarkreis in 66° 33' nördlicher Breite begrenzt. Diese am häufigsten verwendete Definition schließt jedoch der polaren Kernzone ähnliche Subregionen wie das Beringmeer, den südlichen Teil Grönlands und die Hudson Bay aus. Alternativ lässt sich die Arktis nach Kriterien bemessen, die typisch für die Region sind. Im System der Klima- und Landschaftszonen wird die Arktis durch die 10-Grad-Celsius-Juli-Isotherme bestimmt. Das ist eine gedachte Linie, nördlich derer die Mitteltemperatur im mehrjährigen Durchschnitt selbst im wärmsten Monat nicht über 10° C steigt. Sie stimmt weitgehend mit der polaren Baumgrenze überein. Nicht zuletzt aufgrund der zunehmenden Erwärmung ist diese Definition problematisch.

Eine umfassende Festlegung wählte eine der sechs Arbeitsgruppen des Arktischen Rates im Arctic Monitoring Assessment Program (AMAP). Demnach bilden auch die Hudson Bay und das südlich der Barentssee gelegene Weiße Meer integrale Bestandteile der Arktis, außerdem Teile des Landterritoriums der acht Arktisstaaten.[14] Eine noch weitreichendere Definition enthält der Arctic Human Development Report (AHDR). Demgemäß erstreckt sich die Arktis auf 40 Millionen Quadratkilometer und hat eine Bevölkerung von etwa vier Millionen Menschen – davon lebt fast die Hälfte in der russischen Arktis.[15]

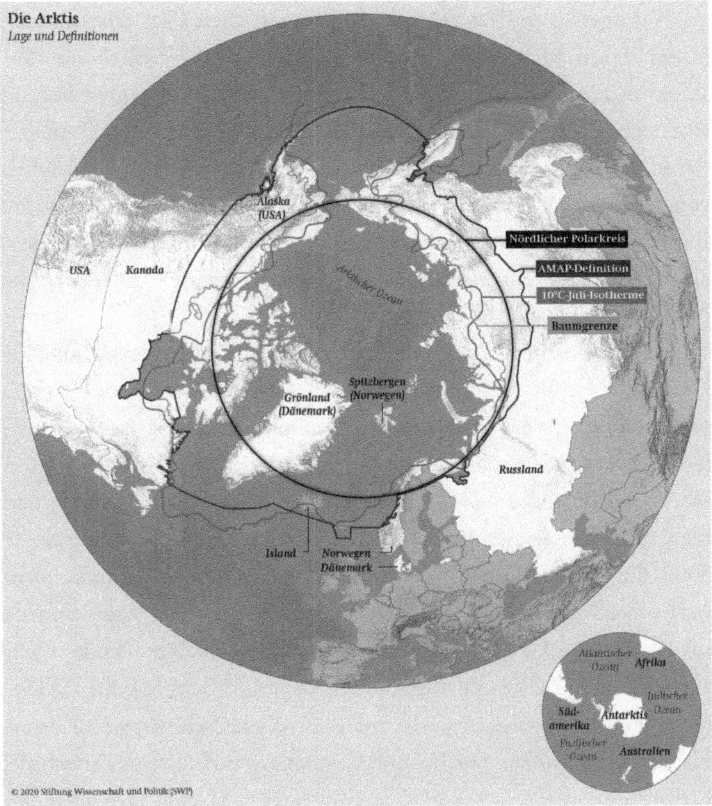

Arktis. Lage und Definitionen[16]

Das Nordpolarmeer ist mit rund 14 Millionen Quadratkilometern der kleinste Ozean der Erde und hat eine durchschnittliche Wassertiefe von 1200 Metern; seine größte Tiefe beträgt – westlich von Spitzbergen – über 5600 Meter. Es ist damit der Ozean mit der durchschnittlich geringsten Wassertiefe, was den Großteil des Meeresbodens nutzbar macht.[17] Das Europäische Nordmeer zwischen Grönland und Nordeuropa verbindet den Arktischen Ozean mit dem Atlantik, die Beringstraße bildet als Meerenge zwischen Asien und Amerika die Verbindung der Arktis mit dem Pazifik.

Naturgemäß ändert sich mit der geografischen Lage eines Landes in der Arktis auch dessen politische Bedeutung. Der Blick aus Washington auf seine Exklave Alaska unterscheidet sich grundlegend von der aus Moskau auf seine arktischen Gebiete und deren Umfeld.[18] Beide Betrachtungsweisen unterscheiden sich wiederum erheblich von der bipolaren, sinozentrischen Sicht Pekings, in der die Arktis am Rand der Welt liegt.[19] Im sicherheitspolitischen Kontext ist außerdem ein arktisch-nordatlantischer Raum relevant,[20] der für Brüssel und die NATO-Allianz an Bedeutung gewinnt.

Die allgemein übliche, alle acht Arktisstaaten berücksichtigende Definition ergibt nicht nur eine große Vielfalt von Landschaften, sondern auch eine Bandbreite an Zuständen arktischer und subarktischer Gewässer: warm, kalt, eisfrei, eisbedeckt, salzig, weniger salzig etc. Entsprechend unterschiedlich sind die Umweltbedingungen und die Anforderungen an die Schifffahrt. Ein restriktives Kriterium legte 2002 die Internationale Seeschifffahrts-Organisation (International Maritime Organization, IMO) fest: Arktische Gewässer sind demnach solche, die eine Meereis-Konzentration von einem Zehntel oder mehr aufweisen und daher ein strukturelles Risiko für Schiffe bilden.[21] Gemeint sind hier zahlreiche, sehr unterschiedliche Schiffstypen: Fähren, Fischerboote, Tanker, Fracht- und Containerschiffe, Kreuzfahrtschiffe, Eisbrecher sowie Schiffe von Küstenwache und Marine. Dabei handelt es sich jeweils um Schiffe mit oder ohne Eisklasse.[22] Diese stuft die Eisfestigkeit von Schiffen ein, die für eisbedeckte Gewässer konzipiert sind und über eine Eisverstärkung verfügen (wie Frachteisbrecher).

Der grundlegende Ordnungsrahmen für Meere und Ozeane ist das Seerechtsübereinkommen der Vereinten Nationen von 1982 (SRÜ).[23] Es soll den internationalen Verkehr erleichtern sowie die ausgewogene Nutzung ihrer Ressourcen zu friedlichen Zwecken fördern. Die überwiegende Mehrheit der Staaten ist diesem Abkommen beigetreten. Viele seiner Vorschriften entsprechen dem Völkergewohnheitsrecht und werden daher auch von den USA befolgt, die nicht zu den Vertragsparteien zählen.[24] Das SRÜ regelt Seegebiets- und Festlandsockelabgrenzungen, Fischerei, Schifffahrt und andere Nutzungen sowie den Schutz der arktischen Gewässer. Küstenstaaten können ein nationales Küstenmeer von bis zu zwölf Seemeilen und eine Ausschließliche Wirtschaftszone (AWZ) von 200 Seemeilen beanspruchen. In der AWZ haben die Küstenstaaten souveräne Rechte bei der Ausbeutung der Ressourcen des Meeres, seines Bodens und dessen Untergrundes. In der Arktis sind als „kompliziertes Mosaik" weitere nationale Gesetze und internationale Regime zu berücksichtigen.[25]

In der Ilulissat-Erklärung vom Mai 2008 lehnten es die fünf arktischen Küstenstaaten ab, ein ähnliches Rechtsregime zu entwickeln, wie es der Antarktis-Vertrag von 1959 begründet hatte. Stattdessen bekräftigten sie, ihre souveränen Rechte und Pflichten gemäß dem Seerecht zu klären,[26] womit die USA eingeschlossen sind.

Was macht die Arktis so wichtig?

Das schmelzende Eis des Nordpolarmeers wirkt als Frühwarnsystem des Weltklimas, denn das Arktiseis ist eine der wichtigsten Klimavariablen. Es beeinflusst den Wärme- und Feuchtigkeitsaustausch an der Meeresoberfläche sowie Meeresströmungen, die für das Klima – und damit auch die Wolkenbildung und die Luftfeuchtigkeit – weltweit bedeutend sind. Die Autorinnen und Autoren des „Arctic Climate Impact Assessment" benutzten 2004 das Bild vom Kanarienvogel: Ähnlich wie Bergleute unter Tage früher durch einen Kanarienvogel vor der steigenden Konzentration giftiger Gase gewarnt wurden, signalisiert Forschenden das Meereis die Veränderungen des Weltklimas.[27]

Die Veränderungen des Klimas treiben die Entwicklung der Arktis in vielfacher Hinsicht voran. Wärmere Temperaturen lassen das Eis schmelzen, ermöglichen eine zunehmende Nutzung arktischer Seewege und gestatten die Ausbeutung bislang unzugänglicher Ressourcen. In der Arktis macht sich aber auch der Wandel in den internationalen Beziehungen bemerkbar. Die globale Erwärmung ist der Treiber einer dynamischen Entwicklung, welche bislang praktizierte Formen der Zusammenarbeit verändert. Je weniger arktisches Eis es gibt und je besser sich die Seewege nutzen lassen, desto stärker machen etablierte Arktisstaaten wie Russland und die USA sowie die aufstrebende Großmacht China ihre jeweiligen Ansprüche geltend und desto mehr geraten sie in Konkurrenz zueinander. Daraus resultierenden Interessenkonflikten und potenziellen Krisen gilt es vorzubeugen.

Der Klimawandel und seine Folgen

Der Begriff des Klimawandels bezieht sich primär auf die vom Menschen verursachte Veränderung des globalen und regionalen Klimas. Diese anthropogene Klimaänderung ist hauptsächlich auf die großen Mengen an fossilen Energieträgern wie Braun- und Steinkohle, Erdöl sowie Erdgas zurückzuführen, welche die Industriegesellschaften seit Mitte des 18. Jahrhunderts verfeuern. Die erwärmende Wirkung von Kohlendioxid (CO_2) auf das Klima ist seit mehr als hundert Jahren ein in der einschlägigen Wissenschaft akzeptiertes Faktum.[28] Das Ausmaß klimaschädlicher Emissionen wie CO_2 steigt weiter und hat 2019 erstmals seit Beginn der Industrialisierung im Jahr 1750 den Wert von 410 ppm (Teilchen pro Million Teilchen) überschritten. Im März 2021 wurde mit 417 ppm ein neuer Höchstwert erreicht (1958 lag dieser Wert noch bei 316 ppm). Dies ist der höchste Stand seit mindestens 800 000 Jahren. Gemäß dem Bericht der Nationalen Akademie der Wissenschaften Leopoldina zum Klimawandel stammten 86 Prozent (34,4 Gigatonnen) der von Menschen freigesetzten CO_2-Emissionen im Analysezeitraum 2009 bis 2018 aus der Verbrennung fossiler Stoffe und 14 Prozent aus Landnutzungsänderungen wie Entwaldung oder Trockenlegung von Feuchtgebieten.[29]

Der Anstieg der Treibhausgase (vor allem CO_2 und Methan) hat seit dem 19. Jahrhundert die Erdoberfläche im Mittel um 1,2 Grad erwärmt. Der Jahresdurchschnitt der Lufttemperatur ist im Flächenmittel von Deutschland in den Jahren 1881 bis 2019 um 2 Grad angestiegen.[30] Eine grundlegende Besserung ist mittelfristig nicht absehbar: Gemäß dem Statusbericht des globalen Ökostrom-Netzwerks REN21 haben zwar die erneuerbaren Energien in den vergangenen zehn Jahren zugelegt. Aber gleichzeitig wuchs der Energiebedarf. Als Folge stagniert der Anteil fossiler Energieträger auf hohem Niveau: Im Jahr 2009 lag dem Bericht zufolge der Anteil fossiler Energie bei 80,3 Prozent und zehn Jahre später bei 80,2 Prozent.[31]

Extreme Wetterereignisse sind weltweit die unmittelbar spürbaren Auswirkungen des Klimawandels. Die Häufigkeit von Hitzeextremen, Dürren, Extremniederschlägen und starken Stürmen nimmt zu. Dem Bericht der Nationalen Akademie der Wissenschaften zufolge gefährden extreme Wetterereignisse wie Dürren mittelfristig auch in Deutschland die Versorgung mit Wasser und landwirtschaftlichen Produkten.[32] Die Folgen des Klimawandels für die Meere charakterisierte der Wissenschaftliche Beirat der Bundesregierung Globale Umweltveränderungen (WBGU) schon 2006 in einem Bericht: Das Meer werde „zu warm, zu hoch, zu sauer". Die Erwärmung und Versauerung der Meere sowie ein Anstieg des Meeresspiegels seien bereits messbar.[33]

In der Arktis sind die Ökosysteme und der Lebenszyklus vieler Tiere betroffen, weil das Eis immer stärker schmilzt und oftmals Regen statt Schnee fällt. Der Bestand an Eisbären und Walrossen sowie Seehundarten und Seevögeln geht zurück, und Rentiere finden auf dem vereisten Boden keine Nahrung. Mit dem Meereis geht in der Arktis ein ganzes Ökosystem verloren. Inuit verlieren ihre Jahrtausende alte Lebensweise.

Der Klimawandel ist daher seit vielen Jahren programmatischer Schwerpunkt des jeweiligen Vorsitzes im Arktischen Rat: Nach Finnland stand der Vorsitz Islands (2019–2021) unter dem Einfluss der rapiden Umweltveränderungen.[34] Russland will sich ebenfalls mit den Folgen der Klimaänderung auseinandersetzen. Moskau wird aber wenig dazu beitragen, diesen Entwicklungen durch eine Dekarbonisierung – und damit einer Verringerung fossiler Brennstoffe als Energieträger – zu begegnen; schließlich stammt ein wichtiger Teil des Staatshaushalts aus der Förderung fossiler Ressourcen in der russischen Arktis. Russland hat im Energiemix der G20-Staaten den geringsten Anteil an erneuerbaren Energien – was der Skepsis des russischen Präsidenten gegenüber dem Klimawandel und einer Lösung durch erneuerbare Energien entspricht.[35]

Klimabedingte Probleme sind auch für die Außen- und Sicherheitspolitik eine neue Herausforderung. Die Auswirkungen sind global unterschiedlich verteilt und können die Spannungen zwischen Staaten erhöhen.[36] Dies erfordert kooperative Politikansätze, um den Bedarf an sicherheitspolitischen oder militärischen Eingriffen gering zu halten und die in der Arktis bereits deutlich werdende Relevanz klimainduzierter Probleme für die internationale Sicherheit nicht zu verstärken. Die klassische Verteidigungspolitik mit einem engen Sicherheitsbegriff ist also ebenso von den Klimaveränderungen betroffen wie die präventive Sicherheits- und Entwicklungspolitik und deren Verhältnis zum Klimaregime unter der Klimarahmenkonvention der Vereinten Nationen.

Die Bedeutung der Arktis im Klimasystem

Aus den Szenarien der Klimaforscher ist eine fühlbare Realität geworden. Der Arktis kommt eine besondere Bedeutung zu, weil sie maßgeblich die globale Erwärmung und somit auch die Schmelzrate der Antarktis bestimmt.[37] In der Klimaforschung wird davon ausgegangen, dass das Schmelzen des Meereises und des grönländischen Festlandeises ab einem bestimmten Ausmaß irreversible Kipppunkte (tipping points) im globalen Klimasystem bilden. Schon geringe Änderungen im Klimasystem können bewirken, dass solche Schwellenwerte erreicht werden, bei deren Überschreiten es zu starken und teils unaufhaltsamen und unumkehrbaren Veränderungen kommt. Abrupte, drastische Klimaänderungen können die Anpassungsmöglichkeiten der menschlichen Gesellschaft fordern oder übersteigen.[38] Allerdings bezeichnet die in Oxford forschende Klimamodelliererin und Philosophin Friederike Otto den Begriff der Kipppunkte als „leider irreführend": Selbst wenn solch eine Schwelle überschritten werde, sei das nicht unmittelbar zu merken. „Die ganze Klimadiskussion wird immer so geführt, als gäbe es bei 1,5 Grad oder 2 Grad eine Klippe, von der an etwas passiert, dass wir plötzlich herunterfallen. Das ist aber Unsinn. Das Zeitalter der klimabedingten Verluste und Schäden hat längst begonnen. Und wenn wir weiter Kohlendioxid emittieren, wird auch die globale Mitteltemperatur steigen, und desto dramatischer werden die Veränderungen, was Extremwetter und was Meeresspiegelanstieg angeht."[39]

Ein Beispiel ist die Abschwächung der Atlantischen Umwälzströmung.[40] Ein internationales Wissenschaftsteam, darunter Stefan Rahmstorf vom Potsdam-Institut für Klimafolgenforschung, hat diese untersucht und Ergebnisse im Februar 2021 veröffentlicht.[41] Die Umwälzströmung lenkt warme Salzwassermassen aus den Tropen in den Nordatlantik, wo sie in die Tiefe sinken, während kaltes, salzarmes Wasser von dort zurück in den Süden fließt. Weil aber die Eismassen Grönlands abschmelzen und es in der Region mehr regnet, dringt nun massenhaft Süßwasser in das System, das leichter ist als Salzwasser und deshalb schlechter herabsinken kann. Dadurch wird die große Umwälzströmung abgeschwächt. Diese Strömung ist ein wichtiger Motor für die zirkulierenden Wassermassen der Weltmeere und trägt entscheidend zur Wärmeverteilung zwischen kalten und warmen Regionen der Erde bei. Die aktuell geschätzte 15-prozentige Abschwächung hat laut Rahmstorf bereits Folgen auf beiden Seiten des Atlantiks: „Schon heute sehen wir einen stärkeren Meeresspiegelanstieg an der amerikanischen Küste und verstärkte Hitzewellen in Westeuropa."[42] In Europa kann eine Verlangsamung des Golfstroms zu mehr extremen Witterungsereignissen führen, bedingt durch veränderte Zugbahnen von Wettersystemen und eine Verstärkung von Winterstürmen über dem Atlantik. Sollte die Meeresströmung ganz zum Erliegen kommen, müsste in Mitteleuropa mit sehr strengem kontinentalem Winterwetter gerechnet werden, da die Warmluftzufuhr vom Atlantik weitgehend ausbleiben würde. Das befürchtete Abreißen der Strömung ist einer der oben genannten Kipppunkte, auch wenn er als Prozess zu verstehen ist, der sich über mehrere Jahrzehnte hinziehen würde. Zwar besteht bislang kein Konsens, ob sich die Strömung schon verlangsamt hat oder allmählich zu verlangsamen beginnt. Aber Wissenschaftler sind einig, dass, wenn sich die Atmosphäre weiter erwärmt, die Strömung sich verlangsamen wird.

Russland registrierte im Februar 2020 den wärmsten Winter seit Beginn der regulären meteorologischen Aufzeichnungen vor 140 Jahren.[43] Am 17. Juni 2020 wurde im ostsibirischen Werchojansk eine Temperatur von 38° C gemessen. Werchojansk ist als Kältepol der bewohnten Welt bekannt, seitdem ein Verbannter des Zarenreiches 1885 hier minus 76,8° C gemessen hat. Im Oktober bis Dezember 2020 wurde panarktisch die höchste Temperatur an der Oberfläche festgestellt, und erstmals war die Laptewsee im Oktober eisfrei. Die Temperaturen in der Arktis steigen zwei- bis dreimal so stark wie im globalen Durchschnitt; sie haben in den letzten Jahren alle Rekorde seit dem Jahr 1900 übertroffen, und der Trend hält an: Im Juni 2021 wurden in Werchojansk 48° C gemessen und im Westen Kanadas sogar 49,5° C. Im August regnete es erstmals auf dem Gipfel des Grönländischen Eisschildes auf 3216 Metern Höhe.[44] Die Folgen sind dramatisch für Mensch und Umwelt: Indigene Völker wie die Inuit (grönländisch: Menschen) verlieren ihre Heimat, Eisbären verhungern und Permafrostböden tauen.

Grönlands schmelzende Eisschilde tragen darüber hinaus dazu bei, dass der Meeresspiegel immer schneller steigt. Beim Anstieg des globalen mittleren Meeresspiegels handelt es sich um eine direkte Folge des Klimawandels, denn die Erwärmung der Ozeane sorgt dafür, dass sich das Meerwasser ausdehnt. Zugleich nimmt das Wasservolumen durch das Abschmelzen von Gletschern sowie von Eisschilden in der Arktis und der Antarktis beträchtlich zu. In einem Bericht über den Einfluss der Erderwärmung auf Ozeane und Eisgebiete geht der Weltklimarat (IPCC) davon aus, dass sich der globale mittlere Meeresspiegel bis zum Jahr 2100 um bis zu 1,10 Meter (in Vergleich zum Stand zwischen 1986 und 2005) erhöhen könnte.[45] Daraus erwachsen für die Küstenzonen der Erde verschiedene Gefahren: häufigere und intensivere Überschwemmungen, ein erschwertes Abfließen von Wasser, die Versalzung von Böden, Grundwasser und Oberflächengewässern, die Veränderung und Zerstörung von Ökosystemen, eine verstärkte

Erosion an den Küsten und die dauerhafte Überflutung von Land.[46] Hiervon wären hunderte Millionen Menschen betroffen.

Als paradoxen Nebeneffekt des schmelzenden Meereises in der Barentssee kann Europa künftig sogar stärkere Schneefälle erleben, konstatierte ein internationales Forscherteam unter Leitung von Hannah Bailey von der finnischen Universität Oulu: „Das Meereis bildet quasi einen Deckel auf dem Ozean. Und mit seinem langfristigen Rückgang in der Arktis gelangen im Winter immer größere Mengen an Feuchtigkeit in die Atmosphäre, was sich direkt auf unser Wetter weiter südlich auswirkt und extreme Schneefälle verursacht. Es mag kontraintuitiv erscheinen, aber die Natur ist komplex und was in der Arktis passiert, bleibt nicht in der Arktis." Mittels einer Isotopenanalyse fand das Forschungsteam heraus, dass der Schnee, der bei dem europaweiten Kälteeinbruch 2018 in Nordeuropa gefallen war, zu etwa 90 Prozent aus der Barentssee stammte.[47]

Eisfreie Arktis?

Die heutige globale Erwärmung geschieht extrem rasch im Vergleich zu dem, was die Klimaforschung über natürliche globale Temperaturzunahmen in der Erdgeschichte bislang herausgefunden hat.[48] Die Erderwärmung schreitet insbesondere an Nord- und Südpol überdurchschnittlich schnell voran. Als Folge davon hat die Erde 28 Billionen Tonnen (t) Eis im Zeitraum 1997 bis 2017 verloren, davon 7,6 Billionen t Meereis der Arktis und 3,8 Billionen t grönländisches Eis, erklärte ein britisches Polarforschungsteam.[49] Ein Volumen von 28 Billionen t reicht aus, um fast zwei Drittel Deutschlands hundert Meter hoch mit gefrorenem Wasser zu bedecken. Zwar sind die Satellitenaufnahmen und die zur Berechnung der Eisveränderungen verwendeten Kryosphärenmodelle[50] des britischen Teams nur Annäherungen, keine exakten Zahlen, und die regionalen und jährlichen Schwankungen sind beträchtlich. Entscheidender jedoch als absolute Zahlen in der globalen Eisbilanz sind die Veränderungen auf der Zeitschiene: Die weltweiten Gesamtverluste haben sich im Untersuchungszeitraum auf

1,2 Billionen t jährlich erhöht – ein Anstieg der Schmelzrate um 57 Prozent. Dabei erhöht nicht alles Eis, das schmilzt, den Meeresspiegel. Vieles von dem gefrorenen Wasser schwimmt schon im Meer.[51]

Im Winter ist fast das ganze Nordpolarmeer von Eis bedeckt, während im Sommer die Eisbedeckung zurückgeht; die geringste Eisfläche besteht im September. In den letzten vier Jahrzehnten nahm die eisbedeckte Fläche in diesem Monat stetig ab. Zugleich nimmt die sommerliche Eisbedeckung nicht kontinuierlich ab, sondern ist von starken Schwankungen überlagert. Anfang der 1980er Jahre waren im Monat September noch 7,5 Millionen Quadratkilometer (qkm) des Ozeans eisbedeckt, 1999 verringerte sie sich auf 6,1 Millionen qkm, 2009 auf 5,3 Millionen qkm und 2021 auf 4,8 Millionen qkm. Aktuelle Messergebnisse vom Alfred-Wegener-Institut (AWI) für Polar- und Meeresforschung liegen 1,5 Millionen qkm über dem bisherigen Negativrekord 2012, als Forschungssatelliten eine Restfläche von nur 3,27 Millionen qkm erfasst haben. Von einer Erholung des arktischen Meereises könne trotz des vergleichsweise moderaten Eisrückgangs 2021 aber keine Rede sein, erklärte Christian Haas vom AWI. Ähnliche Sprünge in der verbleibenden Gesamteisfläche hat es im Zeitraum 2012 bis 2013 sowie 1995 bis 1996 gegeben. In einem veränderten Beobachtungszeitraum zwischen 1979 und 2020 habe das arktische Meereis eine Fläche verloren, die etwa der sechsfachen Größe Deutschlands entspricht.[52] Auch regionale Schwankungen sind zu beobachten: Besonders weit hat sich das Eis vor Sibiriens Küste zeitweilig zurückgezogen; Mitte Juli 2020 öffnete sich die Nordostpassage erstmals vollständig. Ein Grund dafür war, dass sich Anfang Juli die klimatischen Bedingungen verändert hatten: Eine Hochdruckzelle über der Ostsibirischen- und Tschuktschensee verursachte überdurchschnittlich warme Temperaturen von bis zu 1,6° C über dem Mittelwert.[53]

Immer mehr Eis schmilzt. Dabei nimmt nicht nur die Eisfläche ab, sondern auch die Eisdicke. Fällt die Eisdicke jedoch unter einen kritischen Wert, so gehen Experten wie Rüdiger Gerdes davon aus, dass die thermodynamischen Effekte dann ausreichen, um große Teile des Arktischen Ozeans eisfrei zu machen.[54] Um diesen kritischen Wert festlegen zu können, bedarf es weiterer Forschung. Aber die Teilnehmenden der MOSAiC-Expedition, die mit dem Eisbrecher *Polarstern* im September 2019 von Tromsø aufgebrochen waren, konnten vor Ort beobachten, wie dünn das Meereis geworden ist: Als sie den Nordpol erreicht hatten, sahen sie „weite Bereiche offenen Wassers fast bis zum Pol, umgeben von Eis, welches durch massives Schmelzen völlig durchlöchert war", sagte Expeditionsleiter Markus Rex. Nach der Rückkehr im Oktober 2020 in Bremerhaven resümierte er: „Wenn wir die Klimaerwärmung nicht sofort und massiv bekämpfen, werden wir in einigen Jahren im Sommer eine eisfreie Arktis haben, mit unabsehbaren Folgen auch bei uns."[55] Vielleicht lässt sich aus den ausgewerteten Daten der MOSAiC-Expedition (Multidisciplinary drifting Observatory for the Study of Arctic Climate) der kritische Wert erschließen.

Das Schwinden der polaren Meereisdecke hat allein schon gravierende Auswirkungen. Noch verheerender können die Folgen sein, die sich aus den Veränderungen an dem über drei Kilometer dicken Eispanzer Grönlands ergeben, der 85 Prozent der Insel überzieht. Sein Abschmelzen gewann 2020 eine neue Dynamik.[56] Die Eismassen Grönlands könnten nach Einschätzung der Nationalen Akademie der Wissenschaften Leopoldina bei 1,6 °C Erwärmung komplett schmelzen. Da der Eisschild auf Land liegt, hätte das Abschmelzen drastische Auswirkungen auf den Meeresspiegel, das Leben in den Küstenregionen und auch für das Klima in Europa.[57]

Zusätzlich erwärmend wirken Feuerbrände, die jährlich zwischen Juli und August wiederkehren, denn die Torfböden sind leicht entzündlich. Anders als früher brannten im Juli 2019 die Feuer jedoch schon seit sechs Wochen. Dabei standen große Flächen in Brand, und zwar viel früher als üblich und deutlich weiter nördlich. Im Juni und Juli 2019 gab es in Alaska, Grönland und Sibirien mehr als 100 Brände. Auslöser war, dass sich der Torf entzündet hatte, der den Permafrostboden und damit große Mengen gefrorener organischer Materie bedeckt.[58] Diese arktischen Feuer lassen sich mit dem Klimawandel erklären und wirken ihrerseits auf ihn zurück. Allein von Juni bis

August 2019 haben die Brände mit mehr als 180 Megatonnen CO_2 so viel Klimagas abgegeben wie ganz Schweden in dreieinhalb Jahren.[59] Im Jahr 2020 haben sich die durch Brände bewirkten Emissionen auf 395 Megatonnen gesteigert.[60] Im Folgejahr 2021 begannen die borealen Feuerbrände in Kanada und Sibirien schon im April und fanden im Juni am weitesten nördlich statt, nämlich am 72. Breitengrad. Im August hatten die Rauchwolken den Nordpol erreicht, und am Ende brannten 170 000 qkm.[61] Das war ein Negativrekord in der Ausbreitung der Feuer und dem Ausmaß der Emissionen.

Das Abtauen des Permafrosts lässt außerdem große Mengen an Methan in die Atmosphäre gelangen, und Methan ist ein vielfach stärkeres Treibhausgas als CO_2. Methan-Emissionen lassen die Erderwärmung weiter steigen.[62] Die Arktis kann so vom Speicher zur Quelle von Klimagasen werden und den Klimawandel beschleunigen. Ähnliche Rückkopplungseffekte erzeugt die industrielle Fischerei durch Schleppnetze, die zu einer jährlichen Freisetzung von 1,5 Gigatonnen CO_2 führen. Meeresböden binden große Mengen an Kohlenstoff. Schleppnetze stören jedoch die Kohlenstoffspeicher in den Meeresböden, wodurch der gespeicherte Kohlenstoff wieder zum klimaschädlichen Kohlendioxid reagiert. Um den Meeresboden als Kohlenstoffsenke zu erhalten, müssten einer Studie des Meeresbiologen Enric Sala zufolge vier Prozent der Ozeane vor Schleppnetzen bewahrt und als Schutzgebiete ausgewiesen werden.[63]

Als Folge dieser Entwicklungen hat sich die Temperatur des Meerwassers in der Arktis besonders stark erhöht.[64] „Bei ungebremster Erwärmung“, konstatierte der WBGU-Bericht 2006, werde der Arktische Ozean gegen Ende dieses Jahrhunderts im Sommer „praktisch eisfrei“ sein. Allerdings könne dies auch schon früher eintreten.[65] Denn schrumpft die Meereisfläche, verringert sich das Rückstrahlvermögen der Erde, was die Wärmeaufnahme im Nordpolarmeer erhöht. Die sogenannte polare Amplifikation hat eine Kettenreaktion zur Folge: Im Frühjahr beginnt die Eisschmelze immer früher, und im Herbst friert das Wasser immer später zu. In dieser polaren Verstärkung spielen je nach Jahreszeit unterschiedliche physikalische Prozesse eine Rolle. Als wichtigster Vorgang gilt die Eis-Albedo-Rückkopplung: Schnee- und Eisflächen reflektieren bis zu 90 Prozent der eingestrahlten Sonnenenergie ins Weltall. Das Abschmelzen der Schnee- und Eisflächen bringt die darunter liegenden Land- und Wasseroberflächen zum Vorschein, die einen größeren Teil der Sonnenenergie absorbieren (deshalb ihre dunklere Farbe). Die absorbierte Energie erwärmt die Oberfläche zusätzlich. Trotz ihres geringen globalen Effekts ist die Rückkopplung in der Arktis enorm wirkungsvoll, weil sie die einzige Region der Erde ist, wo eine große Meeresfläche während des Sommers von einem kurzlebigen schwimmenden Meereis bedeckt ist. Die Antarktis dagegen ist ein Festlandkontinent mit mehrere Kilometer starkem Eis. Aus diesen und weiteren Gründen ist die Erwärmung in der Arktis stärker wirksam als in der Antarktis; sie galt lange ähnlich wie Grönland mit ihren kilometerhohen Eispanzern geradezu als Festung gegen den Klimawandel. Aber inzwischen schrumpft selbst das Eis der extrem kalten Ostantarktis immer schneller.[66]

Früher war die Arktis weiträumig von mehrjährigem, dickem Meereis bedeckt. Laut dem Bericht des Weltklimarates ist es sehr wahrscheinlich, dass die arktische Eisfläche in allen Monaten des Jahres weiter zurückgehen wird. Dabei hat sich die durchschnittliche Dicke des Meereises in den letzten 30 Jahren von über drei Metern auf unter zwei Meter verringert. Altes Eis, also einige Jahre ältere Schichten, die vom Schnee aus zurückliegenden Wintern bedeckt sind, verschwindet. Im Zeitraum 1979 bis 2018 sind etwa 70 Prozent des Eisvolumens in den Sommermonaten geschmolzen.[67] Der US-Klimaforscher Mark Serreze, Direktor des National Snow and Ice Data Center, hat diese Entwicklung als „arktische Todesspirale“ bezeichnet.[68] Das Meereis nimmt immer mehr ab; in kanadischen Gewässern – der Hudson Bay, Hudson Strait und um die Baffin-Inseln – war es 2021 durchschnittlich etwa 20 Zentimeter dünner.[69]

Eine „eisfreie Arktis“, in der weniger als 15 Prozent des Ozeans von Meereis bedeckt sind, erscheint mittlerweile schon in einem Sommermonat um das Jahr 2035 und nicht mehr erst gegen Ende des Jahrhunderts möglich.[70] Im Winter wird sich weiter Eis bilden, weil die Temperaturen nach wie vor deutlich unter den Gefrierpunkt fallen. Und im Sommer werden Eisschollen durch die Gewässer treiben und die Schifffahrt behindern. Das nimmt dem Rückgang des Sommereises nichts von seiner Dramatik, relativiert aber die Annahme, in der Arktis werde dann die Nutzung von Ressourcen einfacher und die Schifffahrt leichter. Vielmehr können die Erwärmungseffekte sogar die Bedingungen erschweren – durch stärkere Winde, höhere Wellen und mehr Eisdrift. Im Übrigen wird diese Entwicklung unabhängig davon erwartet, ob die globale Erhöhung der Durchschnittstemperatur gemäß dem Pariser Klimaschutzabkommen unter 2° C gehalten werden kann. Manche Folgen des Klimawandels sind bereits wirksam und können nur noch begrenzt, aber nicht mehr aufgehalten werden.

Ressourcen: Ambivalente Entwicklungen

Das schmelzende Polareis macht die Arktis zwar zu Land und zu See zugänglicher, und fossile Lagerstätten, Mineralien und Fischbestände können mittels neuer technischer Mittel besser gefördert, verarbeitet und effizienter transportiert werden. Andererseits bleibt die Nutzung fossiler Lagerstätten unter den extremen Klimabedingungen der Arktis nur unter hohem Kostenaufwand möglich. Dabei ist die Bereitschaft zu Investitionen von vielen Variablen abhängig, zu denen auch die globale Erwärmung gehört. Sie hat hier ebenfalls zwiespältige Folgen: Höhere Temperaturen und schmelzendes Meereis eröffnen einerseits seeseitige Zugänge zu den an der Küste gelegenen Siedlungen sowie zu Rohstofflagerstätten und Industrieanlagen. Andererseits erschwert der auftauende Permafrostboden landseitige Zugänge; Brücken, temporäre Eisstraßen, Eisenbahntrassen, Häfen, Tankanlagen und Pipelines müssen unter schwierigeren Bedingungen erhalten oder neu gebaut werden – was Alaska, Kanada und besonders Russland betrifft. 20 Prozent der russischen Infrastruktur für Industrie und Verkehr sowie 50 Prozent der Wohngebäude werden einer Studie zufolge bis 2050 davon betroffen sein, zu geschätzten Kosten von bis zu 250 Milliarden US-Dollar.[71]

Bislang stehen die Energieträger Kohle, Öl und Gas im Vordergrund der Ressourcenwirtschaft in der Arktis und weniger Seltene Erden, die als Rohstoff für neue Technologien der Dekarbonisierung notwendig sind (deren weltweit zweitgrößte Lagerstätte befindet sich in Grönland, worauf später noch einzugehen ist). Etwa zehn Prozent der globalen Ölproduktion und 25 Prozent der Erdgasförderung finden bislang größtenteils zu Land in Alaska und in Sibirien statt.[72]

Als Öl im Juli 2008 noch einen Rekordpreis von 144 US-Dollar per Barrel erzielte, stellte eine von US-Geologen betriebene Untersuchung (U.S. Geological Survey, USGS) fest, dass sich in der Arktis schätzungsweise 13 Prozent der weltweit vorhandenen noch unerschlossenen Öllagerstätten und 30 Prozent der Gasreserven befinden. Der Großteil der Vorkommen in der Arktis, geschätzte 75 Prozent, wird auf See (offshore) vermutet. Die Schätzungen des USGS zeigen, dass die potenziellen Öl- und Gasreserven nicht gleichmäßig über die gesamte Arktis verteilt sind, sondern sich vor allem in der Beaufortsee (Kanada, USA) und Tschuktschensee (USA, Russland) sowie in der Barentssee (Norwegen, Russland) und der Karasee (Russland) befinden. Etwas über die Hälfte der geschätzten Gesamtbestände liegen in Hoheitsgebiet und AWZ Russlands, 20 Prozent in den USA, zwölf Prozent in Norwegen, elf Prozent in Grönland und fünf Prozent in Kanada. Die USGS schätzt, dass die Arktis dreimal mehr Gas- als Ölvorkommen besitzt und dass 84 Prozent davon offshore liegen. Die Experten arbeiten jedoch mit Wahrscheinlichkeiten und Schätzungen der unentdeckten Kohlenwasserstoffressourcen, die auf geologischen Modellen und nicht auf tatsächlichen Explorationsbohrungen beruhen. Im Bericht selbst wird gewarnt, dass die Arktis ein Gebiet mit einem hohen Potenzial an Erdölressourcen sei, zugleich aber geringe Datendichte, hohe geologische Unsicherheit und sensible Umweltbedingungen herrschen.[73] Wie das britische Unternehmen *CairnEnergy* und das norwegische Unternehmen *Statoil* vor der Küste Grönlands erlebten, führen Wahrscheinlichkeiten nicht automatisch zu kommerziell erfolgversprechenden Funden, und je mehr Bohrungen vor der Küste durchgeführt werden, desto finanziell riskanter und weniger interessant gestalten sie sich.[74] Das gilt umso mehr in Zeiten, in denen sich Europa von fossilen Energieträgern trennt und eine Dekarbonisierung anstrebt, während sie in Asien weiter stark nachgefragt werden.

Dekarbonisierung vs. Nachfrage fossiler Energieträger

Einmal abgesehen vom notwendigen Übergang zu sauberen Energieträgern und den hohen Umweltrisiken sind Offshore-Exploration und -Förderung nur bei hohen Weltmarktpreisen attraktiv, zumal finanzielle Risiken und technische Komplexität mit der Wassertiefe und der Entfernung zur Küste steigen. Außerdem fallen Offshore-Projekte in der russischen Arktis unter die 2014 gegen Moskau verhängten Sanktionen. Die Zeiträume von der Fördergenehmigung bis zur Produktion sind in der Arktis außerdem sehr viel länger als in anderen Offshore-Regionen.[75] Als früherer Spitzenreiter bei der Durchführung arktischer Vorhaben stellte *Shell* seine Aktivitäten weitgehend ein, nachdem im Herbst 2015 eine Exploration in Alaska enttäuschende Resultate gebracht hatte, sucht neuerdings aber wieder risikofreudige Investoren für eine Wiederaufnahme von Probebohrungen in der Beaufortsee.[76] Aus einem Explorationsprojekt mit der russischen *Rosneft* in der Karasee zog sich der US-Konzern *Exxon Mobil* 2014 zurück; *Rosneft* treibt die Erforschung nun mit *China Oilfield Services Limited* voran und hat 2020 die Entdeckung eines neuen Gasfeldes bekanntgegeben, das 800 Milliarden Kubikmeter umfassen soll.[77] Weitere Projekte wurden eingestellt oder auf einen Zeitraum nach 2030 verschoben.[78] US-Präsident Trump begünstigte die nationale Öl- und Gasindustrie, konnte aber die negativen Trends nicht umkehren, zumal wegen des Klimawandels der öffentliche Druck auf Banken, Investmentfonds und Firmen wächst. Präsident Putin hofft auf eine Wiederbelebung der Nachfrage,[79] die 2021 eingetreten ist, aber grundlegend wird der Trend zur Dekarbonisierung anhalten. Aufgrund der Transformation der EU in Fragen der Energiesicherheit und Nachhaltigkeit erwartet der Vorstandschef von *Lukoil*, Leonid Fedun, dass bis 2040 die russischen Exporte von Öl und Gas drastisch – mindestens um die Hälfte

– zurückgehen werden. In den kommenden 30 Jahren werden voraussichtlich 70 Prozent des globalen Kohlendioxidausstoßes von zwei Ländern verursacht – China und Indien.[80]

Aufgrund seiner Ziele einer maximalen Nutzung der Energieressourcen müsste Moskau an einem hohen Maß an Stabilität und Kooperation in der Arktis interessiert sein. Denn zur langfristigen Nutzung bestehender Förderplattformen wie bei der notwendigen aufwändigen und teuren Erschließung und Förderung neuer Lagerstätten bedarf es großer Investitionen, die sich im Falle des Baus eisgängiger Tanker durch asiatische Staaten wie beim Kauf von Anteilen russischer Firmen nur langfristig rentieren. Die Zeiträume zwischen Entdeckung und Produktion von Öl und Gas auf See (offshore) sind in der russischen Arktis außerdem mit durchschnittlich 28,5 Jahren extrem lang (wohingegen sie in Norwegen nur etwa die Hälfte, nämlich 14 Jahre betragen).[81]

Konträre Trends zeigen sich speziell im Falle Chinas: Als größter Energiekonsument der Welt hat es einen „fast unbegrenzten Bedarf" an verflüssigtem Erdgas (LNG), um den hohen Anteil von Kohle zu verringern. 58 Prozent des Primärenergieverbrauchs werden in China aus Kohle gewonnen, und in der ersten Jahreshälfte 2020 wurden mehr neue Kohlekraftwerke genehmigt als in den zwei Jahren zuvor. Im September 2020 hat Staats- und Parteichef Xi Jinping bei seiner Rede vor den Vereinten Nationen erklärt, die Menschheit brauche eine „grüne Revolution". Sie müsse sich schneller bewegen, um eine „grüne Lebensweise" zu schaffen. Dafür wolle China seine Klimaziele aufstocken. Nicht nur sollten die Emissionen noch „vor" 2030 ihren Gipfel erreichen, sagte Xi. „Vor 2060" wolle sein Land klimaneutral sein.[82] Zwar ist China weltweit führend in Produktion und Verbrauch erneuerbarer Energien, zugleich bleibt es aber mittelfristig von Erdgas abhängig und hat weltweit den Bau von 240 Kohlekraftwerken gefördert (was es künftig nicht mehr finanziell unterstützen will).[83]

Selbst in Prognosen für einen raschen Energiewandel[84] wird nicht erwartet, dass die Nachfrage nach Kohlenwasserstoffen bald versiegt. Ein Szenario zeigt, dass im Jahr 2040 die tägliche Nachfrage nach

Rohöl 67 Millionen Barrel betragen wird und die jährliche Nachfrage nach Erdgas knapp vier Milliarden Kubikmeter. Ein kommerzieller Imperativ beeinflusst die Entwicklung hin zu sauberen und billigeren Produzenten. Exportorientierte Firmen werden dies tun müssen, um ihre Produkte an zunehmend umweltbewusste Verbraucher zu verkaufen.[85] Importorientierte Firmen mit großen Inlandsmärkten werden nachziehen, um eine kontinuierliche Energiesicherheit zu gewährleisten, wenn ihre Regierungen versuchen, die Klimaziele zu erreichen.

Aus einer klimapolitischen Perspektive spricht alles gegen eine verstärkte – weil aufwändige und umweltbelastende – Nutzung arktischer Offshore-Lagerstätten. Sollten aber Öl- und Gaslieferanten die Chance haben, am Energiehandel weiter zu verdienen, wie Veronika Grimm, Mitglied im Sachverständigenrat zur Begutachtung der gesamtwirtschaftlichen Entwicklung, und SWP-Kollegin Kirsten Westphal, Mitglied im Nationalen Wasserstoffrat, argumentieren? Sie in eine klimaneutrale Welt mitzunehmen, sei geradezu „ein klimapolitischer Imperativ. Wenn den öl- und gasreichen Staaten die Einnahmen wegbrechen, droht die Destabilisierung dieser Länder."[86] Allerdings wird es noch lange Nachfrage nach Öl und Gas geben und Russland leidet eher unter der „holländischen Krankheit" – produzierende Branchen können sich wegen der Dominanz des Rohstoffsektors nicht entwickeln – als unter mangelnder Nachfrage. Um die fossile Energiewirtschaft nicht künstlich zu erhalten und die notwendige Modernisierung nicht noch länger hinauszuzögern, sollten Energieunternehmen gemäß einer Studie der *Boston Consulting Group* ihre Emissionen reduzieren, eine kostengünstige Produktion priorisieren und neue Technologien entwickeln.[87]

Arktische Ressourcen und Seewege – wie Russlands Nördliche Seeroute – profitieren dann vom Trend zur Dekarbonisierung, solange Gas als Energieträger des Übergangs zu nichtfossilen Energieträgern relevant und politisch akzeptabel bleibt (z. B. zur Erzeugung von Wasserstoff) sowie Transportkosten und Rohstoffpreise korrelieren.[88] Letztlich ist das Zusammenwirken von Klimaschutz, Wettbewerbsfähigkeit und Versorgungssicherheit entscheidend für die Arktis als Standort fossiler Energieträger.

Kein neuer Goldrausch

Ähnliches gilt für die große Palette der Erze, Mineralien und Edelmetalle von Gold und Diamanten bis hin zu Seltenen Erden (SE). Aufgrund der widrigen Bedingungen wird das schmelzende Eis keinen neuen „Goldrausch“ wie 1848 in Alaska hervorrufen. Dabei ist der Abbau von Rohstoffen auf dem Land, das durch schmelzendes Eis zugänglicher wird, auf jeden Fall attraktiver als die riskante und teure Förderung auf See. Prinzipiell bieten Afrika und Lateinamerika auch Rohstoffe zu weit geringeren Kosten und Risiken als die Arktis – worauf chinesische Experten[89] hinweisen.

Chinas Interesse, sich weltweit Zugang zu Rohstoffen zu sichern, ist einer der Treiber der Großmachtkonkurrenz. Die Rohstoffdiplomatie Pekings nutzt dafür die gesamte Bandbreite außen-, wirtschafts- und entwicklungspolitischer Instrumente, um Abnahmeverträge mit etablierten rohstoffproduzierenden Ländern wie in Afrika und prospektiven Rohstoffproduzenten wie in Grönland zu schließen. Als „extremes Beispiel westlicher Abhängigkeit“[90] kontrolliert China fast die gesamte Liefer- und Wertschöpfungskette von Seltenen Erden und müssen die USA als einstiger Weltmarktführer den Großteil ihres SE-Bedarfs aus China einführen; sie werden so zu einem politischen Druckmittel.[91] Weltweit steigt der Bedarf an SE-Metallen für Zukunftstechnologien wie elektrische Traktionsmotoren in Hybrid-, Elektro- und Brennstoffzellenfahrzeugen sowie für Hochleistungsmagnete und vernetzte industrielle 4.0-Anwendungen. Damit sind sie auch für die Funktionsfähigkeit moderner, vernetzter Armeen und Waffensysteme wichtig.[92] Ein US-Unterseeboot der *Virginia*-Klasse benötigt etwa 400 Tonnen SE und ein F-35-Kampfflugzeug 400 Kilogramm; die Abhängigkeit der NATO-Staaten von SE-Importen aus China betrage fast 100 Prozent, schloss ein Bericht 2020.[93]

Im Alltag der Bewohner der Arktis haben fossile Energieträger und Minenwirtschaft häufig verheerende Auswirkungen, weil sie die Umwelt verschmutzen und mit einem Uranabbau eine gefährliche Kontamination einhergehen kann – was in Grönland bislang den SE-Abbau verhindert hat, wie noch aufzuzeigen ist. Das schmelzende Meereis zerstört darüber hinaus natürliche Transportwege und erschwert die bescheidene lokale Geschäftstätigkeit zusätzlich. Die Schifffahrt will für ihre Fracht und die Versorgung von Produktionsstätten offene Fahrrinnen durch die Seitenarme des Ozeans, die einheimische Bevölkerung braucht dagegen geschlossenes Meereis, um Bewegungsfreiheit für Jagd und Fischerei zu bewahren – ein Zielkonflikt, bei dem in der kanadischen Arktis meist die Inuit verlieren.

Als direkte Auswirkung der Erwärmung wandern Fischarten nordwärts, wovon sich Russland in Zukunft größere Erträge für die heimische Fischerei erhofft (derzeit stammt ein Drittel des russischen Fischfangs aus dem Arktischen Ozean). Der Atlantische Kabeljau ist im Zuge des Klimawandels so weit Richtung Norden gewandert, dass er inzwischen sogar in den Gewässern Spitzbergens in großen Mengen vorkommt.[94] Jedoch sind mit der Erwärmung und dem zunehmenden Schiffsverkehr in der Arktis auch vielfältige Risiken für die Fischerei verbunden; das Spektrum reicht von gebietsfremden invasiven Fischarten, die den Artenschutz betreffen, bis zum Eindringen ausländischer Fischfangflotten, die schon heute eine Herausforderung für die Küstenwache vieler Staaten sind und ein großes Konfliktpotenzial[95] in der Arktis bilden.

Gebietsansprüche vom Atlantik bis zum Pazifik

Je besser arktische Räume zu Land und zur See zugänglich sind, desto mehr Aufmerksamkeit finden Territorialfragen und umstrittene Wasserstraßen. Sogar neues Land kann durch das schmelzende Meereis sichtbar werden, wie im Sommer 2019, als die russische Marine die Entdeckung von fünf Inseln in Franz-Josef-Land bestätigte, die bisher von Gletschern verborgen waren. Die Inseln liegen eindeutig im russischen Hoheitsgebiet, sind also kein Grund für Konflikte. Ähnlich klar ist die Zuordnung der meisten Rohstoffvorkommen, die sich größtenteils in unstrittigen Landgebieten oder auf den Kontinentalschelfen bzw. dem Festlandsockel befinden.[96] Aber Gebietsansprüche, die aus geopolitischen oder strategischen Gründen erhoben werden, können Konkurrenzverhalten herbeiführen oder verschärfen und die Relevanz der Arktis im Sinne einer „Versicherheitlichung" erhöhen[97] – wodurch die Arktis als Sicherheitsproblem erkannt wird. Ein Beispiel ist die spektakuläre Aktion, bei der 2007 eine russische Flagge auf dem Meeresboden am Nordpol platziert wurde und – angeblich völlig überraschend – heftige internationale Reaktionen auslöste.

Auch der Anstieg des Meeresspiegels kann potenzielle Konfliktherde schaffen. Denn dadurch verschieben sich die Basislinien, von denen aus die Breite (seewärtige Ausdehnung) der Meereszonen gemessen wird. Wenn sich damit die Referenz für die Abgrenzung gegenüberliegender oder aneinander angrenzender Küstenmeere verändert, könnten Staaten sie zum Anlass nehmen, Vereinbarungen über Grenzverläufe infrage zu stellen. Konflikte drohen weiter dort, wo Uneinigkeit über die genaue Grenzziehung von ausschließlichen Wirtschaftszonen oder Festlandsockeln herrscht.[98]

Manche argumentieren, dass der „Kampf um die Arktis" als letzter großer Verteilungskampf auf der Erde begonnen habe (und aus russischer Sicht das eigene Land benachteiligt werde).[99] Deshalb ist es wichtig zu wissen, welche Staaten welche Ansprüche erheben und ob diese einvernehmlich regelbar sind oder Konflikte herbeiführen können.

Exkurs Seerecht

Ein wichtiger Baustein der maritimen Ordnung besteht darin, dass Gewässer, die einer Küste vorgelagert sind oder eine Insel wie Grönland umgeben, in verschiedene Zonen eingeteilt sind. Der Küstenstaat hat souveräne Rechte im Küstenmeer, dem Luftraum darüber, dem Meeresboden sowie den Meeresuntergrund des Küstenmeers.

Die Ausübung der Souveränität über das Küstenmeer unterliegt jedoch Einschränkungen. Insbesondere genießen Schiffe anderer Staaten das Recht der friedlichen Durchfahrt durch das Küstenmeer (Art. 17ff SRÜ). Das Seerecht beinhaltet einen Kompromiss zwischen dem Recht der Küstenstaaten auf unbegrenzte Nutzung ihrer Ressourcen und dem Recht der Schifffahrtsnationen auf freie Schifffahrt (Freedom of Navigation).

Das jenseits des Küstenmeers angrenzende Gebiet wird als ausschließliche Wirtschaftszone (AWZ) bezeichnet. In der AWZ hat der Küstenstaat das Recht zur Erforschung, Ausbeutung, Erhaltung und Bewirtschaftung der lebenden und nicht lebenden Ressourcen der Gewässer über dem Meeresboden sowie des Meeresbodens selbst und seines Untergrundes. Dies kann große wirtschaftliche Bedeutung haben, denn dort befinden sich häufig mineralische und andere Vorkommen von hohem Wert, etwa Öl, Gas, polymetallische Knollen oder Methanhydrat. Außerdem bilden die Fischerei und die Vergabe von Fischereilizenzen in ihren Gewässern häufig eine wichtige Einnahmequelle für die betreffenden Staaten. Der Küstenstaat hat in der AWZ ferner Hoheitsbefugnisse in Bezug auf Errichtung und Nutzung künstlicher Inseln, Anlagen und Bauwerke, die wissenschaftliche Meeresforschung und den Schutz sowie die Bewahrung der Meeresumwelt (Art. 56 SRÜ). Die AWZ erstreckt sich auf bis zu 200 Seemeilen von den Basislinien, von denen aus die Breite des Küstenmeers gemessen wird.

Das Interesse arktischer Küstenstaaten geht über die AWZ hinaus und richtet sich auf den Festlandsockel. Als natürliche Verlängerung des Landgebiets umfasst er den Meeresboden und den Meeresuntergrund jenseits des Küstenmeers. Zwar gehört der Festlandsockel nicht zum Staatsgebiet, jedoch hat der Küstenstaat weitreichende, exklusive Rechte. Sie beziehen sich auf dessen Erforschung und die Ausbeutung seiner natürlichen Ressourcen. Ähnlich der AWZ darf der Küstenstaat hier künstliche Inseln, Anlagen und Bauwerke errichten und deren Errichtung sowie Bohrarbeiten regeln und genehmigen (Art. 80f SRÜ).

Hinsichtlich der seewärtigen Ausdehnung des Festlandsockels gilt, dass jedem Küstenstaat im Rechtssinne, ungeachtet der geologischen Gegebenheiten, ein Festlandsockel zusteht, dessen seewärtige Ausdehnung bis zu 200 Seemeilen betragen darf. Soweit die äußere Kante des Festlandrands in einer größeren Entfernung verläuft, kann der Küstenstaat einen erweiterten Festlandsockel beanspruchen – auch dessen Berechnung ist im Übrigen vom Meeresspiegelanstieg betroffen.[100]

Auf rund fünf Millionen qkm des Arktischen Ozeans, das heißt knapp einem Drittel des gesamten Ozeans, erstrecken sich Festlandsockelmassen; der größte Teil davon nördlich der Eurasischen Landmassen. Als Arktisanrainer haben Dänemark (auf Grundlage von Grönland), Kanada, Norwegen und die Russische Föderation eine Prüfung ihrer Ansprüche auf einen erweiterten Festlandsockel bei der Kommission zur Begrenzung des Festlandsockels (Commission on the Limits of the Continental Shelf, CLCS) der Vereinten Nationen beantragt. Die CLCS ist das zentrale Gremium, wenn es zu bestimmen gilt, innerhalb welcher Grenzen die Küstenstaaten die Ressourcen des Meeresbodens und des Meeresuntergrunds exklusiv erforschen und nutzen können. Will ein Küstenstaat die äußeren Grenzen seines Festlandsockels jenseits der 200 Seemeilen festlegen, unterbreitet er der Kommission die einzelnen Angaben über diese Grenzen mit erläuternden wissenschaftlichen und technischen Daten. Die Kommission soll diese Daten prüfen (weshalb ihre 21 Mitglieder aus der Wissenschaft kommen) und danach Empfehlungen zur Festlegung der äußeren Grenzen des Sockels geben. Der größte Teil der zentralen Arktis bleibt als hohe See gemäß SRÜ frei von küstenstaatlichen Rechten zur Rohstoffnutzung. Der Bergbau am Meeresboden der hohen See ist nur unter dem Tiefseebergbauregime des SRÜ zulässig. Meeresböden und Tiefsee sind gemäß Art. 136 SRÜ „gemeinsames Erbe der Menschheit".

Der Alaska vorgelagerte Festlandsockel hat etwa die Größe des Bundesstaats Texas. Theoretisch könnte Washington im Sinne des Völkergewohnheitsrechts einen entsprechenden Antrag an die CLCS stellen, allerdings wird ein solcher Akt kaum die Zustimmung erfahren, die in einem ordentlichen Rechtsverfahren zu erzielen ist.[101]

Wem gehört der Nordpol?

Der Nordpol war als Symbol für große Herausforderungen seit dem 18. Jahrhundert das Ziel großer Ambitionen und Entdeckungsreisen. Ebenso legendär wie umstritten ist der eingangs erwähnte Wettkampf zwischen Robert Peary und Frederick Cook um die Ehre, wer als Erster den Nordpol erreicht hat. Während Peary behauptete, er habe am 6. April 1909 als erster Mensch den Nordpol erreicht und dort die Fahne der USA gehisst, nahm Cook für sich in Anspruch, schon am 21. April 1908 dort gewesen zu sein.[102] Zweifelsfrei nachgewiesen ist die Überfliegung des Nordpols am 12. Mai 1926 durch Umberto Nobile, Roald Amundsen und Lincoln Ellsworth an Bord des Luftschiffs *Norge* – der „Amundsen-Ellsworth-Nobile Transpolar Flight". Über zehn Jahre später errichteten 1937 sowjetische Wissenschaftler die erste Polarstation *Nordpol-1* (*Sewernyj Poljus*, SP-1) auf einer driftenden Eisscholle. Das Atom-U-Boot *USS Nautilus* passierte am 3. August 1958 als erstes Schiff unter Wasser den Nordpol und demonstrierte, dass Unterseeboote unter dem Eismeer navigieren können. Wenige Tage später durchbrach *USS Skate* erstmals das Eis und tauchte am Nordpol auf. Am 17. August 1977 gelangte der sowjetische Atomeisbrecher *Arktika* als erstes Schiff über Wasser zum Nordpol.

Zuletzt lieferten drei russische U-Boote im März 2021 spektakuläre Aufnahmen; sie hatten erfolgreich das Eis durchbrochen und demonstrierten im aufgetauchten Zustand, dass sie im Kriegsfall ihre Raketen aus der Arktis starten könnten. Einem zivilen Zweck soll als Nachfolger von *Nordpol-31* eine 83 Meter lange und 22 Meter breite Plattform dienen, die ab September 2022 bis zu 24 Monate lang 30 Personen die Forschung im Nordpolarmeer ermöglichen soll.[103] Dabei erhobene Daten werden den russischen Anspruch auf arktische Gebiete – inklusive Nordpol – unterstützen, aber die Plattform wird wohl auch als normative Kraft des Faktischen wirken. In der Arktis ist Präsenz entscheidend.

Rechtlich wird die Frage, wem der Nordpol gehört, durch die Antwort auf die Frage entschieden, ob die geologische Struktur eines Festlandsockels eine Erweiterung der Landmasse darstellt. Russland hat als erster Arktisstaat 2001 die Anerkennung eines Festlandsockels beantragt, der sich weit über 200 Seemeilen hinaus erstreckt. Aber kann es beweisen, dass der Sibirien vorgelagerte, 1800 km lange Lomonossow-Rücken die natürliche Fortsetzung des russischen Festlandes ist? Die VN-Kommission erachtete die übergebenen Daten damals als unzureichend und ersuchte um weitere Informationen.

Als Forscher an Bord der Tauchboote *Mir-1* und *Mir-2* am 2. August 2007 Bodenproben zur Beschaffung entsprechender Beweise sammelten, erregten sie internationales Aufsehen. Denn als Expeditionsleiter erklärte der russische Polarforscher und ehemalige Abgeordnete Artur Chilingarov vor dem Tauchgang, es solle bewiesen werden, „die Arktis ist russisch". Symbolisch wurde in 4261 Metern Tiefe eine Kapsel aus Titan mit der russischen Flagge auf den Meeresboden gesetzt. Dies sei nicht das 15. Jahrhundert, erklärte dazu der kanadische Außenminister Peter McKay. Man könne nicht um die Welt reisen, eine Flagge setzen und erklären: „Wir beanspruchen dieses Territorium für uns."[104] Zwar bestritt der russische Außenminister Lawrow die Bedeutung dieses Akts mehrmals mit dem sibyllinischen Hinweis (den schon Putin verwendet hatte), dass auch von der US-Flagge auf dem Mond keine Gebietsansprüche abzuleiten seien. Chilingarov kommentierte lapidar, die Arktis sei „immer russisch gewesen".[105] Einige Tage nach der Aktion nahmen erstmals seit Ende des Kalten Krieges wieder russische Bomber arktische Patrouillenflüge auf und machten deren Ernsthaftigkeit deutlich.

Im August 2015 legte Russland bei der Kommission neue Beweise vor. In dem teilweise revidierten Antrag beträgt der beanspruchte Raum (inklusive Nordpol) jenseits der 200-Meilen-Zone 1 191 347 Quadratkilometer und damit etwa 100 000 qkm mehr als im Antrag 2001.[106] Diese Gebietsansprüche überschneiden sich in einem Umfang von 500 000 qkm um fast die Hälfte mit denen des Königreichs Dänemark. Offenbar sollten aber noch weiterreichende Ansprüche erhoben werden. Im August bis Oktober 2020 wurden zwei Eisbrecher eingesetzt, um zusätzliche Daten zu erheben; der erweiterte Anspruch zielt auf ein Gebiet, das vom Nordpol bis an die Grenzen der AWZ von Kanada und Grönland reicht.[107] Moskau hat im März 2021 den russischen Anspruch um 705 000 qkm erweitert.[108] Dies sei ein „maximalistischer Antrag“,[109] man könne nicht mehr beanspruchen, kommentierte der kanadische Politikwissenschaftler Robert Huebert; Russland erkläre damit praktisch den gesamten Arktischen Ozean zu ihrem Kontinentalschelf.[110] Moskau agiert damit jedoch im Rahmen des Seerechts.

Kopenhagen beansprucht auf der Basis von Grönland mit 895 000 qkm ein Gebiet etwa der 20-fachen Größe von Dänemark. Der Anspruch auf ein Gebiet, das unter anderem den Nordpol umfasst, wurde schon in der dänischen Arktisstrategie 2011 genannt.[111] Zunächst war ein mit Kanada abgestimmter Anspruch auf 150 000 qkm beabsichtigt gewesen. Diese Verhandlungslinie wurde jedoch 2013 von Kanadas Premierminister Stephen Harper aufgekündigt, der auf keinen Fall einen Antrag stellen wollte, der nicht den Nordpol beinhaltete. Daraufhin einigten sich Kopenhagen und Nuuk auf einen neuen Antrag, der im Dezember 2014 eingereicht wurde und einen maximalen Anspruch darstellte, weil er die russischen Gebietsansprüche überlappt.[112] Woraufhin Russland 2015 seinen noch weiterreichenden Antrag einreichte.

Der kanadische Rechtsexperte Michael Byers vertritt die Meinung, dass Dänemark, Kanada und Russland sehr gute Chancen auf Zuspruch der Gebiete um den Nordpol hätten. Das Seegebiet (und Meereis) bleibe jedoch Teil der „hohen See“ – was bedeutet, dass Flugzeuge und Schiffe den Nordpol passieren dürfen, ohne dass dies kontrolliert oder Gebühren erhoben werden dürfen. Darüber hinaus sei es unwahrscheinlich, dass der Nordpol ein Teil der natürlichen Verlängerung von Landmassen sei, vielmehr gehöre er zum gemeinsamen Erbe der Menschheit.[113] Der grönländische Premier Kuupik Kleist argumentierte im August 2011 – kurz vor Veröffentlichung der Arktisstrategie des Königreichs Dänemark – ähnlich und meinte, dass er es vorzöge, wenn das Gebiet internationales Gewässer bliebe. Manche Gebiete sollten nicht kommerziell ausgebeutet werden, sondern der Erforschung des Klimawandels dienen. Die dänische Außenministerin Lene Espersen bezeichnete damals Kleists Idee als eine „sehr schöne Vision". In einer perfekten Welt wäre es möglich, ein gemeinsames Naturreservat zu etablieren. Aber um Konflikte zu vermeiden, sollte zunächst Übereinstimmung hergestellt werden, wo Grenzen bestehen.[114]

Bislang arbeiten die Arktisanrainer gemäß der Ilulissat-Erklärung von 2008 auf Grundlage des Seerechts zusammen, um ihre Ansprüche durchzusetzen. Schließlich liegt ein großer Teil des Meeresbodens und der darin vermuteten Bodenschätze innerhalb der Territorialgewässer. Kritisch werden die konkurrierenden Gebietsansprüche rund um den Nordpol, sobald die VN-Kommission ihre Empfehlung abgibt; dann müssen Dänemark, Kanada und Russland eine politische Regelung finden. Dabei ist weniger wichtig, ob in diesem Gebiet überhaupt Rohstoffe vorkommen und ob deren Förderung rentabel ist; in der Regel stehen die territorialen Ansprüche *per se* im Vordergrund.[115] Aber was geschieht, wenn ein Staat nicht den Empfehlungen der Kommission folgen will?

Der dänische Geheimdienst publizierte vier Jahre nach der Ilulissat-Erklärung eine Risikoeinschätzung betreffend Entwicklungen, die für die nationale Sicherheit relevant sind. Danach könnte Russland im Falle eines negativen Votums die Kompetenz und die Unparteilichkeit der Kommission anzweifeln und eine eigene Bewertung vornehmen. Diese Einschätzung wurde 2017 auf dänischer Seite wiederholt, und im November 2020 empfahlen Juristen einer russischen Stiftung tatsächlich eine solche Vorgehensweise: Moskau benötige keine Zustimmung der Vereinten Nationen, sondern könne einfach erklären, dass das Schelf zu Russland gehöre, und Fakten schaffen.[116] Dies wäre ein *Fait accompli* ähnlich dem Chinas im Südchinesischen Meer. Aber wozu? Moskau wird in jedem Fall erheblich an Meeresgebiet gewinnen, wenn es in Einklang mit dem Seerecht handelt, und rechtlich lässt sich ein „Durchgriff am Meeresboden bis zum Pol in 4300 m Tiefe"[117] gemäß dem Kieler Seerechtler Uwe Jenisch kaum begründen.

Es gibt wenige Anlässe für einen eskalierenden Kampf um den Nordpol, auch wenn 2014 erstmals demonstrativ russische Fallschirmjäger dort landeten und 2021 erstmals in der Geschichte ein Paar russischer Kampfflugzeuge über dem Nordpol patrouillierte.[118] Dänemark hofft auf eine einvernehmliche und friedliche Lösung, schließt aber nicht aus, dass Russland „einen anderen Ansatz zu einem späteren Zeitpunkt wählen könnte, falls der VN-Prozess kein Ergebnis zeitigen würde, das für Russland akzeptabel ist".[119] Absehbar wird die Kommission eine Empfehlung aussprechen, nachdem sich die Staaten über die Abgrenzung ihrer Ansprüche geeinigt haben. Letztlich liegt der Ball im größten, dem russischen Feld.

Politisch komplizierter könnte es werden, wenn nichtarktische Staaten die Ansprüche von Dänemark, Kanada und Russland bestreiten. Ein chinesischer Staatssekretär im Außenministerium erklärte 2009, dass die Arktisstaaten nicht nur ihre Beziehungen untereinander zu klären haben, sondern im Kontext des gemeinsamen Erbes der Menschheit auch gegenüber der internationalen Gemeinschaft.[120] Bei den Arktisstaaten – darunter Russland – findet diese Forderung aber keine Zustimmung.

Der einzige ungeklärte, aber wenig brisante Territorialkonflikt in der Arktis betrifft die Hans-Insel, eine 1,3 qkm große, unbewohnte und vegetationslose Insel in der Nares-Straße zwischen Nordgrönland und der Ellesmere-Insel. Als 1973 die Grenze zwischen Grönland und Kanada verhandelt wurde, war eine Entscheidung auf einen späteren Zeitpunkt vertagt worden. Später pflanzte jedoch der für Grönland zuständige Minister eine dänische Flagge auf die Insel. Inzwischen wird die Ödnis regelmäßig von Soldaten eines der beiden Länder immer nach dem gleichen Procedere aufgesucht: Kanadier tauschen die dänische Fahne gegen ihre aus und deponieren daneben eine Flasche Whiskey (Canadian Club). Dann kommen Dänen, tauschen die kanadische Fahne gegen ihre aus und deponieren Schnaps.[121] Und so weiter. Vielleicht sollten Russen eine Flasche Wodka am Nordpol deponieren.

Barentssee

Das erste seewärtige Grenzabkommen im Nordpolarmeer wurde zwischen Norwegen und der Sowjetunion 1957 abgeschlossen. Die Grenzziehung in der Barentssee und im Arktischen Ozean wurde dagegen erst 2010 in einem Vertrag geregelt.[122] Damit wurde ein jahrzehntelang strittiges Gebiet von über 175 000 qkm, in dem sich reiche Öl- und Gaslagerstätten befinden, praktisch halbiert. Die Vereinbarung wurde als Modell für andere Gebietsstreitigkeiten empfohlen, gemäß dem Motto: Wenn das kleine Norwegen ein Grenzabkommen zum beiderseitigen Gewinn erzielen kann, dann können auch alle anderen Grenzkonflikte gelöst werden.[123] Norwegen hat als bislang einziger Küstenstaat erfolgreich einen Antrag an die Festlandsockelgrenzkommission gestellt und dazu Unterstützung von Dänemark, Island und Russland erhalten. Der im November 2006 gestellte Antrag führte im April 2009 zu einer Festlegung auf der Basis der CLCS-Empfehlungen und der vereinbarten Halbierung des Gebiets.[124]

Der Vertrag fand in Norwegen ungeteilte Zustimmung, die Ratifikation in der Duma war umstritten, erfolgte letztlich aber mit den Stimmen der Regierungspartei. Die Vertragsgegner sahen in der Vereinbarung eine „ungerechtfertigte Konzession" und bemängelten unzureichende Ausführungen zur künftigen Anwendbarkeit.[125]

Svalbard und der Spitzbergenvertrag

In Norwegen wird die Inselgruppe Svalbard (Kühle Küste) genannt, während sie im Deutschen als Spitzbergen bezeichnet wird, was zugleich der Name der Hauptinsel ist. Bewohnt wird sie von etwa 2500 Menschen norwegischen Ursprungs in der Stadt Longyearbyen und etwa 500 Menschen russischer Herkunft in Barentsburg, wo eine Kohlemine betrieben wird. Svalbard liegt auf halbem Weg zwischen Nordkap und Nordpol und hat mit 61 000 qkm fast die Größe von Bayern. Die Inseln bilden den nordöstlichen Abschluss der Grönlandsee, den nördlichen des Europäischen Nordmeers und den nordwestlichen der Barentssee.

Der am 9. Februar 1920 in Paris unterzeichnete Spitzbergenvertrag sicherte Norwegen die „volle und uneingeschränkte Staatshoheit über die Spitzbergengruppe" inklusive aller Inseln und Felsen zwischen 74 und 81 Grad nördlicher Breite sowie zwischen 10 und 35 Grad östlicher Länge (inklusive der 240 km südlich gelegenen Bäreninsel). Damit sollte die Entwicklung und friedliche Nutzung des Archipels sichergestellt werden. Norwegen ist durch den Vertrag verpflichtet, Personen und Unternehmen aller Staaten, die den Spitzbergenvertrag unterzeichnet haben, gleichberechtigten Zugang zu Ressourcen und Gewässern des Archipels zu gewähren.[126]

Die Fischereirechte innerhalb der 200-Meilen-Zone werden von Norwegen mit dem Argument beansprucht, dass die genannten Zugangsrechte nur das Landgebiet der Inseln einschließlich des Küstenmeers betreffen. Der Festlandsockel und andere Meereszonen unterlägen ausschließlich norwegischer Jurisdiktion. Die EU, Island und Russland sind dagegen der Ansicht, dass der Vertrag auch außerhalb der Hoheitsgewässer und auf dem Festlandsockel gilt. Seitdem wurden mehrfach Fischerboote von der norwegischen Küstenwache aufgebracht. Als Novum in der Entwicklung der bilateralen Beziehungen erhielt die zur Nordflotte gehörige Fregatte *Admiral Kasatonov* im April 2021 in der Norwegensee den Auftrag, die Sicherheit russischer Fischer zu gewährleisten.[127] Inzwischen thematisiert das russische Außenministerium immer wieder die Nutzungsrechte auf dem Festlandsockel der Inselgruppe.[128] Eine von Oslo geplante Ausweitung der Ölförderung könnte den Konflikt in Zukunft verschärfen.

Im Kern hat sich das Vertragsregime als stabil und krisensicher erwiesen. Neben den Fischereirechten ist jedoch die Nutzung der Svalbard Satellite Station (SvalSat) strittig, deren Daten auch militärisch für die U-Boot-Aufklärung genutzt werden (eines der beiden Unterwasserkabel zur SvalSat-Datenübertragung von Longyearbyen nach Andøya im Norden Norwegens wurde im Januar 2022 beschädigt). Außerdem gilt Svalbard als „Achillesferse der NATO"[129] und damit als

Gelegenheit für einen russischen Test der Allianzsolidarität. Russland will angeblich weitere Staatsbürger ansiedeln, um Ansprüche zu etablieren.[130] Selbst ein erneuter Einsatz „grüner Männchen" wird nicht ausgeschlossen – eine Umschreibung für russisches Militärpersonal ohne Hoheitszeichen an der Uniform, wie sie bei der Annexion der Krim in einem Akt „patriotischer Mobilisierung" eingesetzt wurden.[131] Einmal mehr besteht mit Blick auf Russland große Unsicherheit.

Beringmeer und Beringstraße

Das Beringmeer ist ein über 2,2 Millionen qkm großes und durchschnittlich rund 1600 Meter tiefes Randmeer am nördlichen Ende des Pazifischen Ozeans. Es liegt zwischen der Westküste Alaskas und der Ostküste Sibiriens. Im Norden wird es durch die Beringstraße vom Nordpolarmeer getrennt. Im Süden wird die Grenze zwischen dem Pazifik und dem Beringmeer durch die Inselkette der Aleuten gebildet. Im Westen stößt das Beringmeer an den Nordteil der Halbinsel Kamtschatka. Namensgeber ist der dänische Marineoffizier Vitus Bering (1681–1741), der die Erste Kamtschatka-Expedition leitete – eine Forschungs- und Entdeckungsreise, die Zar Peter I. angeregt hatte.

Historisch liegt im Vertrag über den Verkauf Alaskas 1867 eine Ursache für die unklare Grenzziehung im Beringmeer, weil sie damals nicht dem modernen Seerecht entsprechend festgelegt werden konnte. Die Bedeutung des Gebiets resultiert erstens aus der Nähe, in der sich USA und Russland befinden; zweitens ist es ein wichtiger Teil arktischer Transitrouten; drittens wurden Öl- und Gaslagerstätten in der am Beringmeer angrenzenden Ostsibirischen- und Tschuktschensee entdeckt, und viertens ist das Beringmeer eines der fischreichsten Gewässer der Welt. Die unterschiedlichen Interpretationen der 3000 Kilometer langen Grenzziehung konnten 1990 in einem Abkommen – nach den damaligen Außenministern „Baker-Shevardnadze Line" genannt – beigelegt werden.[132] Mittlerweile ist daraus Staatenpraxis geworden.

Darüber hinaus haben die USA und Russland 2018 einvernehmlich den Schiffsverkehr in Beringstraße und Beringmeer geregelt.[133] Damit sind die meisten maritimen Grenzen mittels Verhandlungen festgelegt worden. Die Bedeutung der Abkommen ist nicht zu unterschätzen, weil sie die alte Konfrontation des Kalten Krieges überwinden halfen.

Seewege: Mehr Schiffsverkehr unter schwierigen Bedingungen

Bevölkerung und Wirtschaft in der Arktis sind auf die Schifffahrt angewiesen, weil es häufig keine günstigen Alternativen gibt, um sich zu begegnen, Handel zu treiben, sich mit Lebensmitteln und Gebrauchsgütern zu versorgen oder Rohstoffe und Produkte zu transportieren. Das schmelzende Meereis eröffnet darüber hinaus künftig eine kürzere Route für den globalen Handel zwischen Asien und Europa, mit der sich Zeit und Kosten sparen lassen. Wer die arktische Seeroute in Zukunft kontrolliere, der werde Zugriff auf eine Passage haben, die für die Weltwirtschaft und die internationale Strategie wichtig sein wird, bemerkte der chinesische Logistikexperte Li Zhenfu von der Dalian Maritime University. Er bezog sich dabei auf die kürzere Route zwischen Ostasien und Europa wie auch auf die reichen Ressourcen an Öl, Gas, Mineralien und Fischen.[134] Seewege im Nordpolarmeer sind also nicht nur für Wirtschaft und Verkehr, sondern auch für die internationale Sicherheit von strategischer Relevanz.

In der russischen Arktis verschwindet das Eis schneller als im Westen; dortige Routen sind daher schon heute häufiger nutzbar. Die Nördliche Seeroute als Teil der Nordostpassage war in den letzten Jahren sogar noch Anfang November passierbar. Allerdings werden bislang nur etwa zwei Prozent des Welthandels über arktische Seewege abgewickelt. Grundsätzlich sind diese Routen für den Transport von Kohle, Erdöl und Gas sowie Fracht mit flexiblen Lieferzeiten geeignet – aber weniger für Containerschiffe, die ihre Ladung pünktlich zustellen müssen. Außerdem ist die Schifffahrt nicht vor Überraschungen sicher: Im November 2021 musste Russland mehrere Eisbrecher

– darunter den gerade fertiggestellten Eisbrecher *Arktika* – entsenden, um über 20 Schiffe zu befreien, die in der Nördlichen Seeroute im Eis feststeckten,[135] da sich in diesem Jahr das Eis auf der Route bereits im Oktober wieder auszudehnen begonnen hatte. Erstmals seit 2009 waren im Februar 2022 weder die Nördliche Seeroute noch die Nordwestpassage offen für den Schiffsverkehr.

Am meisten Verkehr herrscht innerarktisch auf den Routen zwischen regionalen Häfen, weniger dagegen auf Transportwegen zwischen Häfen inner- und außerhalb der Arktis und am wenigsten im Transit zwischen Atlantik und Pazifik. Geografisch betrachtet bildet die Transpolare Passage die direkte und kürzeste aller Verbindungen zwischen Asien und Europa. So wenig wie sich Schiffe auf der Nordwest- und der Nordostpassage immer entlang der Küste bewegen, führt die Transpolare Passage zwangsläufig direkt über den Nordpol. Vielmehr sind alle Passagen wechselnden Bedingungen unterworfen, und Schiffe folgen jeweils der Route, die zu gegebener Zeit die besten Eis- und Navigationsverhältnisse verspricht. Der norwegische Polarforscher Willy Østreng hat die drei Passagen daher als „breite Transportkorridore" bezeichnet, die zahlreiche alternative Routen bieten. Während bislang die Nordostpassage und die darin befindliche Nördliche Seeroute den Schiffsverkehr dominieren, wird für die 2040er Jahre eine zunehmende Nutzung aller drei Passagen prognostiziert.

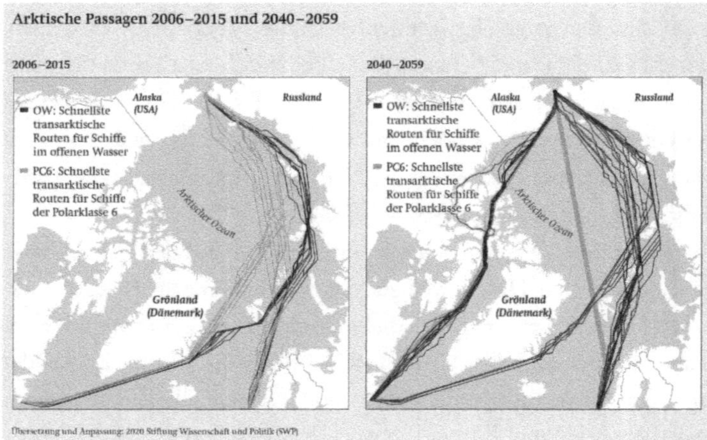

Arktische Passagen[136]

Jeweils abhängig von ihrer Eisklasse müssen selbst eisgängige Schiffe unter Umständen von einem Eisbrecher begleitet werden, und auch diese sind den widrigen Bedingungen der Arktis unterworfen. Ob die Nutzung arktischer Passagen rentabel ist oder nicht, ergibt sich erst aus einer Kalkulation aller Vor- und Nachteile sowie der direkten und indirekten Kosten – von der Einsparung an Fahrtzeit bis zum Aufwand und der Wartezeit für die Eisbrecherbegleitung oder gar für den Bau eigener eisgängiger Frachtschiffe.

Arktische Schifffahrt erfolgt generell unter schwierigen Bedingungen. Mond und Mars seien besser kartografiert als das Nordpolarmeer, klagte US-Admiral a. D. James Stavridis.[137] Weniger als fünf Prozent der Arktis sind auf Karten detailliert erfasst, was die Navigation schwierig und gefährlich macht. Je nach Größe und Geschwindigkeit eines Schiffs sind verschiedene Routen durch das Eis möglich, wobei die Wassertiefe in der Nordostpassage, aber auch in Teilen der kanadischen Route häufig zu flach für große Frachter ist. Es gibt in der Arktis keine oder nur unzureichende hydrografische Daten, selbst für Hauptverkehrskorridore der kanadischen Gewässer. Sollen arktische Seewege in Zukunft häufiger genutzt werden, bedarf es verlässlicher Karten über die jeweilige Wassertiefe sowie Vorhersagen für Ozean,

Eis und Atmosphäre. Das ist auch insofern wichtig, als sich aufgrund wechselnder Eis- und Wetterbedingungen die schiffbaren Routen verändern und mit nationalen Seewegen überschneiden können.[138] In der Arktis herrschen nicht nur extreme klimatische Bedingungen, Nebel und mehrmonatige Dunkelheit, rasch wechselnde Wind- und Wetterverhältnisse sowie Treibeis, schwerer Seegang und gefrierender Regen, der Schiffsanlagen vereisen lässt. Ebenso große Probleme schafft die lückenhafte oder ganz fehlende Kommunikationsabdeckung; manche Teile der Arktis sind nur über Satellitentelefon erreichbar, und bei einer Havarie müssen unter Umständen große Entfernungen zurückgelegt werden, um die Besatzung zu retten, die Ladung zu bergen und das Wrack sowie mögliche Umweltschäden zu beseitigen. Und weil all dies einen ungleich höheren Aufwand als in südlichen Gewässern erfordert, fallen für die Schifffahrt hohe Versicherungskosten an; sie liegen 20 bis 100 Prozent über den Standardpreisen. Im Falle der transpolaren Route sind sie derzeit so hoch, dass der Transport von Gütern unwirtschaftlich wäre.[139]

Regulärer Schiffsbetrieb ist bislang nur kurze Zeit möglich. Entlang der Nordostpassage ist Schifffahrt in offenem Wasser während vier bis fünf Monaten zwischen Juli und November möglich. Nordwestpassage und Transpolare Route bieten nur wenige Wochen im Jahr ähnliche Bedingungen. Die Beringstraße soll im Zeitraum 2020 bis 2030 nach Prognose der US-Marine 175 bis 190 Tage pro Jahr offen, also „eisfrei" sein. Das bedeutet, dass weniger als 15 Prozent des Ozeans von Meereis bedeckt ist, keine Eisberge vorhanden sind und das Gewässer ohne Eisbrecher befahrbar ist. Die Nordwestpassage ist selbst im Sommer teilweise mit Eis bedeckt. In den 2030er Jahren werden dort voraussichtlich breite Wasserwege dauerhaft offen bleiben und der Schiffsverkehr zunehmen. Die US-Marine erwartet, dass dann die Nördliche und Transpolare Seeroute an 130 Tagen im Jahr befahrbar sein werden, mit offener See an bis zu 75 Tagen, während die Nordwestpassage noch im Herbst befahrbar sein wird.[140]

Die Infrastruktur, die für eine häufigere Nutzung der Schifffahrtswege notwendig wäre, fehlt bislang jedoch (mit einer gewissen

Ausnahme für die norwegische Küste und den Nordwesten Russlands), und nur sehr wenige Häfen haben die erforderliche Wassertiefe, die Liegeplätze und Werkstätten für einen wachsenden Schiffsverkehr. Auf den zunehmenden Schiffsverkehr durch Handel und Energiewirtschaft sowie Fischerei und Tourismus sind die Arktisstaaten nicht ausreichend vorbereitet. Das betrifft auch und besonders Einsätze im Katastrophen- und Rettungsfall, wie das Auswärtige Amt in Berlin in den Reise- und Sicherheitshinweisen beispielsweise für Grönland klarstellt: „Das wechselhafte arktische Extremklima, ausgedehnte unzugängliche Gebiete und eine sehr beschränkte Infrastruktur machen Such- und Rettungsaktionen außerhalb der Ortschaften an der Westküste Grönlands praktisch unmöglich.“[141]

Mit dem Schifffahrtsverkehr in der Arktis steigen auch die potenziellen Gefahren für die Umwelt. Schiffsabgase verstärken die Luftverschmutzung, Rußpartikel (Black Carbon) lagern sich ab: In großen Mengen färben sie die Oberfläche des Eises schwarz und vermindern so die Rückstrahlfähigkeit (Albedo) des Eises, wodurch es noch schneller abschmilzt. Abfälle und Abwasser aus dem Schiffsbetrieb werden in das Meer entsorgt und durch die extremen klimatischen Bedingungen nur sehr langsam abgebaut. Allein der Schiffsbetrieb verursacht Lärm und kann sich schädlich auf marine Säugetiere wie Wale und Robben auswirken. Über das Ballastwasser oder Frachtgut besteht die Gefahr, dass nichtheimische oder invasive Arten in den Arktischen Ozean gelangen und heimische Arten verdrängen. Daher werden für den lukrativen Arktistourismus nachhaltige Konzepte gefordert.[142] Die zunehmende Schifffahrt bringt also große Risiken für die Ökosysteme, solange weitere Maßnahmen und regionalspezifische Regeln ausbleiben. Das Verbot von Schweröl für die arktische Schifffahrt ab 2024 stimmt zuversichtlich, kommt aber zu spät und belässt bis 2029 zu viele Ausnahmen, so dass die wenigsten Schiffe vom Verbot erfasst werden. Auf der Klimakonferenz COP26 in Glasgow plädierte daher Lisa Koperqualuk, Vizepräsidentin des Inuit Circumpolar Council (ICC), für stärkere Maßnahmen.[143]

Um das mit Zahlen zu illustrieren: Der Schiffsverkehr nahm in den letzten Jahren um 25 Prozent zu – nämlich von 1298 (2013) auf 1628 Schiffe (2019), wobei die Mehrzahl (41 Prozent) der Fischerei dienten. Dadurch steigt auch die Zahl der Unfälle und Havarien. Vor dem weltweiten Einbruch bei Kreuzfahrten infolge COVID-19 besuchten Alaska jährlich über eine Million Kreuzfahrtpassagiere, Spitzbergen bis zu 50 000, Grönland bis zu 30 000 und die kanadische Arktis bis zu 5000 Passagiere.[144] Aber es mangelt an Fähigkeiten und Einsatzmitteln, um im Unglücksfall schnell und wirkungsvoll reagieren zu können. Weite Teile der Arktis sind nur über die Luft zu erreichen, und der nächste Stützpunkt kann über 1000 Kilometer entfernt sein – dies entspricht der Entfernung zwischen Utqiaġvik, der größten Stadt an der Nordküste Alaskas, und dem nächstgelegenen Flughafen der US-Küstenwache in Kodiak. Im Fall des östlichen Teils der Nördlichen Seeroute liegt der nächste Stützpunkt für Such- und Rettungsmaßnahmen auf See und aus der Luft (Search and Rescue, SAR) in Wladiwostok.

Wenn ein Schiff in der Arktis in Seenot gerät, ist es in allergrößter Gefahr, weil weder Rettungskräfte noch Einsatzmittel rasch, wenn überhaupt verfügbar sind. Dabei ist die Zahl der Unglücksfälle in der Arktis zwischen 2005 und 2019 von drei auf 71 im Jahr 2017 gestiegen – meistens aufgrund Maschinenschadens (46 Vorfälle 2017). Es findet weniger Vorsorge als Risikomanagement statt, weil zu wenig Einsatzkräfte und -mittel für Unglücksfälle verfügbar sind.[145] Die Küstenwachen müssen stets mit schwierigen Wetterbedingungen, weiten Entfernungen und begrenzter Infrastruktur rechnen; die jährlichen Übungen „Arctic Guardian“ unter Leitung des Arctic Coast Guard Forum (ACGF) und Experten des Arktischen Rats[146] sind daher umso wichtiger. Ein Szenario vor Islands Küste legte im April 2021 den Zusammenstoß eines Kreuzfahrtschiffs mit 250 Passagieren und eines Tankers mit 200 000 Litern Öl zugrunde. Dementsprechend waren bei der virtuellen Übung sowohl Organisationen von Tankerfirmen (International Tanker Owners Pollution Federation) wie Reedereien (Association of Arctic Expedition Cruise Operators) beteiligt.[147]

Die Havarie eines Öltankers in der Arktis hat fatale Folgen, wie das Beispiel der *Exxon Valdez* zeigt, die am 24. März 1989 im Prinz-William-Sund in Alaska auf Grund lief. Es dauerte Tage, bis erste Maßnahmen zur Eindämmung der Ölpest möglich waren, und die Umwelt hat sich 30 Jahre später noch nicht vollständig von der Katastrophe erholt. Noch verheerendere Wirkung hätte eine Umweltkatastrophe verursacht durch eine Offshore-Bohrplattform im Nordpolarmeer, wie sie am 20. April 2010 im Golf von Mexiko bereits traurige Realität wurde: Infolge schwerer Versäumnisse kam es zu einem „Blowout" der Bohrplattform *Deepwater Horizon*, und der Verursacher *BP* war völlig unvorbereitet.[148] In diesem Fall gelangte sogar weit mehr Öl ins Meer als durch den Öltanker *Exxon Valdez*.[149] Ein Unglück im Eismeer, in den engen Kanälen arktischer Küstengebiete oder wie bei *Deepwater Horizon* hunderte Meter unter der Meeresoberfläche könnte heutzutage ebenfalls weder schnell noch wirkungsvoll bekämpft werden. Wenn dies überhaupt technisch möglich wäre – was Experten bezweifeln[150] –, müsste dies unter noch erheblich erschwerten Bedingungen im Vergleich zum warmen und gut erreichbaren Golf von Mexiko geschehen.

Ein Ansatz zur Verbesserung der gegenwärtigen Situation im Schiffsverkehr ist das noch zu erläuternde Übereinkommen zur Zusammenarbeit bei Such- und Rettungsmaßnahmen (SAR) von Mai 2011 als erstes international verbindliches Abkommen unter Schirmherrschaft des Arktischen Rates.[151] Darin wurde die jeweilige nationale Zuständigkeit bei Such- und Rettungseinsätzen festgelegt, ohne damit einer Klärung widerstreitender Gebietsansprüche vorzugreifen oder souveräne Rechte zu tangieren. Darüber hinaus gibt es viele andere Empfehlungen und Rechtsvorschriften. Die Mitglieder der Internationalen Seeschifffahrts-Organisation (IMO) sind unter anderem zur Einhaltung der Safety of Life at Sea Convention (SOLAS) verpflichtet, die nach dem *Titanic*-Unglück 1912 etabliert wurde. Außerdem soll der 2017 in Kraft getretene „Polar Code" die Sicherheit und den Umweltschutz verbessern. Fracht- bzw. Passagierschiffe über 500 Bruttoregistertonnen, die polare Gewässer befahren, müssen demnach entsprechend ausgerüstet und zertifiziert sein; allerdings bleiben

Anwendung und Umsetzung des Regelwerks dem guten Willen der einzelnen Staaten überlassen.[152]

Je mehr Seewege zugänglich werden, desto mehr Konfliktpotenzial tritt zutage. Wie die USA setzt sich Deutschland für die freie Schifffahrt entsprechend den Regelungen des Seerechtsübereinkommens ein. Russland und Kanada sind aber jeweils der Meinung, dass Nordost- bzw. Nordwestpassage ihrer nationalen Souveränität unterliegen. Dabei können sie sich nur bedingt auf die „Arktisklausel" des Art. 234 SRÜ berufen, denn dieser gibt Küstenstaaten nur das „Recht, nichtdiskriminierende Gesetze und sonstige Vorschriften zur Verhütung, Verringerung und Überwachung der Meeresverschmutzung durch Schiffe in eisbedeckten Gebieten innerhalb der ausschließlichen Wirtschaftszone zu erlassen und durchzusetzen". US-Außenminister Pompeo hat die Rechtsauffassung von Russland und Kanada daher als „illegitim" bezeichnet.[153]

Ein russisches Gesetz von März 2019, demzufolge ausländische Regierungen die Befahrung der Nördlichen Seeroute durch ihre Marine 45 Tage im Voraus anmelden müssen,[154] hat restriktive Regeln über die Befahrung der Route weiter verschärft und verletzt klar die Freiheit der Schifffahrt. Denn im Küstenmeer gilt das Recht der friedlichen Durchfahrt, wobei militärische Aktivitäten wie Übungen und Manöver unterbleiben und Unterseeboote über Wasser fahren müssen. In der AWZ von 200 Seemeilen hat der Küstenstaat souveräne Rechte unter anderem zur Erforschung und Ausbeutung dort befindlicher Ressourcen, ansonsten gelten aber für alle Staaten die Freiheiten der Schifffahrt und des Überflugs wie auf Hoher See. Wenn ein Küstenstaat ausländischen Schiffen die Durchfahrt verweigert, fordert er eine „Freedom of Navigation"-Operation (FONOP) heraus.[155] Bislang war es der arktischen Schifffahrt nicht abträglich, dass kein einheitliches Rechtsverständnis besteht. Der zunehmende Schiffsverkehr kann aber zufällig oder absichtlich eine Situation eskalieren lassen.

Nordostpassage und Nördliche Seeroute

Die Nordostpassage erstreckt sich von der Barentssee nördlich von Norwegen über Kara-, Laptew-, Ostsibirische und Tschuktschen-See bis zur Beringstraße zwischen Russland und Alaska. Sie verbindet Murmansk mit der Siedlung Prowidenija auf der Tschuktschen-Halbinsel und eignet sich besonders für Fahrten zwischen Nordeuropa und Nordostasien. Innerhalb der Nordostpassage führt die Nördliche Seeroute (NSR) von der Insel Nowaja Semlja über die Karastraße bis zur Beringstraße. Sie ist die am meisten genutzte innerarktische Route und liegt in der AWZ der Russischen Föderation. Moskau hofft auf dieser Route langfristig mit dem Suezkanal konkurrieren zu können, Präsident Putin erklärte 2011 sogar, er wolle sie zu einer „zentralen Handelsmagistrale von globaler Bedeutung und globaler Größe machen" – allerdings eben als nationale Exporttrasse und nicht als internationale Handelsroute.[156] Neben der geoökonomischen Bedeutung ist dieser Seeweg militärisch relevant,[157] da er die Verlegung von Seestreitkräften in Atlantik und Pazifik ermöglicht.

Im Sommer 2010 transportierte die *Nordic Barents* Eisenerzkonzentrat von der norwegischen Eismeerküste zur chinesischen Hafenstadt Lianyungang am Gelben Meer. Dies war der erste Frachter unter nichtrussischer Flagge, der die Passage komplett durchfuhr und als Transitroute nutzte. Das eisgängige Frachtschiff *Yong Sheng* der staatlichen Schifffahrtsgesellschaft *China Ocean Shipping Company (COSCO)*[158] passierte sie 2013 auf dem Weg vom chinesischen Dalian nach Rotterdam in 33 Tagen. Der weltgrößte Schifffahrtskonzern *Maersk* unternahm im September 2018 eine Testfahrt auf der Strecke, ohne darin bereits den Beginn eines neuen kommerziell nutzbaren Seewegs zu sehen. Während 2010 nur vier Schiffe die NSR zum Transit nutzten, waren es 2011 schon 34 und 46 im Jahr darauf. Die höchste Zahl wurde 2013 erreicht, als 71 Schiffe den Seeweg befuhren; dabei transportierten sie insgesamt mehr als eine Million Tonnen Ladung. Dies sei zwar viel mehr als 2010, „aber gegenüber den 18 000 Suezkanal-Passagen pro Jahr kaum der Rede wert", merkte der Verband

Deutscher Reeder kritisch an. Die Gründe für den noch immer geringen Schiffsverkehr auf der NSR sind hoher bürokratischer Aufwand und Kosten. Die Durchfahrt erfordert umfangreiche Angaben zu Schiff, Ladung, Besatzung und Route. Zusätzliche Kostenfaktoren entstehen durch Eisbrecher- und Schiffsleitdienste, niedriges Tempo und lange Wartezeiten. Daher blieb die Zahl der Transitfahrten niedrig. 2018 lag sie bei 27, ein Jahr später bei 37.[159] Um diesem Mehraufwand zu begegnen, ist von russischer Seite geplant, an Umladeknotenpunkten in Murmansk und auf der Halbinsel Kamtschatka die Fracht ausländischer Schiffe aufzunehmen und auf eigene Schiffe zu verladen. Dafür will die russische Reederei *Primorsky CPC* eisgängige Containerschiffe anschaffen und Hafeninfrastruktur bereitstellen. Allerdings könnte die Verladung der Fracht mehr Aufwand und Zeit erfordern, als sich dadurch einsparen ließe. Eine ähnliche, bereits verworfene Idee war die „Trans-Arctic Container Vessel Shuttle Option".[160]

Das „Shuttle-Projekt" illustriert einmal mehr die Widersprüchlichkeit vieler Projekte, wobei Moskau stets auf nationale Planung und Kontrolle setzt, dies häufig aber Probleme schafft. So unterliegt die NSR nationaler Administration und wird vom russischen Verkehrsministerium und *Rosatom* gemeinsam betrieben, wobei *Rosatom* für den operativen Betrieb der NSR und der Eisbrecher zuständig ist. Viele Reedereien dürften es für fragwürdig halten, „dass *Rosatom* ein Monopol auf die kommerziell angebotene Eisbrecherbegleitung hat und zugleich hoheitliche Behörde ist".[161] Der Transport von Öl, Flüssiggas und Kohle darf außerdem gemäß Gesetz vom Februar 2018 nur unter russischer Flagge erfolgen. Drei Monate später wurde dies dahingehend verschärft, dass nur Schiffe auf der NSR fahren dürfen, die in Russland gebaut worden sind.[162] Ursprünglich war die NSR am 1. Juli 1991 für die ausländische Schifffahrt geöffnet worden (allerdings wurde sie wegen der komplexen Formalitäten hauptsächlich von russischen Schiffen genutzt, bis der Verkehr 1993 zusammenbrach; erst nach 2010 nahmen die Verkehrszahlen wieder zu).[163] Eine Ausnahme genießt Russlands größter privater Gasproduzent *Novatek*, dessen eisbrechende Tanker die Route für LNG-Lieferungen nach Europa und Asien unter ausländischer Flagge nutzen dürfen.[164]

Im Mai 2018 verkündete Präsident Putin, die jährliche Transportleistung der NSR werde sich bis 2024 auf 80 Millionen Tonnen erhöhen. Das Transportministerium meldete 2019, dass das Transportvolumen auf der NSR „konstant" wachse, 20,2 Millionen Tonnen im Jahr 2018 betragen habe und weiter steigen werde – tatsächlich betrug es 2020 knapp 33 Millionen Tonnen.[165] Maßgeblich werden die Energieträger Öl, Kohle und Gas über die NSR als primärer Transportweg verschifft. Im September 2020 hat *Rosatom* dem Verkehrsministerium vorgeschlagen, die bis 2024 avisierte Zahl der jährlichen Transportleistung von 80 auf 60 Millionen Tonnen zu reduzieren; stattdessen intervenierte der Minister für Entwicklung des Fernen Ostens und der Arktis Aleksander Koslow[166] und erhöhte das Ziel bis 2030 auf 150 Millionen Tonnen.[167] Allerdings machte Koslow schon das 80-Millionen-Ziel von der rechtzeitigen Lieferung der Eisbrecher abhängig, und viele Termine konnten in der Vergangenheit nicht eingehalten werden. Unterbrechungsfrei können Rohstoffe wie Gas, Öl, Kohle, Metall- und Uranerze über die Häfen Sabetta in der Mündung des Ob und Dudinka am Jenissei verschifft werden. Nur eine ganzjährige Öffnung bzw. Offenhaltung der NSR durch Eisbrecher machen die weitere Steigerung von Produktion und Verschiffung möglich.

China ist zunehmend an russischen Energie- und Rohstoffprojekten in Sibirien beteiligt. Russland kann im Falle der NSR aber nur bedingt mit chinesischer Unterstützung rechnen. Noch 2014 äußerte Huigen Yang, Direktor des Polar Research Institute of China, die überzogene Erwartung, im Jahr 2020 würden fünf bis 15 Prozent des chinesischen Fernhandels über die NSR abgewickelt (wobei er voraussetzte, dass die Route entsprechend ausgebaut werde; dann gäbe es eine große Nachfrage).[168] Der Fernhandel der Volksrepublik hat sich aber nicht so stark wie prognostiziert entwickelt.

Das Dilemma: Ohne Infrastruktur kein Wachstum und ohne Wachstum keine Infrastruktur. Tatsächlich wächst die Zahl der Fahrten in der NSR im Vergleich zu den Vorjahren nur gering. Weder ist die Route durchgängig mit Handelsschiffen passierbar, noch besteht die nötige maritime Infrastruktur, und es fehlen die Kapazitäten an Eisbrechern. Daher handelt es sich überwiegend um Tanker- und Frachtschiffsverkehr innerhalb der russischen Arktis und nur um wenige Transitfahrten. Indiens Ministerpräsident Modi kündigte 2021 an, Indien wolle Russland helfen, die Nordostpassage auszubauen. Aus China kamen keine Angebote: Noch 2018 hatte Xi beim Aufbau von Industriekapazitäten im Fernen Osten zu helfen versprochen;[169] nun sprach er in einer Videobotschaft anlässlich des östlichen Wirtschaftsforums nur über das Corona-Virus.

Rosatom-Chef Alexej Lichatschow äußerte sich zu den Zukunftsaussichten der NSR ähnlich sibyllinisch wie Huigen Yang: Sobald kommerziell attraktive Möglichkeiten für den Transport geschaffen seien, so Lichatschow, werde die Bereitschaft wachsen, in Straßen, Eisenbahnen, Häfen und Anlegestellen sowie Kraftwerke zu investieren. Dabei dürfte die Modernisierung der NSR-Infrastruktur sehr viel mehr Geld erfordern, als von *Rosatom* geschätzt wurde (11,7 Milliarden US-Dollar).[170] Ob eine stärkere Nutzung der Route für Tanker erreicht wird (während die Zahl der Frachtschiffe stagniert), hängt entscheidend davon ab, wie sich die globale Nachfrage entwickelt. China und Indien wollen von Kohle auf Gas umsteigen, daher wird die Tankerzahl wachsen. Während Europa bislang den größten Anteil der LNG-Produktion absorbiert, wird das größte – wenn auch unsichere – Wachstum in Asien erwartet.[171]

Der exklusive Anspruch auf die NSR ist politisch verständlich, weil er dem russischen Nationalismus entspricht, aber unwirtschaftlich. Um rentabel zu sein, müsste die Route für ausländische Schiffe geöffnet werden, wie es Gorbatschow 1987 vorgeschlagen hat und heute *Rosatom*-Chef Lichatschow empfiehlt.[172] Voraussetzung dafür wäre jedoch ein entspannteres Verhältnis zu den USA. Washington weiß, wie wichtig LNG-Transporte für Moskau angesichts volatiler Exportmärkte sind. Es könnte zu geringen Kosten und mit hoher Erfolgswahrscheinlichkeit eine strukturelle Schwäche im bilateralen Wettbewerb nutzen.[173] China und Indien können wiederum Russlands proklamierte „Wende nach Asien“[174] ausnutzen, um sich zu positionieren. Als Drehscheibe von atlantischem und pazifischem Handel bleibt die NSR und ihre Rentabilität damit eine eminent geopolitische Frage, die im Wettbewerb großer Mächte entschieden wird.

Nordwestpassage

Die Nordwestpassage (NWP) besteht aus mehreren stark verzweigten Routen durch den kanadischen arktischen Archipel, der über 36 000 überwiegend kleine und kleinste Inseln umfasst. Der größte bewohnte Ort ist die Hauptstadt von Nunavut, Iqaluit, auf der Baffin-Insel mit fast 8000 Einwohnern, und die kleinste Ortschaft mit etwas über 100 Einwohnern ist Grise Fjord auf der Ellesmere-Insel. Es gibt keine offizielle Definition der Nordwestpassage, sondern maßgeblich zwei Routen mit verschiedenen Variationen. Eine südliche Route führt durch den Peel-Sund entlang Nunavut.[175] Sie ist zwar im Sommer offen für die Schifffahrt, enthält aber enge Kanäle und flache Stellen, weshalb größere Schiffe sie nicht passieren können. Eine nördliche Route erstreckt sich von der Baffin-Bucht über die McClure-Straße zur Beaufortsee. Sie bietet eine direktere Linie und ist für Frachtschiffe geeignet, ist aber häufig durch Eis blockiert.[176] Die Passage ist ähnlich unzureichend kartiert wie die NSR, hat eine noch schlechtere Infrastruktur und schwierigere Eisbedingungen. In einem Notfall beträgt die Flugzeit von Winnipeg zur mitten in der Nordwestpassage gelegenen Resolute Bay mit einem kanadischen Flugzeug vom Typ C-130H mehr als fünf Stunden; Helikopter benötigen mehr als elf Stunden, so dass US-Basen in Alaska und Grönland für SAR-Einsätze näher liegen. Nahe Resolute fand im September 2021 eine bilaterale SAR-Übung unter Beteiligung des USCG-Eisbrechers *Healy* statt. Wie in der russischen Arktis wird der Verkehr in den kanadischen Gewässern durch Schiffe des eigenen Landes dominiert.[177]

Erstmals durchquerte der norwegische Polarforscher Roald Amundsen die NWP auf einer dreijährigen Reise von 1903 bis 1906. Heutzutage findet ein Wettbewerb um den schnellsten Transit statt.

Zuletzt benötigte der finnische Eisbrecher *Nordica* im Juli 2017 nur 24 Tage, um die 6000 Seemeilen von Vancouver bis Nuuk zu absolvieren. Auch hier nahm der Schiffsverkehr in den letzten Jahren stetig zu. Neben Frachtern nutzen Kreuzfahrtschiffe während der Sommermonate die legendäre Amundsen-Route; die Zahl der Frachter stieg von 18 (2013) auf 48 (2019), während die Zahl der Kreuzfahrtschiffe moderat von neun (2013) auf 13 (2019) zunahm. Insgesamt hat sich der Schiffsverkehr in der kanadischen Arktis zwischen 1990 und 2015 verdreifacht.[178]

Die USA betrachten die Nordwestpassage als internationale Wasserstraße, die zwei Meeresräume – Atlantik und Nordpolarmeer – verbindet und Schiffen zur Transitfahrt offensteht. Kanada dagegen sieht sie als innere Gewässer, die gemäß Art. 234 SRÜ vom Küstenstaat überwacht, reguliert und kontrolliert werden (ähnlich wie Russland im Fall der NSR). Eine Transitfahrt des US-Eisbrechers *Polar Sea* im Sommer 1985 löste daher heftige Proteste in Kanada aus, während die Fahrt des Schwesterschiffes *Polar Star* im Oktober 1988 problemlos war, nachdem die USA und Kanada im Januar 1988 einen Kompromiss erzielt hatten: Die NWP wurde nicht offiziell als kanadisch anerkannt, jedoch sollten US-Schiffe jeweils um Durchfahrtsgenehmigung ersuchen.[179] Seit Juli 2010 sollen sich alle Schiffe, die in kanadische Hoheitsgewässer einfahren, bei der nationalen Küstenwache anmelden – was laut US-Außenministerium geschieht.[180] China passierte mit seinem Eisbrecher *Xuelong* 2017 die NWP, ohne vorab eine Genehmigung einzuholen, und verwies stattdessen auf die Regeln des SRÜ betreffend wissenschaftlicher Forschung (Art. 245f)[181] und umging damit strategisch geschickt die schwierige Frage des legalen Status der NWP.

Transpolare Seeroute

Der kürzeste Seeweg führt transpolar quer durch den Ozean über den Nordpol. Während Nordost- und Nordwestpassage die territorialen Gewässer oder die AWZ Russlands bzw. Kanadas tangieren, führt die

Transpolare Seeroute (TSR) über die Hohe See und damit durch internationale Gewässer. Damit können Schiffe navigatorische Hindernisse wie zu enge Kanäle oder geringe Wassertiefen sowie Kontrollansprüche der Küstenstaaten vermeiden. Im weiteren Verlauf passieren Schiffe die AWZ der Küstenstaaten und sind auf die Häfen und Versorgungseinrichtungen an der Küste angewiesen.

Schon in den 2040er Jahren könnte die transpolare Route nutzbar werden.[182] Dann wird diese gebührenfreie Passage durch das zentralarktische Meer an Attraktivität gegenüber der von Russland kontrollierten Nördlichen Seeroute oder der kanadischen Nordwestpassage gewinnen – allein im Vergleich zur NSR wären Transitfahrten zwischen Asien und Europa um einen bis fünf Tage kürzer.[183] Neben China werden andere asiatische Staaten wie Indien, Japan und Südkorea diese Route für den Transport nicht zeitkritischer Güter und Energieträger nutzen (tatsächlich hat allein China bislang alle drei Seewege durchfahren, darunter 2017 die TSR). Sie eröffnet aber auch dem militärischen Schiffsverkehr eine Perspektive, weswegen Russland diese Entwicklung kritisch begleiten und unter Umständen zu beeinflussen versuchen wird.

Hohe Anforderungen an Schiffe und Besatzungen, fortbestehende oder sich unter dem Einfluss des Klimawandels noch verschärfende Umweltbedingungen und abgelegene Häfen und Infrastruktur sowie hohe Kosten machen diese Route aber auch in Zukunft nicht unbedingt zu einer günstigen Alternative für südliche Schifffahrtsrouten. Aber einige Hafenprojekte – wie Nome in Alaska, der isländische Finnafjord oder Longyearbyen auf Spitzbergen – dürften internationale Investoren interessieren.

Arktische Passagen im Vergleich zu Panamakanal und Suezkanal

Alle drei Passagen durch die Arktis bieten beispielsweise für die Strecke Yokohama-Hamburg oder Schanghai-Hamburg kürzere Schifffahrtswege als der Suezkanal. Doch sie eröffnen nicht generell kostengünstigere und kürzere Verbindungen. So ist zwar der Seeweg von London nach Yokohama durch die Nordostpassage mit 13 841 Kilometern rund 7 500 Kilometer kürzer als derjenige durch den Suezkanal, doch der Seeweg von Marseilles nach Singapur ist durch die Nordostpassage über 11 000 Kilometer länger als jener über den Suezkanal und die Malakka-Straße. Von Mittelmeerhäfen wie Marseilles ist Asien theoretisch schneller über die Nordwestpassage erreichbar.[184] Im jeweiligen Einzelfall ist die tatsächliche Entfernung davon abhängig, welcher Hafen als Ausgangs- bzw. Zielpunkt genommen wird. Außerdem können Schiffe im offenen Wasser mit einer Geschwindigkeit von bis zu 16 Knoten und Tanker bis zu 19 Knoten fahren – dagegen nur mit zwölf Knoten in teilweise eisbedeckten Gewässern. Dies schmälert die Zeitersparnis arktischer Routen.[185]

Gegenwärtig werden zwölf Prozent des globalen Frachtvolumens und etwa 30 Prozent des Containervolumens durch den Suezkanal transportiert. Im Jahr 2021, mitten im weltweiten, pandemiebedingten Einbruch der Schifffahrtszahlen, erhöhte sich die Zahl der Schiffe, die den Suezkanal passierten, im Vergleich zum Vorjahr um zehn Prozent auf 20 694 Schiffe (mit einer Ladung von 1,27 Milliarden t). Nach seiner vorgesehenen Vertiefung und Verbreiterung wird er von Schiffen mit einer Ladung von bis zu 25 000 Containern befahren werden können.[186] Der Panamakanal erzielt ebenfalls Rekordergebnisse: 2020 wurde er von 12 245 Schiffen durchquert, nachdem 2016 neue Schleusen in Betrieb genommen wurden.[187] Beide werden daher für viele weitere Jahre ihre Rolle als Hauptknotenpunkte des maritimen Verkehrs behalten. Solange Panama- und Suezkanal von politischen Unruhen, Konflikten oder einem Unglücksfall wie im März 2021[188] verschont bleiben, bieten sie einfachere und günstigere Transportwege.

Wichtig sind arktische Seewege für den Binnenverkehr zwischen Siedlungen, zur Anfahrt von Rohstofflagerstätten und für Transporte von dort zu den Zielhäfen (mit einer weiter steigenden Zahl von Öl- und Gastankern); interessant bleiben sie für Kreuzfahrtschiffe. Doch für den Transitverkehr zwischen Asien und Europa werden sie erst langfristig unter Bedingungen einer „eisfreien“ Arktis relevant.

Aufgrund des Klimawandels halten Banken, Investmentfonds und Firmen außerdem Abstand zur Arktis – nicht nur aus kommerziellen Gründen, sondern auch wegen der Verpflichtung zur Nachhaltigkeit und der Unsicherheit über die künftige Energiepolitik sowie zur Imagepflege. Der weltgrößte Schifffahrtskonzern *Maersk* meidet die russische Seeroute, weil sie unwirtschaftlich sei, und drei der fünf größten Betreiber von Containerschiffen, nämlich die *Hapag-Lloyd*, die *Mediterranean Shipping Company* und *CMA CGM* wollen sich aus Gründen des Umweltschutzes von arktischen Schifffahrtswegen fernhalten. Investmentbanken wie *Goldman Sachs*, *JP Morgan Chase* und die Schweizer *UBS Group* erklärten, keine Öl- und Gasprojekte in der Arktis mehr zu finanzieren.[189] Das sind schlechte Aussichten für die arktischen Schifffahrtspassagen, aber gute Aussichten für die Arktis als Naturraum.

Und was interessiert Deutschland an der Arktis?

Nach schwerer Eisfahrt konnten 1991 erstmals zwei konventionell angetriebene Schiffe bis zum Nordpol vordringen: Der schwedische Eisbrecher *Oden* und das deutsche Forschungsschiff *Polarstern* erreichten den Nordpol am 7. September während einer dreimonatigen Expedition. 30 Jahre später demonstrierte die *Polarstern* das andauernde deutsche Interesse an der Arktis und ihrer Erforschung und unternahm vom September 2019 bis Oktober 2020 mit internationaler Beteiligung die MOSAiC-Expedition. Das einjährige Forschungsprojekt in der zentralen Arktis war vom Alfred-Wegener-Institut (AWI) geleitet, dessen Helmholtz-Zentrum für Polar- und Meeresforschung das deutsche Polarinstitut ist. Bisher gibt es zu wenige Daten über Klimaprozesse der Zentralarktis; aus dem Winter überhaupt keine, weil es dann selbst Eisbrecher nicht dorthin schaffen. Die Rohdaten aus der MOSAiC-Expedition „werden noch Generationen von Forschern nützen",[190] vermerkte Expeditionsleiter Markus Rex im Logbuch der *Polarstern*.

Arktisforschung wie die MOSAiC-Expedition ist aufgrund des Klimawandels nicht allein wissenschaftlicher Neugierde geschuldet, sondern leistet konkrete Sicherheitsvorsorge. Denn das Erkennen und das darauf aufbauende Erfassen und multilaterale Eindämmen von Sicherheitsrisiken durch Klimafolgen hat eine Dringlichkeit, die durch globale Folgen und wachsende wissenschaftliche Evidenz nochmals gestiegen ist.[191] Eine Konsequenz daraus ist, dass unter Außenministerin Annalena Baerbock die Zuständigkeiten für internationale Klimapolitik in das Auswärtige Amt verlagert wurden. Damit erhält die Klimaaußenpolitik in der Bundesregierung einen höheren Stellenwert.

Die Bundesrepublik hat besonderes Interesse an verlässlicher internationaler Sicherheit, kollektiver Krisenbewältigung und Konfliktprävention. Frieden und Sicherheit werden durch die wachsende Konkurrenz der Großmächte USA, China und Russland infrage gestellt und deutsche Handlungsspielräume durch das Spannungsfeld zwischen den Großmächten begrenzt. Es liegt daher im deutschen Interesse, gemäß den Leitlinien deutscher Arktispolitik „bestehenden geopolitischen Spannungen in der Region zu begegnen und (Interessens-) Konflikten und potenziellen Krisen in der Arktis vorzubeugen“,[192] um die Arktis als konfliktarme Region zu erhalten, ihre Ressourcen auf friedliche und nachhaltige Weise zu nutzen und die freie Schifffahrt zu bewahren.

Deutschland ist eine kontinentale Mittelmacht, die von freien Seewegen abhängt. Als Exportstaat und als einer der größten Rohstoffverbraucher erfolgt der deutsche Außenhandel wertmäßig zu etwa 60 Prozent über die See. Deutschland ist auf sichere Schifffahrtswege und die uneingeschränkte Nutzung der See angewiesen. Aufgrund der maritimen Abhängigkeit Deutschlands kommt der Bundeswehr beim Schutz der eigenen Küstengewässer und der angrenzenden Seegebiete sowie der internationalen Seeverbindungslinien eine besondere Verantwortung zu. Im Falle von Ostsee und Nordsee ist diese Verantwortung relativ klar, aber der Nordflankenraum der NATO besteht nicht nur aus dem Seegebiet zwischen Dänemark und dem Baltikum, sondern erstreckt sich über das Europäische Nordmeer in den hohen

Norden bis zum Nordpol. Deutschland und seinen europäischen Partnern ist es ebenso wie den USA ein wichtiges Anliegen, die Sicherheit und Resilienz der Länder in diesem Raum zu erhöhen. Hierzu bedarf es spezieller Fähigkeiten über und unter Wasser sowie im Luftraum. Schiffe, U-Boote und Seefernaufklärer schaffen Wissen um maritime Räume und verringern die deutsche „Seeblindheit".

Die USA sind vor dem Hintergrund der chinesischen Machtpolitik im indopazifischen Raum zunehmend außerhalb Europas und seiner Peripherie gefordert. Viele ihrer spezialisierten Fähigkeiten setzen sie dementsprechend bevorzugt dort ein, wo eine Konfrontation mit China nicht mehr ausgeschlossen werden kann. In seinen Einlassungen zum US-Verteidigungshaushalt für das Jahr 2022 äußerte der Vorsitzende Generalstabschef General Milley, dass die Arktis sehr wohl in Zukunft eine bedeutende geostrategische Rolle für die USA bekommen wird. Doch derzeit gibt es andere Prioritäten hinsichtlich der Fähigkeiten und deren Finanzierung: Die Eskalationsdynamik im Indopazifik wird als drängender bewertet. Es liegt auch im deutschen Interesse, wenn sich die USA diesen Herausforderungen stellen. Umgekehrt verbinden sie jedoch die berechtigte Erwartung, dass unmittelbare Bedrohungen europäischer Sicherheit – speziell durch Russland – von den Europäern eigenständiger und glaubwürdiger vor Ort (statt mit einer einsamen Fregatte *Bayern* im Indopazifik)[193] wahrgenommen werden. Anders als Berlin hat Moskau „nicht die Kunst strategischen Denkens verloren".[194] Die Arktis stellt Deutschland also nicht nur klimapolitisch, sondern auch außen- und sicherheitspolitisch vor einige Herausforderungen.

AKTEURE UND AMBITIONEN

Der Arktische Rat symbolisiert die friedliche und kooperative Grundstimmung der Region. Jedoch erhöht das schmelzende Eis das Interesse an der Arktis und öffnet diesen Raum und damit seine Ordnung neuen, konkurrierenden geopolitischen und geoökonomischen Einflussfaktoren. Dabei treffen traditionell im Rat behandelte Themen „weicher Sicherheit“ wie menschliche Sicherheit, Klima und Umweltschutz zunehmend auf traditionelle Themen staatszentrierter „harter Sicherheit“ wie Küstenschutz und Verteidigung. Aufgrund der leitenden Fragestellung nach dem Einfluss der Großmachtrivalität auf die Arktis werden vorrangig Arktisstaaten und Beobachterstaaten als maßgebliche Akteure identifiziert, deren jeweiliges Verhalten im arktischen Kontext dargelegt wird, um deren Ambitionen beurteilen zu können. Aus der Analyse des Verhaltens einzelner Staaten lässt sich folgern, wie und weshalb diese bislang agierten und wie sie voraussichtlich in der Zukunft auf Veränderungen reagieren werden – ob sie also weiter ihren Schwerpunkt auf Kooperation legen, einen konfrontativen Kurs steuern oder vielleicht eine Kombination beider Ansätze wählen werden.

Die Vorgeschichte des Arktischen Rats

Am Ende des Kalten Krieges begann eine Zeit der Zusammenarbeit in der Arktis, deren intensivste Phase von 1989 bis 2006 dauerte. Michail Gorbatschow schuf das Narrativ von der Arktis als Zone des Friedens,[195] als er am 1. Oktober 1987 in Murmansk als Generalsekretär des Zentralkomitees der Kommunistischen Partei der Sowjetunion erklärte, dass die Arktis befriedet und der Nordpol ein „Pol des Friedens" werden solle. Sein Vorschlag enthielt sechs Punkte, nämlich eine „nuklearfreie Zone" in Nordeuropa (verbunden mit einem etwaigen Abzug der mit Nuklearwaffen bestückten Unterseeboote),[196] die Einschränkung militärischer Aktivitäten in Ost- und Nordsee, Norwegensee und Grönlandsee sowie das Verbot von Marineaktivitäten in bestimmten Wasserstraßen, eine Zusammenarbeit zur Entwicklung arktischer Ressourcen, die wissenschaftliche Erforschung der Arktis, die Zusammenarbeit nördlicher Staaten im Umweltschutz und die Öffnung der Nördlichen Seeroute für alle ausländischen Schiffe.[197]

Während seine sicherheitspolitischen Vorschläge eine skeptische Reaktion auslösten (im Jahr zuvor war in Reykjavik erfolglos die Idee einer Abschaffung aller ballistischen Raketen diskutiert worden), wurden die Punkte zu Umweltschutz und Wissenschaftskooperation von Finnland und Kanada positiv aufgegriffen. Im finnischen Rovaniemi waren im September 1989 Vertreter der fünf arktischen Küstenstaaten (USA mit Alaska, Dänemark mit Grönland, Kanada, Norwegen, Russische Föderation) und drei Anrainerstaaten (Island und Schweden zusätzlich zum Gastgeber Finnland) eingeladen. Der Kreis der späteren Mitglieder des Arktischen Rates wurde so von den direkt am Nordpolarmeer gelegenen Küstenstaaten (Arctic 5), die im Kalten Krieg als Arktisstaaten galten, auf acht (A8) erweitert. Als zum Ende des Treffens eine Arbeitsgruppe eingesetzt und einzelne Staaten beauftragt wurden, einen Bericht zum Zustand der arktischen Umwelt zu erstellen, wurde die Arctic Environmental Protection Strategy (AEPS) initiiert, die später als Grundlage zur Schaffung des Arktischen Rates diente. Norwegen und die Sowjetunion vereinbarten, ein

„Arctic Monitoring" zu koordinieren, während Kanada und Schweden eine nachhaltige Entwicklungsstrategie (Arctic Sustainable Development Strategy) entwickeln sollten. Russland und die USA nahmen – aus unterschiedlichen Gründen – wenig Anteil an den Planungen der anderen Arktisstaaten: Moskau war durch die desaströse Lage nach dem Zusammenbruch der Sowjetunion abgelenkt[198] und Washington nicht interessiert – wobei die meisten Teilnehmenden das mangelnde Interesse der USA als dezidierte Opposition interpretierten.[199] Indessen blieb der Clubcharakter erhalten, und selbst bei der Gründung des International Arctic Science Committee (IASC) wurden 1990 in Stockholm nur die acht Arktisstaaten zugelassen. Andere Länder mit Erfahrung in der Arktisforschung blieben damals unberücksichtigt; heute befindet sich das Sekretariat dieser Nichtregierungsorganisation, die sich aus internationalen Wissenschaftsteams zusammensetzt, in Potsdam.

Umwelt und Wissenschaft bildeten also die maßgeblichen Katalysatoren der Gründung des Arktischen Rates als gemeinschaftliche, multilaterale Organisation, während Sicherheitsfragen auf Betreiben der USA und Norwegens im Hoheitsbereich der Nationalstaaten blieben.[200] Jedoch verlor die militärische Sicherheit auch an Bedeutung, weil Aktivitäten der Streitkräfte in der Arktis reduziert und die meisten amerikanischen und sowjetischen Militärbasen aufgegeben wurden. Der Frieden führte paradoxerweise aber zu einem neuen militärischen Umweltproblem, weil russische Atom-U-Boote nicht mehr gewartet und ihre nuklearen Bestandteile aufgrund fehlender Gelder nicht ordentlich entsorgt wurden. Auf Initiative Oslos unterzeichneten Norwegen, Russland und die USA im September 1996 daher eine Kooperationsvereinbarung (Arctic Military Environmental Cooperation, AMEC), um die Gefahren beseitigen zu helfen, die radioaktive Überreste der russischen Nordflotte bildeten.[201] Schon von Finnland war hinterfragt worden, wie Fragen militärischer Sicherheit ausgeschlossen werden konnten, wenn sie oft doch einen Einfluss auf die Umwelt hatten.[202]

Zu einem großen Teil war die Zusammenarbeit vom Bestreben der anderen Arktisstaaten getrieben, dass die Sowjetunion bzw. Russland nicht in das konfrontative Verhalten im Kalten Krieg zurückfallen sollten. Die Kooperation in Umweltfragen wurde zum Mittel, eine entsprechende Strategie im Kreis der Arktisstaaten umzusetzen. Die ursprüngliche Vision einer demilitarisierten und vielleicht sogar nuklearwaffenfreien Arktis war jedoch verschwunden.

Der Arktische Rat: Gründung, Zusammensetzung und Arbeitsweise

Der Arktische Rat ist ein zwischenstaatliches Forum zum Interessenausgleich von Arktisstaaten und indigenen Völkern. Der kanadische Premierminister Brian Mulroney hat die Gründung informell im November 1989 vorgeschlagen, wobei Kanada zunächst eine internationale Organisation etablieren wollte. Auf dem entscheidenden Treffen zwischen US-Präsident Bill Clinton und dem kanadischen Premier Jean Chrétien 1995 einigten sich beide auf eine intergouvernementale Zusammenarbeit, in der Regierungen ihre volle Souveränität bewahren, Entscheidungen nach dem Einstimmigkeitsprinzip treffen und dementsprechend über ein Vetorecht verfügen.[203] Am 19. September 1996 wurde mit der Ottawa-Deklaration[204] von den acht Arktisstaaten die Gründungsakte unterzeichnet. Darin wurde festgeschrieben, dass sechs Dachverbände indigener Völker als permanente Mitglieder bei Beratungen und Entscheidungen des Rates einzubinden und von den Arktisstaaten zu konsultieren sind. Sie sind neben den Arktisstaaten die einzigen, tatsächlich permanenten Mitglieder, während einem Beobachterstaat dieser Status entzogen werden kann, wenn er nicht verlängert wird.

In der dritten Kategorie haben derzeit 13 Staaten den Status als Beobachter, nämlich seit dem Jahr 1998 Deutschland, die Niederlande, Großbritannien und Polen, seit 2000 Frankreich, seit 2006 Spanien, seit 2013 China, Indien, Italien, Japan, Singapur, Südkorea und seit

2017 die Schweiz. Außerdem sind 14 zwischenstaatliche und zwölf regierungsunabhängige Organisationen als Beobachter akkreditiert. Als Teil der „Fairbanks-Gruppe" von Beobachtern, die im Zeitraum 1998 bis 2000 aufgenommen wurden, ist der Status von Deutschland als Beobachter in Reykjavik 2021 bestätigt worden.

Russland hat im Mai 2021 den Vorsitz auf der Ministerversammlung in Reykjavik übernommen (Nachfolger ist 2023 Norwegen). Diese alle zwei Jahre tagende Ministerversammlung befindet als höchstes Organ über die Grundlinien der Arbeit und wird von den Senior Arctic Officials (SAO) vorbereitet, die sich halbjährlich treffen.[205] Alle Entscheidungen erfolgen im Konsens unter Beteiligung der indigenen Mitglieder. Unterstützt wird die Arbeit des Rates durch das im Juni 2013 in Tromsø eingerichtete Arctic Council Secretariat.

Arbeitsgruppen und Arktischer Wirtschaftsrat

Arbeitsgruppen oder andere Nebenorgane können eingerichtet werden, um Programme und Projekte unter der Leitung von SAOs vorzubereiten und durchzuführen. Die Zusammensetzung und die Mandate dieser Gremien werden von den Arktisstaaten auf einer Ministertagung vereinbart. Inhaltlich befasst sich der Rat im Schwerpunkt mit den Themen Umweltschutz und nachhaltige Entwicklung – sie werden als seine zwei Säulen bezeichnet. Derzeit sind es sechs Arbeitsgruppen, die jeweils Expertengruppen beinhalten können; die ersten vier Arbeitsgruppen wurden 1991 auf Basis der AEPS festgelegt: das Arctic Monitoring and Assessment Program (AMAP) und das Programm zur Bewahrung der arktischen Flora und Fauna (Conservation of Arctic Flora and Fauna, CAFF), Protection of the Arctic Marine Environment (PAME) und Emergency Prevention, Preparedness and Response (EPPR). Die Arbeitsgruppe für nachhaltige Entwicklung (Sustainable Development Working Group, SDWG) wurde 1998 und das Arctic Contaminants Action Program (ACAP) 2006 eingerichtet.[206]

Als weiteres Gremium wurde 2014 der Arktische Wirtschaftsrat (Arctic Economic Council, AEC) gegründet. Dessen Mitglieder stammen aus der Wirtschaft und werden vom Arktischen Rat ernannt. Das 2017 beschlossene Arctic Investment Protocol (AIP) soll als Grundlage für kommerzielle Aktivitäten dienen und ganzheitliche Geschäftsmodelle unterstützen; „Blue Economy“ folgt dem Prinzip, gleichzeitig Ökosysteme schützen und Arbeitsplätze schaffen zu wollen.[207]

Erfolge und Perspektiven

Als Meilenstein in der Arbeit des Arktischen Rates gilt die Regelung der Zusammenarbeit bei Such- und Rettungsmaßnahmen (SAR) auf See und aus der Luft. Das Abkommen wurde auf dem Ministertreffen im Mai 2011 in Nuuk, der Hauptstadt Grönlands, verabschiedet.[208] Als ähnlich erfolgreich bewertet wird die Kooperation der Arktisstaaten im Bereich des Küstenschutzes; dazu wurde im Oktober 2015, während des Ratsvorsitzes der USA (2015–17), das Arctic Coast Guard Forum (ACGF) als unabhängige und informelle, aber höchst effiziente Organisation gegründet.[209] Ein zweites, 2013 in Kiruna unterzeichnetes Abkommen soll die gegenseitige Unterstützung bei Ölverschmutzungen sicherstellen.[210] Ein weiteres 2017 in Fairbanks unterzeichnetes Abkommen zielt darauf ab, die wissenschaftliche Zusammenarbeit zu verbessern.[211] Im Oktober 2018 wurde außerdem das von den fünf Küstenstaaten initiierte Fischereiabkommen für die Zentralarktis unterzeichnet, das 2021 von den A5, EU, China, Japan und Südkorea ratifiziert wurde.[212] Darüber hinaus wurden wegweisende Studien in Auftrag gegeben – so zu den Auswirkungen des Klimawandels, der Belastung der Region mit Umweltgiften und Radioaktivität sowie zum Stand der Schifffahrt.[213]

Beobachterstaaten wie China haben sich kreativ bei der Erarbeitung neuer Regelungen wie dem Polarkodex eingebracht und dabei den Weg über Organisationen wie IMO genutzt. Es gibt eine Reihe von Vorschlägen, wie die Arbeit des Rates neu gestaltet und erweitert werden könnte.[214] Das wachsende Interesse an der Arktis trägt so dazu bei, die Ordnung in der Arktis weiterzuentwickeln.

Die Konkurrenz der Großmächte und der (Wieder-) Aufbau militärischer Stützpunkte lassen außerdem die Frage aufkommen, inwiefern das Prinzip der Nichtbefassung mit „hoher Politik“ für den Rat fortbesteht. Weil die Ottawa-Deklaration von 1996 dies ausschließt, befasst sich das Gremium nicht mit Fragen militärischer Sicherheit (die USA machten dies damals zur Voraussetzung für ihre Mitgliedschaft).[215] Stattdessen wurde 2011 der Arctic Security Forces Roundtable (ASFR) etabliert[216], der seit 2014 aufgrund der Krim-Annexion ohne Russland tagt. Mit der Übergabe des Vorsitzes liegt es nun an Moskau, ob und in welcher Form es den Dialog wiederaufnehmen will.

Reykjavik und der russische Vorsitz 2021 bis 2023

Auf dem Ministertreffen im Mai 2021 in Reykjavik wechselte der Vorsitz von Island nach Russland. Aufgrund der andauernden Pandemie nahmen an dem hybriden Format nur Vertreter der Arktisstaaten – darunter die Außenminister der USA und Russlands – und Repräsentanten der indigenen Bevölkerung persönlich teil.

Die vier Prioritäten des isländischen Vorsitzes (2019–21) galten der arktischen Meeresumwelt, Klima- und grünen Energielösungen, den Menschen und Gemeinschaften der Arktis sowie einem stärkeren Arktischen Rat. Die Einschränkungen durch COVID-19 erschwerten zwar die Arbeit, die Pandemie zwang aber zu größerer Disziplin, und es konnten mehr Projekte als gedacht realisiert werden. Dazu zählt eine Initiative gegen die Meeresverschmutzung durch Mikroplastik, denn aufgrund der Ozeanzirkulationsmuster ist die Arktis eine Art Sackgasse für Treibgut.[217] Größter Erfolg des isländischen Vorsitzes war die Ausarbeitung einer langfristigen Strategie und ihre Annahme auf dem Ministertreffen. Der „Arctic Council Strategic Plan 2021 to 2030“[218] enthält einen Aktionsplan zu Klima, Ökosystem, Meeres- und Küstenräumen, sozialer Entwicklung, nachhaltiger Wirtschaft, Wissen und Kommunikation sowie zur Stärkung des Rates.

Welche Prioritäten will Russland setzen? Die vom Sicherheitsrat der Russischen Föderation eingesetzte Arktis-Kommission tagte zur Vorbereitung auf den Vorsitz erstmals im Oktober 2020. Dabei machte Dmitri Medwedew als stellvertretender Ratsvorsitzender (und Vorsitzender der Arktis-Kommission) deutlich, dass die nationale Sicherheit im Vordergrund stehe.[219] Konkrete Ausführungen machten der Botschafter für die Arktis Nikolai Korchunov und Ministerpräsident Michail Mischustin. Ähnlich dem isländischen Vorsitz stehen danach vier Handlungsfelder im Vordergrund: Bevölkerung, darunter indigene Volksgruppen; Schutz der Umwelt einschließlich der Folgen des Klimawandels; sozioökonomische Entwicklung der Region (in Russland mit Schwerpunkt auf Städten in den nördlichen Regionen und die Nördliche Seeroute) und Stärkung des Arktischen Rates als Basis für die multilaterale Zusammenarbeit.[220]

Die Arktis sei eines der wenigen Felder, in denen Russland und die USA noch erfolgreich einen Dialog führen können, wurde aus dem russischen Sicherheitsrat kommentiert. Die Arktisagenda beinhalte praktische Fragen, wie die Koordination der Küstenwachen, Fischereimanagement und Schiffsverkehr. Dies sei ein „gutes Modell"[221] auch für andere Bereiche – mit konkreten Fragen zu beginnen und danach allgemeinere Themen zu erörtern. Während sich manche um ein positives Klima für das anstehende Treffen bemühten, warnte Außenminister Lawrow vor dem Treffen pauschal den Westen vor „Besitzansprüchen in der Arktis" und meinte, für jeden sei „seit Langem vollkommen klar, dass dies unser Territorium ist, das ist unser Land". Außerdem kritisierte er Norwegen, weil es das Vordringen der NATO in die Arktis rechtfertige.[222] Dabei konnte der Eindruck entstehen, Lawrow beziehe sich auf die russischen Ansprüche auf das Kontinentalschelf (einschließlich Nordpol), während tatsächlich die Meeresgebiete entlang der Nördlichen Seeroute gemeint waren.[223] Diese sieht Russland als Gewässer unter russischer Hoheit an und nicht – wie die USA – als internationale Wasserstraße.

Außenminister Lawrow befürwortete auf dem Ratstreffen explizit die Wiederaufnahme des Dialogs zwischen militärischen

Befehlshabern der Arktisstaaten.[224] Dass er dies als designierter Ratsvorsitzender erwähnte (obwohl sich der Rat explizit nicht mit Fragen militärischer Sicherheit befasst), unterstreicht, wie wichtig dieses Anliegen Moskau ist. Während Sicherheitsfragen vorrangig bleiben, wird gleichzeitig die Arktis als Raum der Kooperation betont. Dies spiegelt sich im umfangreichen Programm des Vorsitzes, das neben diversen Themengruppen ein umfangreiches Veranstaltungsprogramm enthält.

Kooperation und Konkurrenz der Arktisstaaten

In der Arktis ist nicht nur der Klimawandel am deutlichsten bemerkbar, hier wird auch der Wandel in der internationalen Sicherheitspolitik sichtbar. Die Arktis ist keine Region fernab aller Konflikte mehr, sondern zunehmend selbst der Ort widerstreitender Interessen.

Deutlich wurde dies durch die US-Regierung von Donald Trump, die sich auch in der Arktis außenpolitisch von der Vorstellung einer Großmachtkonkurrenz hat leiten lassen. In der Nationalen Sicherheitsstrategie von Dezember 2017 erklärten die USA, dass China und Russland als revisionistische Akteure die regionalen Machtverhältnisse zu ihren Gunsten verändern wollen.[225] Die Arktis ist geopolitisch für Russland und China ähnlich wichtig, allerdings aus unterschiedlichen Gründen: Moskau will die Herrschaft über die Arktis aufrechterhalten, um den eigenen Großmachtstatus zu bewahren und Peking die Arktis nutzen, um seinen Machtstatus zu vergrößern und zur Weltmacht aufzusteigen. In diesem Kontext wäre ein stärkeres Engagement der USA zu begrüßen gewesen, nachdem sie die Region jahrzehntelang vernachlässigt haben. Doch statt sich stärker einzubringen und potenzielle Konflikte in der Arktis einzuhegen, versuchte die Trump-Regierung, andere Staaten auszugrenzen, und verursachte damit selbst Probleme. Dadurch wurde die Kooperation in der Arktis beschädigt. Immer stärker macht sich nun auch die seit 2007 von Russland betriebene militärische Aufrüstung in der Arktis bemerkbar. Die Polarisierung der Beziehungen erschwert es, gemeinsame Lösungen zu erarbeiten, die nötig sind, um die vom Klimawandel verursachten Veränderungen zu bewältigen. Die Wahl Joe Bidens zum US-Präsidenten hat an dieser Lage wenig geändert; zu sehr hat sich das internationale Umfeld verändert, und zu stark wurde die Konkurrenz der Großmächte zum strukturbildenden Merkmal der internationalen Beziehungen.

Die Spannungsfelder von Kooperation, Konkurrenz und Konfrontation werden im Folgenden am Beispiel der Arktisstaaten deutlich gemacht, wobei ein Exkurs zu Grönland weitere Entwicklungsperspektiven aufzeigt. Maßgebliche Unterschiede ergeben sich aus der jeweiligen geografischen Lage und der unterschiedlichen Politiken – von nichttraditionellen Sicherheitsaspekten wie der Klimapolitik bis hin zur traditionellen Verteidigungspolitik –, die in der Arktis wirksam werden.

Russische Föderation

Während Alaska für die USA eine weit entfernte Exklave ist, bildet die Arktis für Russland einen integralen, geostrategisch und wirtschaftlich wichtigen Bestandteil der Russischen Föderation und hat eine zentrale, oftmals mystisch überhöhte Bedeutung. Nach dem Zusammenbruch der Sowjetunion stellt die Arktis zudem ein Politikfeld dar, in dem Moskaus internationale Bedeutung ungebrochen ist.

Die Arktische Zone der Russischen Föderation (AZRF) umfasst etwa fünf Millionen qkm und erstreckt sich entlang der Küstengebiete von Barentssee, Karasee, Laptewsee, Ostsibirischer See und Tschuktschensee bis zur Beringstraße. Neben den Inseln im Nordpolarmeer zählen dazu in Gänze oder zum Teil die Republik Sacha (Jakutien), die Gebiete Murmansk und Archangelsk, die Region Krasnojarsk sowie die Autonomen Kreise der Nenzen und Tschuktschen. Die Küstenlinie ist 24 140 Kilometer lang – über die Hälfte der gesamten arktischen Küste und zwei Drittel der gesamten russischen Küste von 37 653 Kilometern.[226]

Mystisch überhöht ist die russische Arktis nicht nur aufgrund der menschenfeindlichen Lebensbedingungen. Vertreter der nationalistischen Denkschule sehen sich als Nachfahren der mythologischen Hyperboreer und wollen sich von der individualistisch und materialistisch geprägten Konsumkultur des Westens durch hohe Moralstandards, Spiritualität und Patriotismus unterscheiden. In der Orientierung nach Norden glauben sie dem alten Identitätsdilemma entfliehen zu können, dass Russland weder Teil des europäischen Westens noch des asiatischen Ostens sei.[227] Als Wissenschaftler der staatlichen Lomonossow-Universität im Juni 2012 vorschlugen, das Nordpolarmeer in Russischer Ozean umzubenennen, folgten sie einem nationalen Pathos, das unter Präsident Putin verstärkt als Mittel zur Legitimation seiner Herrschaft dient.[228]

Im russischen Diskurs wird die Arktis nach innen identitätsstiftend und nach außen abgrenzend instrumentalisiert, während die im internationalen Kontext früher üblichen Attribute als Zone des Friedens und der Kooperation in den Hintergrund rücken. Die Arktis als Kulminationspunkt von Russlands Macht, Prestige und Identität hat die Entschlossenheit bestärkt, ihre Entwicklung voranzutreiben. Deshalb gilt die AZRF in Moskau als strategische Priorität und Ressourcenbasis im 21. Jahrhundert. In dieser Zone konzentrieren sich laut Putin „praktisch alle Aspekte der nationalen Sicherheit" – militärische, politische, wirtschaftliche, technologische sowie jene, die Umwelt und Ressourcen betreffen.[229] Putin hat diese Bedeutung früh erkannt, schließlich hat er 1997 eine Dissertation über die Rolle mineralischer Ressourcen für Russlands Wirtschaft am St. Petersburg Mining Institute abgegeben. Es ist kein Zufall, dass das sorgsam inszenierte Bild des Präsidenten, der sich mit unbekleidetem Oberkörper beim Fischen präsentiert, in Sibirien aufgenommen wurde.[230] Spätestens seit 2014 gehören „Traditionalismus, Nationalismus, starke Führung und Großmacht-Konfrontation mit dem Westen zum zentralen Legitimationsnarrativ des russischen Staates".[231]

Russland ist der arktische Hegemon, weil es in diesem Raum über den größten Anteil an Territorium, Ressourcen und Bevölkerung verfügt.[232] Die herausragende Position unter den Arktisstaaten sichert aber dauerhaft keine Herrschaft. Aufgrund der Folgen des

Klimawandels wird das hohe Sicherheitsbedürfnis Moskaus besonders in diesem Raum wirksam, zumal Staat und Wirtschaft auf die stetigen Einkünfte aus dem Geschäft mit fossilen Energieträgern angewiesen sind. Die Erlöse aus dem Export von Öl und Gas machen durchschnittlich bis zur Hälfte des Staatshaushaltes und etwa ein Drittel des Bruttosozialproduktes aus.[233] Die Aufmerksamkeit des Kreml für die AZRF hat klare Ursachen: Dort finden 90 Prozent der derzeitigen russischen Gasförderung und 60 Prozent der Ölförderung statt, außerdem befinden sich dort 60 Prozent der russischen Gas- und Ölreserven.[234] Laut Alexei Fadejew, Mitglied der Expertengruppe „Geologie und Arktis" der Russischen Gasgesellschaft, werden 2035 rund 60 Prozent der global geförderten Kohlenwasserstoffe aus arktischen Rohstoffvorkommen stammen.[235]

Die funktionale Bedeutung der Arktis für Russland

Die Arktis dient geopolitisch als Grundlage, um Russlands Rolle als Großmacht zu behaupten und abzusichern. Das russische Wirtschaftsmodell beruht überwiegend auf der Nutzung fossiler Ressourcen, die in der Arktis reichlich vorhanden sind und damit die Rolle als Energiemacht (nach den USA) begründen. Zudem dient der arktisch-nordatlantische Raum militärisch als strategische Bastion für Abschreckung und Verteidigung. Diese Funktionen verhalten sich zueinander keineswegs konfliktfrei. So erfordert die zivile Entwicklung der Arktis als Ressourcenbasis für Russlands Zukunft eine friedliche und stabile internationale Lage, während das russische Streben nach militärischer Überlegenheit dies erheblich erschwert.

Außenpolitisch betont Moskau seit den 1980er Jahren in Anlehnung an die historische Rede Michail Gorbatschows am 1. Oktober 1987 in Murmansk, dass die Arktis als Zone des Friedens und der Kooperation erhalten werden solle.[236] Russische Präsidenten und Regierungsvertreter haben diese Formel häufig verwendet, aber viele Elemente der damaligen Vorschläge wären russischen Großmachtambitionen aus heutiger Sicht abträglich: vor allem eine nuklearfreie Zone in

Nordeuropa (inklusive eines etwaigen Abzugs der mit Nuklearwaffen bestückten U-Boote), die Einschränkung militärischer Aktivitäten in Ost- und Nordsee, Norwegensee und Grönlandsee sowie das Verbot von Marineaktivitäten in bestimmten Wasserstraßen und schließlich die Öffnung der Nördlichen Seeroute für alle ausländischen Schiffe. Eine freiwillige Beschränkung oder ein Verzicht auf wichtige Elemente nationaler Macht würde Putins vierter Amtszeit ein ähnliches Negativimage verleihen, wie es Gorbatschow zugeschrieben wird, weil mit seiner Perestroika-Politik das von Putin beklagte Ende der Sowjetunion verbunden ist.

Erstrebenswert, aber wenig realistisch ist, dass die Arktis eine weitere Funktion für Russland wiedererlangen könnte, nämlich Ort der Zusammenarbeit und damit stabilisierender Faktor in der internationalen Politik zu sein. Allein die internationale wissenschaftliche Zusammenarbeit floriert weiterhin und bildet als seltene Stütze russischer „Soft Power" eine der Prioritäten im Programm des russischen Vorsitzes im Arktischen Rat. Eine neue Polarstation soll der Forschung dienen und eine konstante Präsenz am Nordpol ermöglichen.[237] Konkrete Kooperation strebt Russland im Rahmen der Küstenwachen an, so im Arctic Coast Guard Forum (ACGF). Daher ist eine Fortsetzung der guten Kooperation in maritimer Sicherheit wahrscheinlich. Hier fungierte Russland als aktiver Partner, um das Abkommen zur Seenotrettung (Agreement on Cooperation on Aeronautical and Maritime Search and Rescue in the Arctic) zu ermöglichen.[238] Weitergehende Projekte wie die Öffnung der Nördlichen Seeroute, wie sie Gorbatschow anregte und welche heute utopisch[239] erscheint, sind mit der nationalistischen Politik des Kremls nicht vereinbar.

Aufgrund der hohen Bedeutung und gemäß der zentralistischen Ordnung des Landes wird die russische Arktispolitik vom Kreml gesteuert. Allerdings erleichtert dies weder das Management der heterogenen Akteure und Interessen in den nördlichen Regionen, noch verbessert es die Fähigkeit, administrative und politische Vorgaben durchzusetzen. Beispielsweise forderte Putin schon 2004 eine klare Definition der Regionen, die „der Norden" beinhalte; das Puzzle konnte bis heute nicht zusammengefügt werden.[240] Die Arktispolitik Moskaus weist unterschiedliche Narrative und Facetten auf, in denen sich diverse politische, wirtschaftliche und militärische Interessen zeigen. Die zum Teil gegensätzlichen oder inkohärenten Anliegen – im Falle der Nördlichen Seeroute etwa die Bemühungen, strikte nationale Kontrolle aufrechtzuerhalten und gleichzeitig internationales Engagement und Investitionen anzustreben – spiegeln sich in einer ambivalenten Arktispolitik. Sie enthält konfrontative wie kooperative Elemente, begünstigt also je nach Lage der Dinge entschiedene Konkurrenz oder pragmatische Zusammenarbeit.

Ein Beispiel liefert die schon erwähnte Agenda der Arktis-Kommission, die dem Präsidenten direkt unterstellt ist und im Oktober 2020 tagte, um den Vorsitz im Arktischen Rat vorzubereiten. Dabei machte Dmitri Medwedew in seiner Eigenschaft als stellvertretender Vorsitzender des Sicherheitsrates deutlich, dass die nationale Sicherheit ganz oben auf der russischen Agenda stehe. Russland werde von seinen NATO-Nachbarstaaten bedroht, sagte Medwedew.[241] Es sei „kein Geheimnis, dass eine Reihe von Ländern aktiv versucht, das russische Engagement in der Arktis aufzuhalten, die Bodenschätze des Arktischen Ozeans zu beanspruchen und die Kontrolle über strategische See- und Luftverbindungen in der Region anzustreben", ergänzte er im Juni 2021.[242] Die alte russische Rede von der Arktis als Zone des Friedens und der Kooperation tritt demgegenüber zunehmend in den Hintergrund.

Entwicklungspläne, fossile Ressourcen und Klimawandel

Die Arktische Zone der Russischen Föderation (AZRF) hatte – ähnlich wie Alaska in Washington – in den Jahren nach der Auflösung der Sowjetunion keine Priorität in Moskau. Die russische Führung unterschätzte das wirtschaftliche Potenzial und betrachtete die Arktiszone mit ihren vielfältigen sozioökonomischen Problemen mehr als Belastung für den Staatshaushalt denn als erfolgversprechende Region. Neues Interesse zeigte sich 2001 im Entwurf einer Arktisstrategie, die aber erst sieben Jahre später in einer Endversion vorlag.[243] Im September 2008 unterzeichnete Präsident Medwedew (der Putin als Präsident von 2008 bis 2012 ablöste) die „Grundlagen der Staatspolitik der Russischen Föderation in der Arktis für den Zeitraum bis 2020 und darüber hinaus".[244] In dieser ersten Arktisstrategie wurden die nationalen Interessen aufgezählt: Entwicklung der Ressourcen, Umwandlung der NSR in einen nationalen Transportkorridor und Erhaltung der Region als Zone der Kooperation. Als Hauptziel und Priorität der Staatspolitik wurde festgelegt, die Ressourcenbasis der AZRF zu erweitern. Sicherheitspolitisch galt es, Küstenschutz und Verteidigung zu gewährleisten.

In Gegensatz zu diesem optimistisch formulierten Grundlagendokument konstatierte Moskau in seiner nächsten Arktisstrategie von 2013[245] große Herausforderungen aufgrund inkohärenter wirtschaftlicher Entwicklung, ungenügender Finanzierung, Mangel an moderner Technologie, Innovation und Investitionen sowie geringer Produktivität und schwerwiegender Umweltprobleme. Russland mangelt es gemäß dieser selbstkritischen Darlegung an der Fähigkeit, die Energieressourcen selbst effektiv zu fördern. Private russische und ausländische Investitionen und Wissen seien nötig, um die nördlichen Regionen zu entwickeln. Obgleich offiziell die Vorteile von Kooperation und Teilhabe regionaler Akteure betont werden, scheitert die Umsetzung häufig an strukturellen Problemen und widersprüchlichen staatlichen Politikansätzen.[246] Am Ende sind die Zeitpläne oft zu knapp bemessen, und die Bevölkerung kommt zu kurz.

In den vernachlässigten nördlichen Regionen wurden 27 Gebiete identifiziert, in denen wegen industriell und militärisch bedingter Umweltverschmutzung[247] erhöhte Morbidität herrscht, darunter Murmansk, Norilsk, Westsibirien und Archangelsk. Das fischreiche Gebiet der Barentssee birgt die weltweit größte Konzentration versenkter nuklearer Reaktoren mit und ohne Kernbrennstoffe; zuletzt wurde im September 2021 ein Kernkraftreaktor in der Karasee gefunden.[248] Zwar will die Regierung die militärischen Hinterlassenschaften beseitigen. Häufig hat sie dafür aber kein Geld vorgesehen und steht bei der industriell verursachten Verschmutzung vor dem Problem, dass deren Begrenzung die eigenen Wirtschaftsziele zu beschädigen droht.

Das Ergebnis ist eine Abstimmung mit den Füßen: Jährlich verlassen 18 000 Menschen die russische Arktis, deren Gesamtbevölkerungszahl bei 2,4 Millionen liegt. Murmansk beispielsweise zählt nur noch knapp 750 000 Einwohner, etwa 450 000 weniger als vor 30 Jahren, und dabei genießt die Stadt noch Vorteile durch ihre Lage und Bedeutung für die Nordflotte. Ein Drittel der Bevölkerung ist seit den 1990er Jahren aus der AZRF fortgezogen.[249] Das Ziel sozioökonomischer Entwicklung mittels arktischer Ressourcen ist damit ebenso naheliegend wie notwendig, um die russische Arktis als Lebens- und Wirtschaftsraum zu bewahren, zumal die russische Wirtschaftsleistung und der Lebensstandard sich in den letzten Jahren allgemein verschlechtert haben.[250]

Die „Strategie zur Entwicklung des Arktischen Raums der Russischen Föderation und zur nationalen Sicherheitsvorsorge für den Zeitraum bis 2035“ zielt daher einmal mehr darauf, die Förderung fossiler Ressourcen und die soziale Lage zu verbessern; sie wurde im Oktober 2020 in Kraft gesetzt. Darin wird darauf verwiesen, dass die AZRF die Förderung von mehr als 80 Prozent des brennbaren Erdgases und 17 Prozent des Erdöls (einschließlich Gaskondensat) in der Föderation sicherstelle. Der Festlandsockel beherbergt nach Einschätzung von Experten mehr als 85,1 Billionen Kubikmeter brennbaren Erdgases und 17,3 Mrd. Tonnen Erdöl (einschließlich Gaskondensat) und bildet die strategische Reserve für den weiteren Ausbau der Mineralrohstoffbasis. Da aufgrund der bestehenden Sanktionen ausländisches Kapital fehlt (ein Fehlbetrag in dreistelliger Milliardenhöhe),[251] sollen Steuergelder genutzt werden, um Projekte der Energiewirtschaft zu finanzieren und eine Migration in die AZRF zu bewirken. Ferner sollen wissenschaftliche und ingenieurtechnische Lösungen erarbeitet werden, um Schäden für die Infrastruktur infolge des Klimawandels zu verhindern.[252] Auch wenn ausländische Investitionen wirtschaftspolitisch notwendig sind und angestrebt werden, fällt es der russischen Führung offenbar schwer, die russische Arktis dafür international zu öffnen. Aus sicherheitspolitischen Abwägungen sowie zur Absicherung der eigenen Rohstoffe und möglichen Gewinne tendiert Moskau dazu, die Arktis abzuriegeln, obwohl die immensen Kosten der Infrastrukturprojekte und die Knappheit von Kapital eigentlich zur Öffnung geradezu zwingen. Mehr als 100 Projekte zum Bau von Häfen, Flughäfen, Verkehrswegen, Pipelines, Fabriken, Energieanlagen und zur Unterstützung des Tourismus erfordern ein Finanzvolumen von etwa 125,5 Milliarden Euro.[253] Ein Ende der ehrgeizigen Pläne ist nicht in Sicht: Verteidigungsminister Sergei Schoigu will weitere Megaprojekte befördern und fünf Städte in Sibirien errichten.[254]

Aber neue Projekte lösen nicht die durch den Klimawandel verschärften Probleme der Infrastruktur in der russischen Arktis. Viele Projekte sind außerdem weder neu, noch haben sie Aussicht auf Realisierung, weil dafür der Zugang ausländischer Firmen liberalisiert werden müsste. Das widerspricht aber nicht nur der nationalistischen Politik, sondern würde die einheimischen Firmen unter den ungewohnten Druck des Wettbewerbs unter marktwirtschaftlichen Bedingungen setzen. Deshalb bleibt es schwer kalkulierbar, wie das Ziel erreicht werden soll, die Transportleistung der Nördlichen Seeroute (NSR) bis 2030 auf 150 Millionen Tonnen zu steigern. Einem russischen Experten zufolge bilden die Projekte außerdem eine ernste Herausforderung für die lokalen Eliten in den benachbarten Regionen. Da sie mit weniger strategisch wichtigen Ressourcen ausgestattet und weniger relevant für die NSR sind, sind sie frustriert über ihren Ausschluss.[255] Soziale Spannungen können sich leicht in politische Proteste verwandeln, und die Rivalität um sinkende Mittelzuweisungen aus Moskau[256] könnte zentrifugale Dynamiken im Norden und Fernen Osten der Föderation verstärken.

Gleichwohl verfügt die russische Arktis über ein großes wirtschaftliches Potenzial mit ihren Lagerstätten von Kohle, Erdöl und Erdgas, aber auch Diamanten, Gold, Nickel, Kobalt, Kupfer, Palladium, Platin, Zink sowie Metallen der Seltenen Erden. Schon heute werden fast 60 Prozent der exportierten Rohstoffe Russlands in Sibirien gefördert. Weitere reiche Vorkommen werden auf dem Sibirien vorgelagerten

Lomonossow-Rücken im Nordpolarmeer vermutet. Doch um sie aufzuspüren und zu fördern, wären „ungeheure Investitionen erforderlich, die auf absehbare Zeit nicht wirtschaftlich sein können", urteilte Christian Reichert von der Bundesanstalt für Geowissenschaften und Rohstoffe (BGR).[257] Fast alle Erdgasfelder befinden sich vor der Küste, größtenteils in einer Tiefe von über 500 Metern. In der Arktis lagern 80 Prozent der nachgewiesenen abbaubaren Gasmengen. Das macht diesen Raum existenziell bedeutsam. Moskau will 20 bis 30 Prozent seiner fossilen Energie bis 2050 offshore fördern, um die Erschöpfung anderer Quellen zu kompensieren.[258] Doch bleibt die teure, risikoreiche und langwierige Förderung vor der Küste wirtschaftlich rentabel?

Außerdem muss die Infrastruktur in der Arktis erneuert werden, wenn es gilt, neue Lagerstätten zu erschließen sowie die Rohstoffe zu verarbeiten und zu transportieren. China, das von Russland anstelle ehemaliger westlicher Partner umworben wird, kann nur beschränkt die erforderlichen Technologien (z. B. zur seismischen Erkundung von Ölfeldern in der Kara- und Barentssee) anbieten und will auch nicht unbedingt das nötige Kapital zur Verfügung stellen. Schließlich will Moskau die Kontrolle über Öl- und Gasfelder nicht verlieren und an bedeutsamer strategischer Infrastruktur keine oder allenfalls begrenzte fremde Beteiligung zulassen, während chinesische Investoren bei riskanten und teuren Projekten entsprechend Einfluss und Mitsprache beanspruchen.[259] Chinas einstige Pläne für Investitionen auf der Krim[260] und die „Hafendiplomatie" im indopazifischen Raum dienen manchen Russen als warnende Beispiele.[261] Gemäß der nationalen Gesetzeslage dürfen sich zwar private russische Energiefirmen in der Arktis betätigen, aber nicht die Kontrolle an ausländische Firmen abgeben. Dementsprechend liegen beim LNG-Projekt auf der Jamal-Halbinsel die chinesischen Anteile bei 29,9 Prozent und Frankreichs *Total* hält 20 Prozent, während die russische Firma *Novatek* 50,1 Prozent besitzt. Der etwa 20 Milliarden Euro teure Bau des Gasverflüssigungswerks LNG-2 auf der Halbinsel Gydan wird von *Novatek* mit einem Konsortium chinesischer, französischer und japanischer Firmen realisiert. Ab 2025 sollen dort 37 Millionen t und ab 2030 sollen 55 bis

70 Millionen t Flüssiggas pro Jahr produziert werden (*Novatek* hält 60 Prozent, China 20, *Total* und ein japanisches Konsortium jeweils zehn Prozent). Neuerdings will *Novatek* mit „Obski-LNG" am Westufer des Obbusens „saubere" Kraftstoffe wie Wasserstoff erzeugen.[262] Um die Abhängigkeit von Peking zu reduzieren, ist Moskau an Investitionen weiterer asiatischer Staaten wie Indien interessiert.

Klimaschutz vs. Energiewirtschaft

Der Klimawandel verschärft die Lage in der russischen Arktis, weil der Temperaturanstieg dort dreimal so hoch ist wie im weltweiten Durchschnitt. Putin erklärte im Juni 2019 beim G20-Gipfel in Osaka, sein Land wolle das Pariser Klimaschutzabkommen umsetzen, und nutzte das Thema, um sich – damals in Kontrast zu Trump – als einen verantwortungsvollen Akteur darzustellen. Die politische Rhetorik ändert aber nichts daran, dass in der Praxis verstärkt fossile Energieträger wie die besonders klimaschädliche Kohle gefördert werden und internationale Bemühungen um mehr Klimaschutz – wie eine VN-Resolution 2021[263] – als ungewollte Einmischung in innere Angelegenheiten oder gezielte Schwächung Russlands (miss-) verstanden und deshalb abgelehnt werden.[264] In den letzten zehn Jahren hat Russland die Kohleförderung um mehr als 30 Prozent erhöht und ist der drittgrößte Produzent weltweit.[265]

Die Folgen des Klimawandels sollen nicht durch Dekarbonisierung, sondern gemäß der Entwicklungsstrategie bis 2035 technologisch gelöst werden. Mittlerweile wird zwar eine „grüne Revolution" festgestellt, die in Moskau aufgrund der sichtbaren Klimaschäden eingetreten sei. Vorrangig soll aber weiter Schaden für die Energiewirtschaft vermieden werden, und es werden technische Lösungen bevorzugt, um Umweltschäden zu begrenzen – wie Atomkraft als „grüne Energie" und das Prinzip der Absorption statt der Reduzierung von Emissionen.[266] Dementsprechend wurde die im Januar 2021 erhobene Forderung der russischen Energiekonzerne *Rosneft*, *Gazprom Neft* and

Lukoil, die Umweltauflagen in der Arktis aufzuweichen, in Gesetzesvorlagen umgesetzt.[267]

Die marode Schwerindustrie, das Auftauen der Permafrostböden und lokales Staatsversagen sind an sich schon eine toxische Mischung für empfindliche Ökosysteme, wie die schlimmste Ölverseuchung in der modernen russischen Geschichte verdeutlichte. Im Mai 2020 gelangten 21 000 Tonnen Dieselöl in den Ambarnaja-Fluss, nachdem der Boden unter dem Tank einer Tochtergesellschaft des weltgrößten Nickelproduzenten *Nornickel* nachgegeben hatte. Noch 30 Kilometer entfernt wurden Verschmutzungen durch Öl nachgewiesen. Der Grund war in diesem Fall allerdings nicht schmelzender Permafrost, sondern Missmanagement – und nur einer von drei Vorfällen, an denen *Nornickel* innerhalb eines Monats beteiligt war.[268] Schon 2009 hatte der norwegische Pensionsfonds, einer der größten Investoren weltweit, den bis 2016 als *Norilsk Nickel* firmierenden Konzern wegen „schwerer Umweltschäden" auf die schwarze Liste gesetzt. Es wird geschätzt, dass 13 Millionen Hektar der Tundra im Umland von Norilsk durch Schwefeldioxid- und Schwermetalleinträge belastet sind.[269]

Schifffahrtswege und Eisbrecher

Erstmals zeigte das Russländische Reich in der Regierungszeit von Peter dem Großen (1682–1725) Interesse an der Suche nach einer Schifffahrtspassage entlang der arktischen Küste.[270] Heute ist die Nördliche Seeroute der am meisten genutzte Transportweg für fossile Energieträger und macht sie zur wichtigsten Exporttrasse in der russischen Arktis. Flüssigerdgas (LNG) wird immer häufiger durch eisgängige Tanker nach Asien transportiert. Aber nur ein kleiner Teil der Öl- und Gastanker sowie Kohlefrachter verfügt über die notwendige Eisverstärkung, so dass weiter Eisbrecher nötig sind, um ganzjährig Energieträger exportieren zu können.

Die Eisbrecher sind unersetzlich für die Nutzung arktischer Seewege und mächtige Symbole russischer Präsenz. Putin lässt es sich daher nicht nehmen, große Eisbrecher persönlich in Dienst zu stellen und dabei zu bekräftigen, dass Russland seine Überlegenheit in der Arktis bewahren wolle. Passend dazu ist der zuletzt von ihm besuchte, dieselbetriebene Eisbrecher *Tschernomyrdin* der weltweit größte seiner Art.[271]

Russland hat mit über 40 Schiffen die weltweit größte Flotte von Eisbrechern, darunter vier nuklear angetriebene. Jedoch sind nicht alle in einwandfreiem Zustand und manche nur noch lokal einsetzbar. Nach jahrzehntelanger Pause soll daher eine Reihe neuer Eisbrecher gebaut werden, darunter Nachfolger für die legendären Atomeisbrecher der Arktika-Klasse. Deren Flaggschiff, die *50 Let Pobedy* (50 Jahre Sieg), war bei der verspäteten Indienststellung 2007 der größte und leistungsstärkste Atomeisbrecher und hatte mit einer Fahrt zum Nordpol im Oktober 2013 neue Rekorde aufgestellt.[272] Die im November 2021 auf Testfahrt ausgelaufene *Arktika* ist die erste Neukonstruktion eines Atomeisbrechers seit 30 Jahren. Mit einer Länge von 173 Metern hat das Schiff eine Verdrängung von 33 500 Tonnen und ist damit größer als die meisten Kriegsschiffe; es kann drei Meter dickes Eis und durch Rammung noch dickeres Eis brechen. Vier weitere Schiffe dieses Typs sollen bis 2026 folgen (nämlich *Sibir*, *Ural*, *Yakutia* und *Chukotka*). Im Dienste der „Eisbrecher-Diplomatie" sollen sie die regionale Präsenz aufrechterhalten und ganzjährig die Seewege für den Schiffsverkehr offen halten.[273] Noch größer als die Schiffe der *Arktika*–Klasse werden Eisbrecher der *Lider*-Klasse sein, deren erstes Schiff 2027 fertiggestellt sein soll.[274]

Militärischen Zwecken dienen Patrouillen-Eisbrecher. Die *Iwan Papanin* verfügt über Artilleriebewaffnung auf dem Vorschiff und kann mit acht Marschflugkörpern ausgerüstet werden. Vom Stapel lief dieses 8500 Tonnen verdrängende Schiff 2019, zwei weitere Schiffe wurden in Auftrag gegeben.[275] Die *Ilja Muromez* war der erste Neubau eines Eisbrechers der Marine seit mehr als 40 Jahren und wurde 2017 der Flotte übergeben. Auch dieses Schiff kann mit Artillerie und Marschflugkörpern bestückt werden. Beauftragt wurde der Bau von drei weiteren Eisbrechern eines modernisierten Typs.[276]

Russland nimmt große Kosten auf sich, um ganzjährig arktische Seewege nutzen und die Seeräume kontrollieren zu können. Aufgrund der wachsenden Zahl eisgängiger LNG-Tanker plant *Rosatom* derzeit eine geringere Zahl als 50 neue Eisbrecher.[277] Das bestätigt, dass nicht Containerverkehr, sondern Energietransporte die NSR auch in Zukunft dominieren. Die NSR wird immer weniger eine Alternative zu südlichen Seewegen, und die russischen Entwicklungspläne für die Arktis wirken zusehends wie eine Wunschliste. Gründe dafür sind die einseitige Ausrichtung sozioökonomischer Entwicklungspläne auf fossile Energieträger, die praktische Reduzierung der NSR auf eine LNG-Transportroute, selbstverschuldete Umweltkatastrophen und administrativ bedingte Verzögerungen sowie hohe Kosten für militärische Verteidigungsmaßnahmen gegen einen fiktiven Gegner.

Die Arktis als Angriffsfront

Grundlegend für die russische Militärpolitik ist die Behauptung, die USA und NATO bedrohten Russland. Medwedew bekräftigte diese Haltung 2020 bei der Vorbereitung des russischen Vorsitzes im Arktischen Rat. Ein zentrales Element dieses Narrativs ist der Vorwurf, westliche Staats- und Regierungschefs hätten im Zusammenhang mit der NATO-Erweiterung[278] wichtige Zusagen an Russland nicht eingehalten, indem sie sich weiter nach Osten ausgedehnt habe. Er findet sich in vielen Reden und Dokumenten, so in der 2010 neu verfassten Militärdoktrin[279] und an erster Stelle der in der Militärdoktrin 2014 genannten, militärischen Risiken.[280] Putin selbst wird nicht müde, dieses Narrativ international zu streuen.[281] Der ehemalige sowjetische Präsident Gorbatschow dementierte allerdings schon 2014 den Vorwurf des Wortbruchs und erklärte „in vollem Verantwortungsbewusstsein", das Thema NATO-Erweiterung sei „überhaupt nicht diskutiert" worden.[282] Entgegen historischen Fakten gilt der Vorwurf weiter als Begründung für die russische Handlungsmaxime, die NATO zu schwächen und möglichst aufzulösen. Der Kreml setzt dabei die Sicherheit des Landes mit der Sicherheit des eigenen Regimes gleich

– und will dieses damit gleichzeitig innenpolitisch legitimieren und außenpolitisch strategische Tiefe[283] (wieder-) gewinnen.

Das Jahr 2007 markiert in diesem Kontext den Zeitpunkt, an dem die kooperative Politik gegenüber dem Westen selbst in der Arktis beendet wurde. Im August 2007 wurden russische Langstreckenflüge entlang der Küsten von Kanada, USA, Norwegen und Island wiederaufgenommen, nachdem Putin im Februar erstmals auf der Münchner Sicherheitskonferenz gesprochen hatte und dabei nicht nur den Protest gegen die Osterweiterung der NATO wieder aufleben ließ, sondern auch die Rückkehr Russlands als Weltmacht erklärte.[284] Die zivile Inbesitznahme des Nordpols, die der russische Polarforscher und ehemalige Abgeordnete Artur Chilingarov im August desselben Jahres symbolisch mit einer Flagge auf dem Meeresboden und rhetorisch mit dem Satz „Die Arktis ist russisch"[285] vornahm, fand ihr Gegenstück in der Remilitarisierung der Arktis. Folgerichtig wurde 2008 die frühere Praxis der Patrouillen russischer Atom-U-Boote wiederbelebt, die im Kalten Krieg die nukleare Abschreckung gewährleisteten.

Die 20 Jahre zuvor von Gorbatschow als „Zone von Frieden und Kooperation" erklärte Arktis, die niemals wieder eine „Arena des Krieges" hätte werden sollen, bildet so den Hintergrund für die unfriedliche Rückkehr Russlands als Großmacht. Allerdings hatte Gorbatschow schon damals darauf hingewiesen, dass „der Norden auch ein Problem für die Sicherheit der nördlichen Grenzen der Sowjetunion"[286] sei. Russlands Regierung hat es deshalb als notwendig zum Schutz nationaler Interessen begründet, dass sie die in der Arktis stationierten Streitkräfte modernisiert, die militärische Infrastruktur ausbaut und Basen aus dem Kalten Krieg reaktiviert unter anderen die nahe dem Nordpol gelegenen Stützpunkte auf Franz-Josef-Land und Nowaja Semlja.[287]

Die Remilitarisierung der Arktis ist das Produkt einer Bedrohungsperzeption, die Russlands Beziehung zur Außenwelt und seine Strategie seit Jahrhunderten bestimmt. Die Grundlagen dafür sind in der universellen, wenn auch banalen Bedingung der geopolitischen Unsicherheit zu finden. Das anhaltende Gefühl der Verwundbarkeit, das im Bewusstsein russischer Herrscher nie weit unter der Oberfläche liegt, resultiert erstens aus geografischen Gegebenheiten, die bewirken, dass Russlands Territorium nur schwer gegen eine Invasion auswärtiger Mächte zu verteidigen ist, zweitens aus der Nähe zu anderen Großmächten und drittens aus eigenen expansionistischen Tendenzen, die im Laufe der Geschichte häufig die Sicherheit des Landes eher verringert als gestärkt haben.[288] Die daraus entstandene Belagerungsmentalität, die sich durch die russische Großstrategie zieht, findet sich in vielen Dokumenten und Reden, wie etwa als Putin im März 2014 die Annexion der Krim ankündigte.[289] Die Vorstellung einer von Feinden belagerten Festung illustrierte Putin im Mai 2021 bei einer Konferenz zur Förderung patriotischer Gesinnung mit drastischen Worten, als er drohte, „jedem die Zähne einzuschlagen", der sich an russischem Territorium vergreife. Jeder wolle sich ein Stück Russlands abbeißen, klagte Putin und bezog sich dabei auf die ebenfalls anscheinend unausrottbare Legende, die USA wollten sich Sibirien einverleiben.[290]

Russlands Weltsicht ist durch die Wahrnehmung angetrieben, von gegnerischen Großmächten eingekreist zu sein, aktuell vor allem den USA. Putin fungiert als opportunistischer Vollstrecker der russischen Großstrategie und als Treiber der historischen russischen Bedrohungsperzeption. Russlands geopolitische Gegebenheiten werden sich nicht ändern, daher werden seine strategischen Ziele in absehbarer Zukunft – auch nach Putin – eine zentrale Rolle in der russischen Außen- und Sicherheitspolitik einnehmen. Die friedlichen 1990er Jahre waren insofern eine Ausnahme von der Regel struktureller geopolitischer Konkurrenz großer Mächte in Eurasien. Viele militärische Aktivitäten und Rüstungsprojekte Russlands lassen sich damit erklären, dass es sich als Großmacht versteht, eine Einkreisung – auch im Sinne der Einhegung von Handlungsoptionen – verhindern will und ein ebenbürtiges Verhältnis zu den USA anstrebt. Die Arktis bildet ein wichtiges Element in der Gesamtstrategie, und der Schutz nationaler Interessen in der Arktis – wie der dort befindlichen Rohstoffe und Produktionsstätten – ist gemäß der Militärdoktrin eine der Hauptaufgaben der Streitkräfte.[291]

Bislang wurde der Schutz der langen Küste durch die extremen Klimabedingungen gewährleistet, die als natürliche Barriere wirkten. Wenn sich nun das „ewige Eis" auflöst, weckt dies Besorgnisse, da das Streben nach sicheren Außengrenzen tief in der strategischen Kultur des Landes verankert ist. Das Auftauen des Meereises legt einen ehemals von der Eisfläche geschützten Teil der russischen Nordgrenze mit einer maximalen Küstenlinie von über 24 000 Kilometern frei, und künftig lassen sich die Seewege intensiver (auch durch fremde Schiffe) nutzen. Als Landmacht musste sich Russland über Jahrhunderte hinweg kaum um die nördliche Außengrenze zwischen der Kola-Halbinsel in der Barentssee und der Tschuktschensee kümmern. Nun aber fürchtet es, dass entlang dieser Grenze neue Verwundbarkeiten, Flanken und Einfallswege für potenzielle Feinde entstehen. Deshalb folgt der Auf- und Ausbau militärischer Stützpunkte entlang der neuen Flanke zunächst einem legitimen Verteidigungsinteresse. Neue Radarstellungen zur Überwachung des vorgelagerten Seegebietes, der Ausbau von Verteidigungsstellungen und die Reaktivierung ehemaliger Stützpunkte sind nicht *per se* als aggressives Verhalten zu werten. Sie besitzen solange einen grundlegend defensiven Charakter, als sie auf den Schutz vor Verletzungen des Territoriums, die Überwachung der Seewege, die Erkennung etwaiger Flugkörper und anderer Bedrohungen ausgerichtet sind. Jedoch hat Russland (ähnlich wie China auf Hainan) die dem Bastionskonzept zugrunde liegende Strategie genutzt, um den militärischen Wirkungsbereich in immer größere Entfernung vom Heimatland auszudehnen.

Denn der Rückgang des Eises öffnet aus russischer Perspektive eine neue, vierte Angriffsfront,[292] zumal die politische und wirtschaftliche Bedeutung der russischen Arktis wächst. Wertvolle Terminals zur Förderung von Öl und Gas sind aus russischer Sicht potenzielle Angriffsziele, die es zu verteidigen gilt. Viele der nach 1990 geschlossenen Stützpunkte aus Sowjetzeiten wurden daher reaktiviert und neue Basen errichtet. Es entstanden 16 Tiefwasserhäfen, zehn neue Flugplätze (von 14) und zehn Radarstationen. Laut Verteidigungsminister Schoigu sollen die Streitkräfte in der Arktis in den kommenden Jahren weitere Ausrüstung erhalten, darunter Unterseeboote, Fregatten und Schiffe sowie arktistaugliche Fahrzeuge für die Infanterie.[293]

Das Zusammenwirken von russischer Aufrüstung und schmelzendem Meereis lässt allmählich selbst in den USA frühere Vorteile ihrer günstigen geografischen Lage schwinden: Russische Raketen auf Unterseebooten in der Beaufortsee können die Westküste der USA und den Mittleren Westen sowie die Hauptstadt Washington abdecken. Langfristig drohen die USA in der Arktis durch russische Waffensysteme bedroht zu werden – konventionell und nuklear.[294] Hyperschallschnelle Waffensysteme verringern erheblich die Vorwarnzeit, da sie bisher übliche Warnketten aushebeln und Reaktionszeiten extrem verkürzen. Wegen ihrer hohen Geschwindigkeit und Manövrierfähigkeit lassen sie sich nur schwer abfangen. Es sei die „absolute Waffe“, meinte Putin. Zuletzt wurde die hyperschallschnelle Lenkwaffe *Zirkon* getestet: Im Juli 2021 wurde sie von einer Fregatte und im Oktober eine weitere *Zirkon* aus einem U-Boot der *Sewerodwinsk*-Klasse abgefeuert.[295] Russland sperrte dafür große Teile des Weißen Meeres und der Barentssee, unweit norwegischer Gewässer.

Neben Putins „Superwaffen“[296] schafft die „Kalibrierung“ russischer Unterseeboote und kleinerer militärischer Einheiten signifikante Veränderungen. Der Mangel an großen Überwasserschiffen und ihr zahlenmäßiger Rückgang wird mehr als ausgeglichen, indem hyperschallschnelle Seezielflugkörper wie *Zirkon* und Marschflugkörper vom Typ *Kalibr* auf kleinere Einheiten der russischen Flotte verteilt werden, was die Kampfkraft beträchtlich erhöht. Gleichzeitig mit der Zahl der *Kalibr*-Träger steigt die Bedrohung für potenzielle gegnerische Überwasserverbände und Landziele. Diese Strategie der Diversifizierung moderner und weitreichender Flugkörper auf viele kleine, schnellere, schwerer zu erfassende Einheiten macht die russische Marine zu einer ernsthaften Bedrohung für NATO-Streitkräfte, obwohl sie theoretisch zahlenmäßig unterlegen ist. Während des Kalten Krieges war die Situation umgekehrt.[297]

Heute verfügt die Nordflotte über eine Kombination kleiner Kriegsschiffe wie Fregatten und Korvetten sowie Unterseeboote, bestückt mit Marschflugkörpern vom Typ *Kalibr*, die – wie im Syrienkonflikt – gegen Ziele in über 2000 Kilometern Entfernung einsetzbar sind.[298] Marschflugkörper vom Typ *Kalibr* können von getauchten U-Booten der *Kilo*-Klasse und der neuen *Jasen*-Klasse gestartet werden – so von der *Novosibirsk*, die im Dezember 2021 als drittes von weiteren sechs Booten in Dienst gestellt wurde.[299] Die anhaltende Verbreitung offensiver Raketenkapazitäten zwischen Schiffen und U-Booten ist die wichtigste aktuelle Entwicklung der russischen Marine. Komplementär dazu ist die chinesische Marine weltweit führend im maritimen Einsatz ballistischer Raketen. Das unterstreicht die Bedeutung eines Zusammenwirkens beider Marinen, das in Zukunft auch im arktisch-nordatlantischen Raum wirksam werden könnte.

Russland ist der Anrainer mit den meisten und am besten für die Arktis geeigneten Einsatzmitteln. Das Militär dient dabei häufig als günstige Arbeitskraft anstelle teurer ziviler Ressourcen. Die von den Streitkräften aufgebaute, zivil und militärisch nutzbare Infrastruktur für Such- und Rettungsmaßnahmen auf See und aus der Luft spart Moskau (und russischen Firmen) Zeit und Geld.[300] Die Öffnung der Arktis bringt auch nichtmilitärische Sicherheitsrisiken (illegaler Tourismus, Schmuggel, Unglücksfälle, Katastrophen oder Terrorismus), weshalb 20 neue Grenzposten eingerichtet wurden.[301]

In den letzten Jahren ist ein deutlicher Anstieg militärischer Aktivitäten Russlands im arktischen Raum zu verzeichnen. Dazu gehörten simulierte Luftangriffe auf Radaranlagen im norwegischen Vardø sowie der Einsatz von GPS-Störsendern gegen Finnland, außerdem verstärkte U-Boot-Patrouillen nahe norwegischen Hoheitsgewässern, wobei ein nuklear betriebenes U-Boot auf einer Aufklärungsfahrt in der Barentssee im Juli 2019 verunglückte. Im Oktober 2019 passierten zehn russische U-Boote das Europäische Nordmeer auf ihrem Weg in den Nordatlantik – der größte derartige Einsatz seit dem Kalten Krieg. Ein russisches Kampfflugzeug verfolgte während der NATO-Übung „Allied Sky“ im August 2020 einen US-Bomber in den dänischen Luftraum, und auch Schweden beschwerte sich über Verletzungen des See- und Luftraums.[302] Vor der Küste Alaskas veranstaltete die russische Marine im selben Monat ein Manöver, bei denen ein Fischerboot in der Wirtschaftszone der USA durch ein russisches Kampfflugzeug bedrängt wurde.[303] Zuletzt eskortierten im November 2021 die Kampfflugzeuge dreier NATO-Staaten zwei russische TU-160-Bomber beim Flug über das Territorium der Allianz. Einige Tage später beklagte der russische Verteidigungsminister, dass US-Bomber bis auf 20 Kilometer der russischen Grenze nahegekommen seien – dabei hatte es sich um eine von den USA vorher angekündigte, jährliche Übung (Global Thunder) gehandelt.[304] Im selben Monat testete das russische Militär über Sewernaja Semlja eine Antisatellitenwaffe an einem Erkundungssatelliten aus der Sowjetzeit und gefährdete durch die entstandene Trümmerwolke die internationale Raumstation ISS.[305]

Im Januar 2022 kündigte Russland groß angelegte Marinemanöver in Atlantik, Arktis, Pazifik und Mittelmeer an – inmitten der Spannungen infolge des russischen Truppenaufmarsches an den Grenzen der Ukraine. An den geplanten Übungen sollen mehr als 140 Schiffe und mehr als 60 Flugzeuge beteiligt sein. Die Übungen sollen sich auf die an das russische Hoheitsgebiet angrenzenden Meere sowie auf operativ wichtige Gebiete der Weltmeere erstrecken. Nachdem drei Landungsschiffe der russischen Nordflotte durch die Meerenge des Großen Belts in die Ostsee eingelaufen waren, erhöhte Schweden seine Verteidigungsbereitschaft auf Gotland.

Nicht nur die Spannungen steigen, Moskau betreibt weiter ein hohes Tempo bei der Modernisierung seiner Streitkräfte. Für die nächsten zehn Jahre prognostizierte eine schwedische Studie 2016, dass die Errungenschaften der nach dem Georgien-Krieg begonnenen Streitkräftereform konsolidiert werden, darunter die Fähigkeit, einen regionalen Krieg zu führen. Außerdem wird erwartet, dass Russland seine aggressive Außenpolitik fortsetzen und weiterhin das Völkerrecht nicht respektieren wird. Moskau werde weiter militärische Gewalt einsetzen, um Großmachtstatus und Interessen zu schützen.[306] Das dafür wichtigste militärische Instrument in der Arktis ist die Nordflotte.

Priorität für die Nordflotte

Das schmelzende Meereis schafft nicht nur neue Verwundbarkeiten, sondern eröffnet Russland auch die Chance, wieder eine größere Rolle als Seemacht zu erlangen. Derzeit sind die Marinefähigkeiten dazu begrenzt und auf „braune", also küstennahe und eher flache Gewässer reduziert, sie sollen gemäß der maritimen Doktrin gestärkt werden. Entsprechend Russlands Selbstverständnis als Großmacht soll seine Flotte jenseits regionaler Gewässer fähig sein zu navigieren und Präsenz zu zeigen.[307] Der eigenen Flotte soll im Konfliktfall der Zugang zu Atlantik und Pazifik gesichert, gegnerischen Streitkräften aber ein Vordringen zur russischen Arktis verwehrt werden.

Die Nordflotte ist die größte Militärmacht in der Arktis, und sie genießt absolute Priorität für Moskau, um über Kernaufgaben wie nukleare Abschreckung und Verteidigung hinaus die Ressourcen und Wirtschaftsinteressen entlang der Nördlichen Seeroute zu schützen. Neben der Hauptbasis in Seweromorsk hat die Nordflotte weitere Basen und Werften auf der Halbinsel Kola, wobei der Stützpunkt bei Murmansk als einziger eisfreier russischer Hafen in der Arktis zu den größten zählt. Die drei umfangreichsten Marineformationen sind die Flottille der Halbinsel Kola, die Marinebasis im Weißen Meer und die U-Boot-Kräfte sowie Marineflieger und ein Armeekorps. Die Landstreitkräfte bestehen aus sechs Brigaden mit jeweils bis zu 5000 Mann und sind hauptsächlich für die Verteidigung der Halbinsel sowie für Einsätze im Arktisraum vorgesehen. Andere Militärdistrikte verlegen regelmäßig Einheiten in die Arktis. Dazu zählen Luftlandetruppen, Abfangjäger der Pazifikflotte und strategische Bomber. Die militärische Infrastruktur wurde dafür in den letzten Jahren erheblich ausgeweitet; dazu gehören neue oder modernisierte Landebahnen, Radaranlagen und Basen.[308]

Die nukleare Komponente der Nordflotte bilden die mit ballistischen Raketen (Sea-Launched Ballistic Missiles, SLBMs) bestückten strategischen Unterseeboote, welche etwa zwei Drittel der maritimen nuklearen Zweitschlagfähigkeit Russlands gewährleisten. Dabei handelt es sich unter anderen um sechs Delta-IV-Boote mit jeweils 16 SLBMs, die sukzessive durch die neue *Borei*-Klasse abgelöst werden.[309] Gleichermaßen ein Signal der Abschreckung und spektakuläre Bilder schuf die Marine im März 2021, als es erstmals auch drei russischen Atom-U-Booten gelang, im Abstand von wenigen hundert Metern unter dem anderthalb Meter dicken Eis aufzusteigen und es zu durchbrechen (ähnlich wie amerikanische und britische U-Boote drei Jahre zuvor bei ICEX 2018).[310] Damit wurde die Fähigkeit demonstriert, im Kriegsfall nach Durchbrechen des Eises die Raketen zu starten. Das aus Sowjetzeiten reaktivierte Bastionskonzept sieht für diese Unterseeboote einen Schutzraum vor, der sich über die Barentssee bis nach Grönland erstreckt – was im nächsten Kapitel erläutert wird.

Putins „Weltuntergangswaffe", deren Existenz er im März 2018 publik machte, soll ebenfalls im Gebiet der Nordflotte stationiert werden. Dabei handelt es sich um die nuklear angetriebene Unterwasserdrohne *Poseidon*, die angeblich mit einem Sprengkopf von 100 Megatonnen ausgestattet werden soll. Zum Vergleich: Die stärkste bislang über dem arktischen Testgebiet Nowaja Semlja 1961 zur Explosion gebrachte Nuklearwaffe war die *Tsar Bomba* mit 50 Megatonnen, etwa der 3300-fachen Sprengwirkung der Hiroshima-Bombe. Bis zu sechs dieser Drohnen soll das Unterseeboot *Belgorod* transportieren, das im Juni 2021 zur ersten Probefahrt in das Weiße Meer auslief. *Poseidon*-Drohnen sollen autonom tausende Kilometer zurücklegen, um Flugzeugträgergruppen zu vernichten oder um vor der Küste des gegnerischen Landes zur Explosion gebracht zu werden.[311] Das Ziel der „Superwaffen" ist im Vergeltungsfall die USA, deren Raketenabwehrsystem damit überwunden werden kann. Wie bei dem ebenfalls nuklear angetriebenen Marschflugkörper *Burewestnik* (NATO-Codename: Skyfall) fand die Erprobung im Gebiet zwischen Nowaja Semlja, Weißem Meer und Barentssee statt. Bei diesen Tests wurden mehrere Unglücksfälle bekannt, darunter die Explosion einer *Burewestnik*.[312] Als strategische Nuklearwaffen wären sie einem Nachfolgeabkommen von „New START" zuzuordnen, das bis Februar 2026 zu verhandeln ist.

Zum Januar 2021 wurde die Nordflotte, die vorher dem Militärdistrikt West angehörte, als Kern eines eigenständigen von insgesamt fünf Militärdistrikten aufgewertet. Auf diese Weise hob Moskau die besondere Bedeutung der Arktis in der Verteidigung hervor. Laut ihrem Kommandeur Admiral Alexander Moissejew bleibt es primäre Aufgabe der Nordflotte, ständige Einsatzbereitschaft aufrechtzuerhalten, um vor Aggression abzuschrecken. Neben ihren militärischen Aufgaben dient die Flotte der Erkundung arktischer Gewässer. So bestätigte die Marine im Sommer 2019 die Entdeckung von fünf Inseln in Franz-Josef-Land, die bisher von Gletschern verborgen waren.

Bastion, Militärbasen und nukleare Abschreckung

Die Wiederbelebung des Bastionskonzepts tangiert direkt europäische Anrainer. Denn in dessen mehrschichtigen, überlappenden und dem russischen Hoheitsgebiet weit vorgelagerten Verteidigungszonen kommen unterschiedlichste Fähigkeiten zum Einsatz, die einander ergänzen. Dieses Konzept gestattet es den russischen Streitkräften, mit ihren Sensoren und Waffensystemen unter anderem weit in das norwegische Hoheitsgebiet hineinzuwirken, sowohl auf See als auch auf dem Festland.[313] Es umfasst die sinnbildliche Fortifikation bestimmter, dem russischen Hoheitsgebiet vorgelagerter, geografischer Räume durch den verbundenen Einsatz verschiedenster Fähigkeiten.[314] Dabei geht es um die Konzentration, Zusammenziehung und Wirkung im Verbund technischer Fähigkeiten zum operativ-taktischen Einsatz, um dem Gegner einen Zugang oder Zugriff auf ein Gebiet zu verwehren. Dies wird als Anti-Access/Area Denial (A2/AD) bezeichnet und bildet die Operationalisierung des Bastionskonzepts. Während der letzten Jahre hat Russland solche Fähigkeiten massiv ausgebaut, besonders im Gebiet der Kola-Halbinsel, wo sich Nordflotte und nukleare Abschreckung befinden.

Wie erwähnt, wurde 2007 die sowjetische Praxis der Langstreckenflüge über der Arktis wieder aufgenommen, im Jahr darauf setzten die Patrouillen entlang der Nördlichen Seeroute wieder ein. Der direkten Verteidigung dient ein gestaffeltes System von Flugzeugen, Sensoren, U-Booten, Schiffen sowie land- und luftgestützten Waffensystemen. Dazu zählt die Stationierung von Kampfflugzeugen des Typs MiG-31 auf Franz-Josef-Land: Die Luftwaffenbasis Nagurskoye ist mit 14 000 qm die größte und am weitesten nördlich gelegene Militärbasis. Kampfflugzeuge sind ferner auf dem Luftwaffenstützpunkt auf Nowaja Semlja stationiert.[315] Mobile Flugabwehrsysteme befinden sich auf Sewernaja Semlja, den Neusibirischen Inseln, Nowaja Semlja, Alexandraland und der Wrangel-Insel.[316] Die Reichweite des Gesamtsystems deckt die Inseln und Archipele entlang der Nördlichen Seeroute und angrenzender Gewässer ab. Außerdem wurden mobile Antischiffsraketen an Schlüsselstellungen der NSR disloziert, und zwar zum einen auf der Insel Alexandraland, die Teil von Franz-Josef-Land ist und nahezu mittig zwischen dem russischen Festland und Grönland liegt, zum anderen auf dem Neusibirischen Archipel.[317]

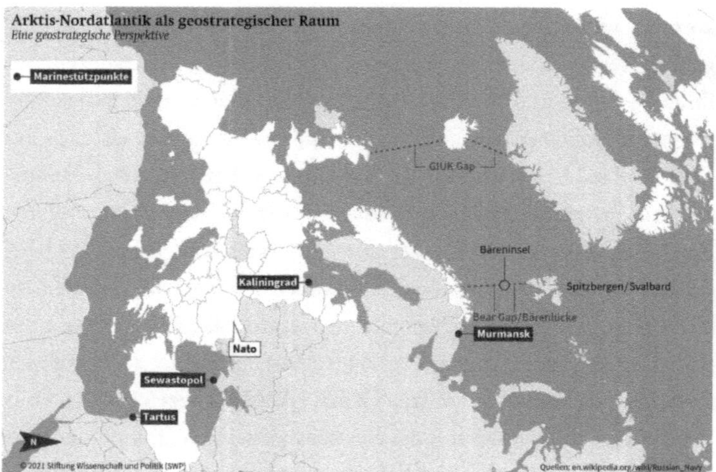

Arktis-Nordatlantik als geostrategischer Raum[318]

Die russische Abhaltestrategie wird durch eine Reihe neuer Waffensysteme unterstützt: Die hyperschallschnelle Antischiffsrakete *Zirkon* kann Ziele in einem Umkreis von rund 1000 Kilometern anpeilen und diese mit neunfacher Schallgeschwindigkeit innerhalb weniger Minuten erreichen. Zudem sind MiG-31 mit der ballistischen Luft-Boden-Rakete *Kinschal* auf arktischen Stützpunkten stationiert. Damit kann Russland das Bastionskonzept umsetzen und die sogenannte Bärenlücke kontrollieren, das Gebiet zwischen Nordkap, Bäreninsel und Spitzbergen, das ähnlich bedeutsam wie die GIUK-Engstelle ist, die sich zwischen Grönland, Island und dem Vereinigten Königreich (UK) befindet. [319] Diese müssen russische Schiffe passieren, wenn sie in den Nordatlantik gelangen wollen. Eine russische Invasion von Nordkap und Spitzbergen gilt daher in vielen Studien[320] als plausibles Kriegsszenario.

Russland nimmt eine defensive Haltung in der Arktis ein, ist aber im Konfliktfall auf eine rasche Eskalation vorbereitet.[321] Die militärische Infrastruktur und die Waffensysteme des Bastionskonzepts können nahtlos von einer defensiven in eine offensive Operationsform überführt werden.[322] Dabei könnte Russland versucht sein, Landgewinne sicherzustellen, bevor NATO-Verbündete effektiv reagieren können. Die Verfasser des Berichts zur Bedrohungslage, den der dänische Auslandsgeheimdienst jedes Jahr erstellen lässt,[323] analysierten unter anderem Ausbau und Modernisierung militärischer Stützpunkte auf Franz-Josef-Land und erkannten darin eine direkte Bedrohung für Grönland und die auch von US-Verbündeten genutzte Thule Air Base.

Der unsichere Hegemon

„Die Zukunft ist sicher, nur die Vergangenheit ist unvorhersehbar.“ So etwa lautet ein sowjetischer Witz, der auf das ewige Versprechen von Prosperität im Sinne einer sicheren Zukunft und auf die damals übliche propagandistische Neuschreibung der Geschichte abhebt, die unter Präsident Putin wiederbelebt wird.[324]

Moskau hat eine lange Tradition der Beschwörung von Eskalationsgefahren, die für Russland nützliche Ängste oder Bedrohungsgefühle in der westlichen Öffentlichkeit hervorrufen. Die Erfahrung der letzten zwei Jahrzehnte hat gezeigt: Wo Moskau die militärische

Eskalationsdynamik weitgehend kontrolliert, wie etwa im Fall der Ostukraine, kann eine Zuspitzung auch als Instrument der russischen Politik dienen. Diese Handlungsmaxime wird für den außen- und sicherheitspolitischen Bereich, für wirtschaftliche Aspekte und zur Stärkung der Innenpolitik eingesetzt. Im Denken der russischen Eliten sind dies legitime strategische Handlungsoptionen, die in der eigenen Wahrnehmung defensiven Charakter haben.

Die russischen Ambitionen in der Arktis sind hochgesteckt und finden ihre Grenzen in der einseitigen Ausrichtung sozioökonomischer Entwicklungspläne auf fossile Energieträger, der Reduzierung der Nördlichen Seeroute auf den Rohstofftransport, in hohen Kosten für militärische Maßnahmen gegen einen fiktiven Gegner, selbstverschuldete Umweltkatastrophen und administrativ bedingten Verzögerungen. Darüber hinaus hat das im Mai 2021 erfolgte Urteil gegen den Erdöl- und Erdgaskonzern *Shell* auch Folgen für Russland, denn es erhöht den Druck auf Investoren, noch stärker auf Klimaschutz und Nachhaltigkeit bedacht zu sein. Es ist ein unsicherer Wechsel auf die Zukunft, dass ein steigendes Bevölkerungs- und Wirtschaftswachstum in Afrika, Asien und Südamerika die Gewinne aus dem Geschäft mit fossilen Energien weiterhin sicherstellen werde, nachdem Europa jahrzehntelang verlässlich für solche Einkünfte gesorgt hat. Russland hat Erfolg bei der Erschließung arktischer Rohstofflager, aber eine negative Gesamtbilanz. Großer Aufwand ist nötig, um die Ressourcen der Arktis zu erschließen und auszubeuten sowie gleichzeitig die Infrastruktur auf der maritimen Haupttransportroute auszubauen. Das wird Russland allein nicht leisten können. Die Abhängigkeit von fossilen Energieträgern als ökonomischer Grundlage des Großmachtstatus und von China als strategischer Abstützung schafft keine Position der Stärke.

Dass Russland sicherheitspolitisch eine defensive Haltung in der Arktis einnimmt, resultiert gleichermaßen aus der geografischen Lage wie aus der eigenen Schwäche. Angesichts dessen hilft es Moskau, in der westlichen Öffentlichkeit als besonders bedrohlich angesehen zu werden.[325] Das illustrieren militärisch zweifelhafte und gefährliche

Projekte wie das „Weltuntergangstorpedo" oder Putins Verständnis von hyperschallschnellen Systemen als „absolute Waffe". Zugleich will Moskau eine friedliche und stabile Lage in der Arktis, daher ist die russische Führung an Maßnahmen zur Konfliktprävention interessiert (worauf später noch einzugehen ist). Das Problem ist allerdings, dass Moskau zwischen zwei Politikansätzen – Kooperation vs. Sicherheit – pendelt und am Ende meist die Sicherheit siegt.

Außenminister Lawrow sprach sich auf dem Ministertreffen des Arktischen Rates im Mai 2021 in Reykjavik dafür aus, den Dialog zwischen militärischen Befehlshabern der Arktisstaaten neu zu beleben.[326] Dass er dies als designierter Vorsitzender erwähnte (obwohl sich der Rat nicht mit Fragen militärischer Sicherheit befasst), unterstreicht, wie wichtig dieses Anliegen Moskau ist. Der Wunsch nach Kooperation spiegelt sich in dem umfangreichen Programm des russischen Ratsvorsitzes wider.[327] Russland agiert wieder einmal zweigleisig: Es will ein positives Klima der Kooperation schaffen und zugleich die USA und NATO-Staaten auf (Sicherheits-) Abstand halten.

Aufgrund der zentralen Bedeutung Europas für die Sicherheit Russlands dienen Manöver und Übungen im arktischen und nordatlantischen Raum als Ausweis und Selbstversicherung gegenüber relativ überlegenen NATO-Streitkräften. Relativ ist dabei im Sinne von Raum und Zeit zu verstehen, denn Militär der NATO müsste im Konfliktfall erst in die Region verlegt werden. Russland würde zeitlich bedingt über strategische Initiative und Eskalationsdominanz verfügen. Schließlich galt schon in den 1960er Jahren für die NATO, dass ein Krieg an der Nordflanke kaum zu gewinnen ist, schon gar nicht im Seegebiet, dort aber verloren gehen kann. Brüssel hat nach dem Kalten Krieg das Interesse am Norden verloren, und die NATO als kollektives, auf Konsens basierendes Bündnis hat sich zur neuen Lage im arktisch-nordatlantischen Raum indifferent verhalten, seit Kanada eine Erwähnung der Arktis in der Gipfelerklärung von Straßburg-Kehl 2009 verhindert hatte.[328] Allmählich baut sich politischer Druck auf, um sich mit der Arktis thematisch auseinanderzusetzen, eine explizite Strategie ist aber nicht absehbar. Es bleibt daher notwendig, die

Aktivitäten und Interessen der Allianz in der Arktis zu normalisieren[329] und Bewegungsspielräume wiederherzustellen.

Die andauernde Aufrüstung und das aggressive Auftreten haben die Nachbarstaaten Russlands verunsichert und die Beziehungen im hohen Norden beschädigt. In der Folge wird die Zusammenarbeit nordeuropäischer Staaten mit den USA intensiviert, was die russische Vorstellung einer „Einkreisung“ bestärkt.[330] Die stärkere maritime Präsenz von NATO-Schiffen im europäischen Nordmeer dient der Abschreckung, setzt aber nun Moskau – wenn auch selbst verursacht – unter Druck. Die von Russland betriebene Militarisierung seiner Außen- und Sicherheitspolitik und die Stationierung modernster Waffensysteme könnten das Sicherheitsdilemma weiter verschärfen.

Russland kann seine Herrschaft über die Arktis nur mit großem Aufwand und hohen Kosten gewährleisten, und ob Moskau die Zukunft der Region gehört, ist eine offene Frage.[331] Schließlich sind die fossilen Lagerstätten aus Sicht des Kremls zwar die größten und wichtigsten Wertbestände, sie bilden aber auch eine große Schwäche.[332] Aufgrund des Klimawandels streben immer mehr Staaten nach Dekarbonisierung, und Russland wird damit einige der größten Abnehmer fossiler Energieträger verlieren. China und asiatische Länder werden dies zu einem gewissen Anteil kompensieren, aber dadurch die wachsende einseitige ökonomische Abhängigkeit Russlands verstärken.

Moskau ist auf Verlässlichkeit und internationale Kooperation in der Arktis angewiesen, um ein möglichst attraktives Investitionsklima zur Entwicklung der nördlichen Regionen und zur Förderung seiner Energiewirtschaft aufrechtzuerhalten, das wiederum Grundlage für die Stabilität des Regimes bildet. Deshalb ist die russische Führung an Regelwerken interessiert, selbst wenn sie diese im Bedarfsfall verletzt. Das eröffnet die Möglichkeit, geeignete Dialogformate zu reaktivieren, um dann mit deren Hilfe etwaige Eskalationspotenziale einzuhegen und das Sicherheitsdilemma abzuschwächen. Russlands aggressive Aktivitäten gegenüber anderen Arktisstaaten lassen sich damit aber nicht verhindern. Denn diese resultieren nicht aus Unsicherheit, sondern sind ein demonstrativer Akt der Stärke und des Willens, der Hegemon der Arktis zu bleiben.

Vereinigte Staaten von Amerika

Alaska ist mit einer Ausdehnung von 1,7 Millionen qkm die flächenmäßig größte Exklave der Welt. Seitdem die USA das Territorium 1867 für 7,2 Millionen Dollar vom zaristischen Russland erworben haben, sind auch sie ein Arktisstaat – allerdings haben sie mit 15 Prozent den geringsten Anteil an Territorium jenseits des 60. Breitengrades.[333] Im Osten grenzt Alaska an Kanada, im Westen an das Beringmeer, im Norden an das Nordpolarmeer und im Süden an den Golf von Alaska. Russland ist an der engsten Stelle der Beringstraße nur 85 Kilometer entfernt – was die besondere Bedeutung der Arktis für beide Länder erklärt.

Die Arktis und Alaska wurden von Washington von Anfang an mit einer Art wohlwollender Vernachlässigung behandelt. Schon die Zustimmung des Kongresses zum Erwerb Russisch-Amerikas kam erst nach langwieriger Überzeugungsarbeit durch Außenminister William H. Seward zustande. Die Vereinigten Staaten sind eine Arktismacht wider Willen, und der unpopuläre Kauf ist damals in den Medien abwechselnd als „Sewards Dummheit", „Sewards Eisbox" oder „Walrussia" tituliert worden.[334] Später galt US-Präsident Theodore Roosevelt zwar als zuverlässiger Freund des Polarforschers Robert Edwin Peary, aber dessen Idee blieb unberücksichtigt, wonach die USA mit der Ellesmere-Insel und Nordgrönland eine äußerst günstige polare Front bekämen, wenn sie darauf Anspruch erheben würden.[335] Nach einer kurzen Geschichte als Versorgungsroute für den russischen Verbündeten im Zweiten Weltkrieg[336] und der Hochrüstung im Kalten Krieg verlor die Arktis an Bedeutung, und auch bei der Gründung des Arktischen Rates verhielten sich die USA zögerlich bis ablehnend.[337]

Die meisten Amerikanerinnen und Amerikaner in den Vereinigten Staaten haben keinen historischen oder kulturellen Bezug zur Arktis, daher unterstützt Washington in der Regel dort keine Projekte oder

Programme. Erst das rapide Abschmelzen des Meereises hat mit der sich verschärfenden Großmachtrivalität die Wahrnehmung verändert. Im Gegensatz zu früheren Regierungen gewann die Arktis in der Trump-Administration „relative Priorität".[338] Außenminister Pompeo beförderte sie sogar zur geopolitisch bedeutsamen „Arena" im Kampf um Macht und Einfluss und erklärte ein „neues Zeitalter strategischen Engagements in der Arktis".[339]

Die höhere Wertschätzung bleibt der Arktis in der Biden-Administration erhalten, weil sie als Region geopolitisch und strategisch nicht mehr zu vernachlässigen ist. Aber die neue Regierung ist mit einer Vielzahl anderer dringender innen- und außenpolitischer Probleme konfrontiert. Manche befürchten daher, dass die Arktispolitik wieder „in der Ecke verstauben" werde.[340] Im Pentagon ist die Arktis ein weiterer, unterfinanzierter Zuständigkeitsbereich; sie wollen sich auf den Indopazifik konzentrieren. Anders als martialische Dokumente der Trump-Zeit signalisiert die neue US-Marinestrategie[341] in diesem Sinne bereits Entspannung.

Der Klimawandel macht eine Auseinandersetzung mit der Arktis dringlich. Die Biden-Administration bleibt konsequent, indem sie die offene Auseinandersetzung mit China nicht scheut, wie die frostige Kontroverse beim ersten hochrangigen Treffen von Außenminister Antony Blinken und Sicherheitsberater Jake Sullivan mit Chinas Außenminister Wang Yi und Yang Jiechi in Anchorage im April 2021 demonstrierte. Gleichzeitig handelt sie pragmatisch und einigte sich mit China, eine gemeinsame Arbeitsgruppe zu Klimafragen zu etablieren. Dies wurde in Peking als hoffnungsvolles Zeichen für ein beiderseits nützliches Verhältnis begrüßt. In diesem Sine erzielte der Klimabeauftragte der US-Regierung John Kerry in Schanghai eine Einigung auf eine langfristige – wenn auch vage – Strategie zur Dekarbonisierung.[342]

Beim Ministertreffen im Mai 2021 in Reykjavik beendete Blinken auch die von seinem Vorgänger Pompeo herbeigeführte Isolation der USA im Arktischen Rat und bemühte sich um Kooperation mit alliierten und befreundeten Staaten im Norden. Die Großmachtrivalität bleibt als Ordnungsfaktor der internationalen Beziehungen erhalten, verliert aber in der Arktis – im Vergleich zur Trump-Zeit – an Brisanz.[343] Die Biden-Administration gewinnt dadurch Handlungsspielräume zurück. Eine neue, erfolgversprechende US-Arktisdiplomatie muss unterscheiden zwischen Feldern, in denen sie sich der Konkurrenz stellen muss (wie bei chinesischen Investitionen in Grönland oder der Beeinträchtigung freier Schifffahrt durch Russland) und in denen Kooperation sinnvoll ist (wie maritime Sicherheit und Klimaschutz). Ähnlich kann sicherheitspolitisch im Umgang mit dem größten Arktisstaat Russland nur ein dualer Ansatz von Abschreckung und Diplomatie[344] zielführend sein.

Die widerwillige Arktismacht

Diffuse Erwartungen, eine zurückhaltende, bisweilen widerwillige Einstellung und Vernachlässigung gegenüber anderen Regionen charakterisieren seit Anfang an die Arktispolitik der USA. Nach einem ersten Statement zur Arktis unter Präsident Richard Nixon 1971 nahm Ronald Reagan 1983 wieder Stellung und der Kongress folgte 1984 mit dem „Arctic Research and Policy Act".[345] In den 1990er Jahren wuchsen das Interesse und die legislative Befassung mit arktischen Themen. Im Verhältnis zu Russland war eine neue Atmosphäre von Offenheit und Kooperation entstanden. Dazu hatten Michail Gorbatschow und das erste demokratisch gewählte Staatsoberhaupt in der Geschichte Russlands, Boris Jelzin (1991–99), beigetragen. Bill Clinton setzte daher in einer Direktive vom Juni 1994 große Hoffnung auf „bisher nicht gekannte Möglichkeiten zwischen den Arktisstaaten".[346] Allerdings lehnte die Clinton-Administration wie zuvor schon die Regierung von Ronald Reagan die Idee eines Arktischen Rates ab. Dafür war eine Reihe von Gründen und widersprüchlichen Ansätzen verantwortlich: Zunächst wurde die Teilnahme indigener Bevölkerungsgruppen abgelehnt (die später aktiv unterstützt wurde); dann erschien das Konzept nachhaltiger Entwicklung problematisch (obwohl Vizepräsident Al Gore es unterstützte), weil es einerseits zu vage war, andererseits bei einer präziseren Definition für die US-Wirtschaft nachteilig sein könnte; auch drohte der umfassende kanadische Ansatz unweigerlich militärische und sicherheitspolitische Fragen zu tangieren.[347] Amerikanerinnen und Amerikaner – außer sie kamen aus Alaska oder vom Militär – blieben wenig an der Arktis interessiert.

Die Zustimmung der USA zur Gründung des Arktischen Rates war der Erfolg des kanadischen Premiers Jean Chrétien, der dazu Clintons Staatsbesuch in Ottawa 1995 nutzte. Die amerikanische Mitwirkung blieb aber von Zurückhaltung geprägt.[348] Ihr Vorsitz im Arktischen Rat (1998–2000) war aufgrund des Einflusses von Al Gore stark von Umweltfragen und nachhaltiger Entwicklung geprägt. Danach wurde überhaupt keine Arktispolitik mehr artikuliert. Das Desinteresse war offensichtlich, und die beiden Großmächte der Arktis enthielten sich größeren Engagements. Washington blieb der Arktis fern, weil es wollte, und Moskau, weil es musste – die Auswirkungen des Zusammenbruchs der Sowjetunion lähmten die russische Außenpolitik.

Die Regierung von George W. Bush erlaubte im Februar 2008 die Ölsuche in der Tschuktschensee, allerdings waren die Ergebnisse von Probebohrungen für *Shell* enttäuschend.[349] Bush gab im Januar 2009 zum Ende der Amtszeit mit seinen Arktis-Direktiven[350] ebenso wenig Anlass zu größerem Engagement wie zuvor Clinton – allerdings befasste sich dadurch erstmals eine US-Regierung mit arktischen Sicherheitsfragen. Washington blieb auf Distanz zur Arktis, die zwar von externen territorialen Bestrebungen freigehalten werden sollte, aber nur auf marginales Interesse stieß. Die russische Flaggensetzung am Nordpol wurde – im Gegensatz zu Kanada – von den USA als beachtliche technische Leistung angesehen,[351] schließlich war Russland ein guter Partner, und nach dem erratischen Jelzin galt Wladimir Putin noch als Hoffnungsträger.

Hillary Clinton war die erste US-Außenministerin, die 2011 in Nuuk persönlich das Ministertreffen des Arktischen Rates besuchte, ansonsten übte sich die Administration von Barack Obama (2009–17) ebenfalls in Zurückhaltung und legte wie andere erst spät, nämlich in der zweiten Amtszeit, die Ziele ihrer Arktispolitik fest. In einem Strategiepapier wurden 2013 die üblichen Ziele genannt: Infrastruktur ausbauen und internationale Kooperation stärken. Eine verantwortungsvolle Nutzung der Öl- und Gasressourcen galt als wichtiger Beitrag zur nationalen Energieversorgung. Die Arktis sollte ein konfliktfreies Gebiet bleiben und der Arktische Rat sollte Zusammenarbeit „innerhalb seines gegenwärtigen Mandats" fördern[352] – also Themen militärischer Sicherheit weiter nicht behandeln. Obamas Arktisstrategie ergänzte lediglich frühere Direktiven und enthielt weder spezifische Pläne noch Mittel, um Projekte zu fördern.

Als Washington 2015 bis 2017 zum zweiten Mal den Vorsitz im Rat übernahm, wurde mit Admiral a. D. Bob Papp erstmals ein US-Arktisbeauftragter ernannt. Doch insgesamt war die Bilanz so bescheiden wie das Engagement. Die Unterstützer der Arktis waren weitgehend auf sich allein gestellt und versuchten erfolglos, den Kongress zur Bewilligung neuer Eisbrecher zu bewegen. Dies gehörte auch zu den Bemühungen von Senatorin Lisa Murkowski aus Alaska (R-AK), die im März 2015 einen „Arctic Caucus" etabliert und Reisen in die Arktis organisiert hatte, um Projekte zu fördern (dementsprechend hat sie auch die höchste Zahl von Arktisinitiativen im Senat aufzuweisen).[353] Vergeblich erklärte Gouverneur Sean Parnell „Alaska is America's Arctic guardian", und sein Nachfolger William Walker konstatierte auf russischer Seite die „größte Aufrüstung seit dem Kalten Krieg". Das Pentagon meinte dagegen entspannt, dass die Arktis ein Gebiet der Kooperation bleibe (was in Moskau als Verdienst der Obama-Regierung gilt), selbst wenn es gewisse „Reibungen" mit Kanada und Russland wegen der Seewege gebe.[354]

Trump: Klimawandel und fossile Ressourcen

Von seinem Amtsvorgänger Obama unterschied sich Trump nicht nur darin, dass er dem Pariser Klimaschutzabkommen den Rücken kehrte. Dabei war weniger relevant, inwieweit er – einmal mehr, einmal weniger – den Klimawandel leugnete. Statt eine Abkehr von fossilen Energieträgern zu unterstützen oder wie Obama diese als Mittel des Übergangs zu erkennen,[355] verfolgte Trump seit Beginn seiner

Regierung (2017–21) eine Politik der Karbonisierung, die vor allem den Wünschen seiner Wählerschaft entsprach („Trump Digs Coal"). Deshalb wollte er arktische Ressourcen stärker ausbeuten und weniger schützen, und aus demselben Grund bezeichnete er Obamas „Clean Action Plan" als schädlich und unnötig.[356] Emissionen sollten nicht reduziert, sondern mit der Ausweitung der Öl-, Gas- und Kohleförderung erhöht werden.

Im März 2019 erließ Trump ein Dekret, das 52 Millionen Hektar geschützter Gebiete in Atlantik und Arktis für Offshore-Bohrungen freigab. Im August 2019 – während Brände in Alaska, Grönland und Sibirien wüteten – wies er den US-Landwirtschaftsminister an, im Tongass National Forest 3,8 Millionen Hektar Fläche vom Abholzungsverbot auszunehmen, um Energie- und Bergbauprojekte zu ermöglichen. Das entspricht mehr als der Hälfte dieses gemäßigten Regenwaldes im Südosten Alaskas (weltweit der größte noch intakte seiner Art). Zum Ende der Amtszeit hatte die Trump-Administration mehr als 100 Umweltschutzregeln aufgehoben.[357]

Bereits im National Climate Assessment, das die Administration 2018 veröffentlichte, war deutlich geworden, dass Ortschaften im ganzen Land die Auswirkungen des Klimawandels zu spüren bekommen, die „Gesundheit und Wohlergehen, Lebensqualität und Wirtschaftswachstum" schadeten; Alaska stehe an vorderster Linie dieses Wandels.[358] Jedoch wies Trump noch im November 2020 den Innenminister an, die Lizenzen für die Förderung von Öl und Erdgas in einem weiteren arktischen Naturschutzgebiet (Arctic National Wildlife Refuge) im Nordosten Alaskas zu vergeben – zwei Monate vor Bidens Amtsübernahme. Das Gebiet von etwa 6500 qkm (etwa die Fläche Südtirols) macht nur fünf Prozent der Fläche des Naturschutzgebiets aus, enthält aber große Teile der als ökologisch besonders sensibel geltenden Küstenebene. Gemäß dem Aufruf des Innenministeriums sollten Öl- und Gasfirmen innerhalb von 30 Tagen ihre Gebote für die Pacht der Bohrrechte abgeben.[359] Die Lizenzen hätten so noch kurz vor der Amtseinführung von Biden verkauft werden können, aber es bestand wenig Interesse an dem umstrittenen Projekt. Sechs

US-Banken sprachen sich – zum Ärger von Alaskas Gouverneur Mike Dunleavy – gegen die Finanzierung aus, so dass schließlich der Bundesstaat selbst Schürfrechte erwerben musste. Das geringe Interesse an den Lizenzen fand später seine Entsprechung im Plan der Biden-Administration, die Offshore-Förderung ganz einzustellen. Dadurch würden – einer Schätzung von *Rystad Energy* zufolge – 72 Prozent der Ölvorkommen Alaskas nicht genutzt, selbst wenn der Stopp erst 2030 wirksam würde,[360] mit gravierenden Folgen für den Haushalt des Bundestaates Alaska, der überwiegend aus dem Öl- und Gasgeschäft finanziert wird.

Die Leugnung des Klimawandels war auch der Grund dafür, warum im Mai 2019 erstmals in der Geschichte des Arktischen Rates eine Sitzung fast ohne Abschlusserklärung zu Ende gegangen wäre. Denn die US-Delegation unter Leitung von Pompeo lehnte die Formulierung ab, dass der Klimawandel eine ernste Gefahr für die Arktis sei. Stattdessen wurde zum Ende des Treffens ein inhaltsarmer Text veröffentlicht.[361] Auf der Arctic Circle[362] Assembly in Reykjavik im Oktober 2019 wurde in mehreren Reden die Notwendigkeit betont, Emissionen zu reduzieren, damit sich die schlimmsten Folgen des Klimawandels eindämmen ließen. Energieminister Rick Perry hingegen pries dort in Trumpscher Manier das „unglaubliche Energiepotenzial" der Arktis und behauptete, der Ausstoß von Treibhausgasen sei in den USA zwischen 2005 und 2018 „dramatisch" zurückgegangen – tatsächlich war er 2018 gestiegen.[363]

Trump versuchte bis zuletzt die Interessen seiner Anhängerschaft zu wahren und gab im Januar 2021 bekannt, große Teile des Gebiets der National Petroleum Reserve in Alaska für die Öl- und Gasförderung öffnen zu wollen (es war 1923 von Präsident Warren Harding unter Schutz gestellt worden). Es sollten Pachtverträge auf einer Fläche von 75 000 qkm versteigert werden, was etwa der Größe Bayerns entspricht.[364] Auch diese Genehmigung zog die Biden-Administration zurück, was ihrer Politik entsprach und zugleich das geringe Interesse von Investoren reflektierte, die in Texas und andernorts einfachere und weniger kontroverse Förderbedingungen vorfinden.

Biden: Arktische Realpolitik

Als Präsidentschaftskandidat versprach Joe Biden, in den nächsten vier Jahren zwei Billionen Dollar in den Klimaschutz investieren, fossile Brennstoffe im Elektrizitätssektor bis 2035 abschaffen und die Nettoemissionen der USA bis 2050 auf null senken zu wollen.[365] Nach seiner Inauguration am 20. Januar 2021 begann Biden zunächst, seine Versprechen einzulösen, und unterzeichnete eine Executive Order, der gemäß die USA in das Pariser Klimaschutzabkommen zurückkehren und dessen Verpflichtungen einhalten. Alle Regierungseinrichtungen wurden aufgefordert, umgehend Maßnahmen der Trump-Administration zu überprüfen und diejenigen einzustellen, die gegen Gesundheit, Umwelt, Wissenschaft oder nationale Interessen verstoßen – darunter die Ölbohrungen im Arctic National Wildlife Refuge.[366] Jegliche Öl-, Gas- und Kohleförderung einzustellen, würde jedoch bedeuten, dass in den USA die Phase der Energieunabhängigkeit endet und vielleicht mehr Öl aus Russland[367] importiert werden müsste. Der schwierige Balanceakt wird darin deutlich, dass die Biden-Administration zwar die Ölförderung im Naturschutzgebiet von Alaska einstellen ließ, aber die ebenfalls bei Klimaschützern umstrittene „Dakota Access"-Ölpipeline und von Trump unterstützte Lizenzen für Öl- und Gasförderung in Wyoming zulässt. Auch in Colorado und Montana stehen 2022 Auktionen für neue Bohrrechte an.

Mit Präsident Biden ist wieder nüchterne Realpolitik in das Weiße Haus eingekehrt. Der Abzug der US-Truppen aus Afghanistan im August 2021 schafft Freiräume für die neue Priorität der US-Außenpolitik: die Auseinandersetzung mit China. Die Arktis bleibt wegen der Klimapolitik und der sich verschlechternden Beziehungen mit Russland auf der Agenda. Allerdings hat Biden schon zum Auftakt seiner Präsidentschaft versucht, atmosphärisch die Beziehungen zu verbessern. Zur großen Freude Moskaus nannte Biden bei dem Treffen in Genf im Juni 2021 Russland und die USA „zwei große Mächte"[368] und revidierte damit Obamas Herabwürdigung zu einer „Regionalmacht". Verbunden wurde dies mit der vagen Hoffnung, dass sich Putin künftig in seinem außenpolitischen Verhalten mäßigen werde, da er nun wieder etwas zu verlieren hätte.

Die Administration Bidens hat im Vergleich zu Vorgängern schon früh wichtige Entscheidungen getroffen, um eine abgestimmte Arktispolitik zu ermöglichen: das Arctic Executive Steering Committee (AESC) wurde unter Leitung von David Balton reaktiviert und im Weißen Haus verankert. Außerdem wurde die Position eines Unterabteilungsleiters für die Arktis im Außenministerium geschaffen sowie sechs Personen für die U.S. Arctic Research Commission unter Vorsitz von Mike Sfraga bestellt.[369] Auf der Arctic Circle Assembly in Reykjavik präsentierten sich die USA im Oktober 2021 in einem beeindruckenden Panel, bestehend aus Alaskas Senatorin Murkowski und James DeHart als US-Koordinator im Außenministerium[370] sowie Balton und Sfraga. Russland, immerhin amtierender Vorsitz im Arktischen Rat, glänzte weithin mit Abwesenheit, was einen russischen Teilnehmer nicht davon abhielt, in der Plenardebatte die mangelnde Wahrnehmung Russlands zu beklagen. Abzuwarten bleibt nicht nur die amerikanische Antwort auf die aktuelle, zugleich aggressive und respektheischende russische Politik, sondern auch, ob anstelle der mangelnden Aufmerksamkeit für die Arktis vielleicht sogar „America's Arctic Moment"[371] entstehen kann.

Ein einziger Eisbrecher für die Arktis

Die distanzierte Haltung zur Arktis spiegelt sich in der fatalen Situation, dass die US-Küstenwache (United States Coast Guard, USCG) nur über zwei und davon einen einzigen schweren Eisbrecher verfügt, obwohl der Mangel lange absehbar und schon 2009 im Senat debattiert worden war.[372] Die meist in der Antarktis eingesetzte *USCGC Polar Star* wurde 1976 in Dienst gestellt und hat längst ihre Betriebsdauer überschritten (als Ersatzteillager dient die 2010 stillgelegte *Polar Sea*); der Kutter kann bis zu 1,80 Meter dickes Eis brechen und durch Rammen bis zu sechs Meter dicke Eisblöcke verdrängen. Dazu kommt der mittelschwere Eisbrecher *USCGC Healy*. Er wurde 2000 in Dienst gestellt und kann Eis bis zu einer Stärke von 1,40 Metern bewältigen.[373] Aufgrund eines Maschinenschadens der *USCGC Healy* im August 2020 kam *USCGC Polar* Star erstmals seit Jahrzehnten wieder in der Arktis zum Einsatz, soll danach aber in die Antarktis zurückkehren.

Die Aufgaben der USCG-Eisbrecher liegen darin, die wissenschaftliche Forschung in der Arktis und Antarktis durchzuführen und zu unterstützen; die Souveränität der USA in der Arktis durch die Aufrechterhaltung einer Präsenz in den Hoheitsgewässern zu verteidigen; weitere Interessen in den Polarregionen zu schützen, so wirtschaftliche Interessen in den Gewässern, die innerhalb der AWZ der USA nördlich von Alaska liegen; den Seeverkehr in der Arktis zu überwachen; und andere typische Aufgaben einer Küstenwache (wie SAR, Strafverfolgung und Schutz der Meeresressourcen) in den arktischen Gewässern, einschließlich der Hoheitsgewässer nördlich von Alaska, zu übernehmen.[374] Und für all diese Aufgaben in Arktis und Antarktis steht auch in den nächsten Jahren jeweils nur ein einziger Eisbrecher zur Verfügung.

Der erste neue schwere Eisbrecher (Polar Security Cutter, PSC) wird wohl erst 2025 ausgeliefert werden. Das Neubauprogramm umfasst drei schwere und drei mittelschwere Schiffe (Arctic Security Cutters, ASC). Die Kosten für das PSC-Programm belaufen sich auf 2,7 Milliarden US-Dollar. Eine Eisbrecher-Flotte mit drei bzw. sechs Schiffen würde die USA in einigen Jahren nach Russland (40+), Kanada (9) und Finnland (8) entweder vor Schweden (4) oder vor China (2+) setzen.[375]

Außerdem unterhält die National Science Foundation als federführende Behörde für Arktisforschung drei Forschungsschiffe mit eisbrechender Fähigkeit, die im Einsatz jeweils von *USCGC Healy* unterstützt werden.[376] Aufgrund der wachsenden Bedeutung der Arktis und damit konkurrierender Aufgaben für US-Eisbrecher in der Antarktis wird bereits die Frage nach einer Zwischenlösung (die Anmietung eines Eisbrechers) und nach mehr Schiffen gestellt; so hat USCG-Admiral Karl Schultz das Ziel einer Flotte von neun Eisbrechern (sechs

PSC und drei ASC) genannt.[377] Noch ist unklar, ob die Biden-Administration diesem Kurs folgen wird.

Großmachtrivalität als Treiber des Wandels

Washingtons vergleichsweise entspannte Haltung zur Arktis ist darin begründet, dass die USA aufgrund ihrer geografischen Lage einen natürlichen Vorteil gegenüber Ländern wie China oder Russland haben. Bislang bieten Atlantik, Pazifik und Arktischer Ozean eine Sicherheit, die nur ein ebenbürtiger Konkurrent auf der atlantischen oder pazifischen Gegenküste bedrohen kann. Arktische Sicherheitsfragen spielten daher nach dem Ende des Kalten Krieges keine wichtige Rolle. In einem Bericht der US-Marine von 2014 wurde bei den Strategiezielen für die Arktis bis 2030 die militärische Sicherheit nicht einmal erwähnt.[378] Mittlerweile hat aber in der Wahrnehmung[379] und in der Praxis ein Wandel eingesetzt.

Sicherheitspolitisch begann unter Trump die Großmachtrivalität den Umgang mit der Arktis zu prägen. In der Nationalen Sicherheitsstrategie 2017 war die Region nur einmal beiläufig und in der offen zugänglichen Fassung der Verteidigungsstrategie 2018 gar nicht erwähnt worden. Die im Juni 2019 veröffentlichte Arktis-Strategie des Pentagon wich dann eklatant vom früheren kooperativen Ansatz ab und richtete gleich eingangs den Fokus auf „China und Russland als zentrale Herausforderung für langfristige Sicherheit und Wohlstand der USA". Die Arktis sei, so heißt es in der Diktion des Kalten Krieges, „ein potenzieller Vektor für einen Angriff auf das US-Heimatgebiet".[380] Das ist nicht neu,[381] gilt in Zukunft aber sowohl für Russland wie China. Damit erhält die U-Boot-Kriegsführung (Anti-Submarine Warfare, ASW) wieder einen prominenten Platz in der Marineplanung.[382] Die Zeit, in der das Territorium der USA ein Sanktuarium war, geht mit dem schmelzenden Meereis zu Ende.

Die veränderte Bedrohungslage erfordert von der US-Regierung umfangreiche Maßnahmen. Bislang ist aber unklar, ob der Kongress bereit ist, dafür notwendige Gelder zu investieren. Schließlich gilt die

Aufmerksamkeit eher China als der Arktis. Damit kann Russland die USA im arktisch-nordatlantischen Gebiet gewissermaßen triangularisieren und damit vor operative Nöte stellen, denn das Pentagon droht aufgrund der wachsenden Militärmacht Chinas an Kapazitätsgrenzen zu stoßen.

Das Pentagon hat das Netzwerk von Alliierten und Partnern als größten strategischen Vorteil der USA in der Arktis und als Eckstein der eigenen Strategie erkannt[383] – im Gegensatz zu seinem Oberbefehlshaber Trump, der Grönland dem NATO-Verbündeten Dänemark abkaufen wollte und damit sein transaktionales Verständnis von Bündnispartnern offenlegte. Tatsächlich ist Grönland mit dem Stützpunkt in Thule für die USA außerordentlich wichtig. Aus geostrategischer Perspektive liegt die Insel an der Spitze Nordamerikas; ihre raumbeherrschende Rolle wird umso brisanter, je stärker Nuuk die Unabhängigkeit anstrebt und China Interesse zeigt. Die Thule Air Base erfasst Raketenstarts anderer Länder und überwacht Russland, den Nahen Osten und den Weltraum. Hier befindet sich zudem der nördlichste Tiefwasserhafen.

Davon abgesehen wird seit zwei Jahrzehnten diskutiert, einen neuen Tiefwasserhafen zu bauen, der Küstenwache und Marine in Alaska eine dauerhafte Präsenz ermöglichen würde. Der am Beringmeer gelegene Küstenort Nome wurde 2020 dafür ausgewählt, und 379 Millionen US-Dollar wurden für den Ausbau des Hafens bereitgestellt.[384] Derzeit ist die US-Küstenwache in der Beringstraße nur wenig präsent, obwohl der Schiffsverkehr in der Meerenge mit inzwischen mehr als 400 Durchfahrten pro Jahr stark zugenommen hat.[385] Die 1997 deaktivierte Militärbasis auf der Aleuten-Insel Adak würde sich zur Seeraumüberwachung eignen, jedoch scheut die Marine bislang die Kosten für deren Reaktivierung und bevorzugt alliierte Einrichtungen, wie die Basis im norwegischen Evenes[386] (ähnlich wie Verbündete auch die US-Basis Thule nutzen).

Als demonstrative Maßnahme war die 6. Flotte der US-Marine im Oktober 2018 im Rahmen der NATO-Übung Trident Juncture erstmals seit 1991 wieder im hohen Norden präsent und nahm mit der

USS Harry S. Truman ein Flugzeugträger an diesem Großmanöver teil. Dabei war der Träger von der Route zum Arabischen Golf abgewichen und hatte das dynamische Einsatzkonzept der US-Streitkräfte demonstriert, das aus der Not zu wenig verfügbarer Schiffe eine Tugend machen soll (allerdings mit dem Element überraschender Präsenz die Kriseninstabilität erhöht).[387] Ebenfalls mit Blick auf Russland wurde im Juli 2018 die 2. Flotte reaktiviert, deren Aufmerksamkeit während des Kalten Krieges den sowjetischen Seestreitkräften im Nordatlantik galt.[388] Im Mai 2020 operierte die 6. Flotte mit vier Zerstörern der *Arleigh Burke*-Klasse und einer britischen Fregatte in der Barentssee, nachdem sie Übungen in der Norwegensee durchgeführt hatten.[389] Vom Mai bis November 2020 war die US-Marine kontinuierlich im hohen Norden präsent, um ihre Fähigkeit zu dortigen Einsätzen zu verbessern.[390]

Wie im Pazifik wird immer wieder eine „Freedom of Navigation“-Operation (FONOP) in arktischen Gewässern diskutiert. Diese wäre aber mangels eisgängiger Schiffe riskant, da die US-Marine im Notfall auf russische Hilfe angewiesen wäre.[391] FONOP betreffen Seewege in kanadischen und russischen Gewässern, die beide Staaten nicht als internationale Wasserstraßen ansehen. US-Marineminister Kenneth Braithwaite nannte zum Ende der Trump-Administration explizit die Barentssee und den für Russland sensiblen Raum vor der Kola-Halbinsel als FONOP-Einsatzgebiet.[392]

Geostrategisch liegt Alaska im Schnittpunkt dreier für die US-Streitkräfte kritischer Räume, nämlich Nordamerika (US Northern Command), Indopazifik (US Indo-Pacific Command) und Europa (US European Command). Daher sollen nach Plänen der Luftwaffe, wie sie in ihrer ersten Arktisstrategie erklärt hat, dort die meisten F-35-Kampfflugzeuge stationiert werden.[393] Neben Fort Greely dienen die Stützpunkte Elmendorf-Richardson und Eielson Air Force Base der Luft- und Raketenabwehr. Ähnliche Aufgaben hat die Basis in Thule. Denn landgestützte ballistische Raketen und Bomber aus China oder Russland erreichen Ziele in den USA am schnellsten, wenn sie das Nordpolarmeer (über Grönland) überfliegen; U-Boote als

Trägersysteme für Raketen sind unter der Eisdecke relativ sicher vor Entdeckung. Daher trainieren U-Boote alle zwei Jahre im Rahmen der Übung ICEX (Ice Exercise) die U-Boot-Jagd. Im März 2018 geschah dies nach zehnjähriger Pause wieder zusammen mit der britischen Marine.

Die US-Marine unterhält eine minimale Präsenz in der Region. Noch sei keine Flotte für die Arktis nötig, aber man solle darüber nachdenken, meinte Admiral a. D. Stavridis. Die schon heute durch weltweit verstreute Einsatzgebiete geforderte US-Marine müsste dann wohl mehr als die geplanten 355 Schiffe umfassen und einige davon noch eisverstärkt. Derzeit einzig verfügbare Option für den Einsatz in nördlichen Gewässern sind Zerstörer der *Arleigh Burke*-Klasse. Defizite gibt es auch bei der Aufklärung – jenseits des 72. Breitengrades werde es „ziemlich dunkel", meinte der ehemalige Chef der US-Küstenwache, Admiral Paul Zukunft. So sei ein USCG-Schiff in ein chinesisch-russisches Marinemanöver „gestolpert", weil eine – wie in anderen Weltgegenden übliche – Warnung der US-Geheimdienste gefehlt habe.[394]

Diplomaten nordischer Länder, die früher Washingtons Desinteresse an der Arktis beklagt hatten, waren während der Trump-Administration über das aggressive Auftreten der USA in Gestalt ihres Außenministers besorgt. Schwedens ehemalige Chefdiplomatin Margot Wallström kritisierte den „traurigen und gefährlichen" Ansatz der US-Arktispolitik, der die jahrzehntelange Kooperation gefährde. Sicherheitspolitik sei nie ein Thema des Arktischen Rates gewesen und dabei solle es bleiben.[395] Washington hatte in dieser Hinsicht eine Wende vollzogen: Außenminister Pompeo bemängelte, der Rat habe sich bisher den Luxus erlaubt, nur Themen aus Wissenschaft, Kultur und Umwelt zu behandeln. Nun gewinne das Polargebiet rapide an Bedeutung, so Pompeo, daher träten die USA in eine „neue Ära strategischen Engagements in der Arktis". Als Gründe dafür, dass Amerikas Sicherheit und Präsenz in der Region verstärkt werden müssten, nannte er chinesische Investitionen und russische Aktivitäten. Der jährliche Bericht des Pentagon zur Militärmacht der Volksrepublik enthielt 2019 erstmals einen Abschnitt, in dem vor einer wachsenden Präsenz Chinas in der Arktis gewarnt wird.[396]

Entspannung oder neue kalte Front?

Die Trump-Administration leugnete den Klimawandel, doch erst damit verbundene Folgen – länger offene Seewege, stärkere Nutzbarkeit von Ressourcen und wachsende Großmachtkonkurrenz – weckten in Washington wieder das Interesse an der Arktis. Nun wurden aber andere Staaten in einer arktischen Variante der „America first"-Politik ausgegrenzt. Die USA navigierten unter Trump mit Volldampf in die Arktis, trieben dort aber nur die Ölförderung voran, während der Aufbau notwendiger Fähigkeiten zur Umsetzung einer engagierten Regionalpolitik erneut vernachlässigt wurde.[397] Präsident Biden folgt einem umsichtigeren Kurs der Einbindung anderer Staaten, um eine dem Klimawandel entsprechende Entwicklung der Arktis zu fördern. Noch ist aber unklar, welche Akzente seine Regierung setzen wird; abgesehen von einigen Ansätzen zur Verbesserung militärischer Fähigkeiten[398] fehlt bislang eine Arktisstrategie.

Im Verhältnis zu Russland gibt es aus nationaler Perspektive kaum Anlass für Konflikte in der Arktis. In der Frage der Anerkennung des Festlandsockels tangieren russische Ansprüche kein US-Territorium, gleichwohl Gebietsansprüche von Verbündeten. Dennoch droht eine Fortsetzung der Kooperation an der rapiden Verschlechterung der Beziehungen zu scheitern. Die USA und Russland haben 2018 einvernehmlich den Schiffsverkehr in Beringstraße und Beringmeer geregelt, nun häufen sich die Vorfälle, in denen russische Kampfflugzeuge im Luftraum über Alaska abgefangen werden, und russische Kriegsschiffe drangen während einer Übung im August 2020 in die AWZ der USA ein und bedrohten Fischerboote, darunter die *Blue North*. Alaskas Gouverneur Dunleavy nahm dies zum Anlass, Präsident Biden darauf hinzuweisen, dass der Schutz amerikanischer Gewässer dringlich sei.[399]

Kanada

„Die Arktis hat fundamentale Bedeutung für Kanadas nationale Identität“, konstatierte die Regierung von Premierminister Stephen Harper (2006–2015) im ersten Satz des Statements zur arktischen Außenpolitik des Landes.[400] Dementsprechend enthält die Nationalhymne auch die Zeile „True North, strong and free“ – eine Identifikation, die in krassem Gegensatz zu den USA und ihrem Verhältnis zu Alaska steht.

Kanada ist mit fast zehn Millionen qkm das zweitgrößte Land der Welt, zählt aber mit 37,6 Millionen Einwohnern zu den Ländern mit der geringsten Bevölkerungsdichte. Die nördlichste dauerhaft bewohnte Siedlung der Erde ist Alert an der Nordspitze der Ellesmere-Insel im Territorium Nunavut (82°28‘ N), 834 Kilometer vom Nordpol entfernt. Nunavut erstreckt sich über rund zwei Millionen qkm, umfasst die meisten arktischen Inseln und bedeckt etwa ein Fünftel des Gebiets von Kanada. Mit einer Einwohnerzahl von 38 780 Menschen ist die kanadische Arktis die am wenigsten zugängliche, am wenigsten entwickelte und eine der am geringsten bevölkerten Regionen der Erde.[401] Überwiegend Inuit leben auch in der Hauptstadt Iqaluit (das Inuktitut-Wort bedeutet „Ort mit viel Fisch“) auf der Baffin-Insel. Im Osten der zu Nunavut zählenden Baffin-, Devon- und Ellesmere-Inseln verläuft die kanadische Staatsgrenze gegenüber Grönland in der Davisstraße, der Baffin-Bucht und der Nares-Straße, in der sich die zwischen Kanada und Dänemark strittige Hans-Insel befindet.

Die geopolitische Bedeutung der Arktis sei niemals größer gewesen, erklärte Harper im August 2008. Deshalb wählte seine Regierung (ähnlich wie Putin) eine ambitionierte „Northern Agenda“, die dem kanadischen Norden ein transformatives wirtschaftliches Potenzial zusprach.[402] Unter dem Slogan „Use it or loose it“ soll Harper 2009 erklärt haben, dass die Arktis „unser Land, unser Eigentum und unser Ozean“ sei. Offenbar als Gegenreaktion auf den russischen Anspruch 2007 erklärte er: „Die Arktis gehört Kanada.“[403] Im Unterschied zu Russland resultierte daraus aber kein proaktives Verhalten, stattdessen verwehrte Harper der NATO eine Befassung mit der Arktis.[404] Auch die Entwicklung des Nordens blieb eine ungelöste Aufgabe.

Anders als Harper zeigte Premierminister Justin Trudeau seit seinem Amtsantritt im November 2015 weniger praktisches und rhetorisches Engagement für den Norden; das im September 2019 – kurz vor den Wahlen – veröffentliche Rahmenprogramm für die Zeit bis 2030[405] erschien manchen improvisiert: Um die Strategie seines konservativen Vorgängers zu ersetzen, fehlten konkrete Eckpunkte und Finanzlinien zur Umsetzung.[406] Seit Trudeaus Wiederwahl wurde immer wieder Kritik an seiner Arktispolitik geübt, und sein Gegenkandidat Erin O'Toole erklärte, dass er als Premier den Aufbau der kanadischen Verteidigung im Norden zu seiner Priorität machen würde. Allerdings sind die dazu erforderlichen hohen Kosten kaum vereinbar mit der steigenden Staatsverschuldung,[407] und am Ende verlor O'Toole 2021 die Wahl.

Auch Kanada kann sich nicht der zunehmenden Großmachtkonkurrenz entziehen. Im Arctic and Northern Policy Framework wird 2019 konstatiert, dass die kanadische Arktis zwar historisch eine Region der Stabilität und des Friedens sei, wachsende Konkurrenz in und besserer Zugang zur Arktis jedoch Sicherheitsherausforderungen stellten, auf die Kanada reagieren müsse. In der Folge wurde die bislang zurückhaltende Position zu einer aktiven Rolle der NATO in der Arktis aufgegeben.[408]

Das Verhältnis zu den USA und China

Am 7. November 2020 war Trudeau der erste auswärtige Staatspräsident, der Joe Biden zu seiner Wahl gratulierte. Abgesehen davon, dass sich die Beziehungen nach Trump verbessert haben, ist jedoch zu bezweifeln, dass sie jemals wieder so gut wie unter seinem Vater Pierre Trudeau werden; damals galten sie als „Standard für internationale Beziehungen".[409] Die geografische Nähe hat auf jeden Fall eine große politische und wirtschaftliche Interdependenz zur Folge: Die USA und Kanada teilen mit 8891 Kilometern und 120 Übergängen die weltweit längste Grenze zwischen zwei Staaten (davon entfallen 2487 Kilometer auf die Grenze zwischen Kanada und dem vom Hauptteil der USA getrennt im Norden liegenden Bundesstaat Alaska). Die Nähe sorgte aber auch schon in der Vergangenheit für manche Irritation.[410] Während der Präsidentschaft Trumps war Kanada in allen wichtigen Themen – von der Neuverhandlung des nordamerikanischen Freihandelsabkommens bis zu Verteidigung und COVID-19 – in eine unkomfortable und unvorhersehbare Nachbarschaftspolitik gezwungen, die sich durch dessen Abwahl zwar im Umgangsstil, aber nicht substanziell geändert hat.

Absehbar war der Konflikt um die „Keystone“-Pipeline, die der Gewinnung von Rohöl aus Ölsanden dient und deren Weiterbau die Trump-Administration genehmigt hatte. Biden hatte die Pipeline im Wahlkampf als Projekt bezeichnet, das unnötig und „sehr, sehr schädlich“ sei.[411] Ursprünglich hatte die Regierung in Ottawa ein ehrgeizigeres Klimaschutzprogramm als Washington, nun steigen die Emissionen. Die Regierung habe die eigenen Klimaziele „klar verfehlt“, während zugleich kanadische Energieressourcen für Investoren unattraktiv geworden seien, wird konstatiert.[412]

Ähnlich wie in Grönland wird im kanadisch-arktischen Archipel ein Bergbauprojekt von der Inuit-Bevölkerung kritisch begleitet, weil dessen Erweiterung durch die in Ontario ansässige *Baffinland Iron Mines* zwar einige Arbeitsplätze in Gemeinden des Territoriums Nunavut – unter anderem im Norden der Baffin-Insel – verspricht, die Umweltbeeinträchtigungen aber gravierend wären; die Zugeständnisse der Firma seien zu gering und kämen zu spät. Außerdem wird ein mangelndes Verständnis für die Traditionen der Inuit beklagt; „wir verlieren unsere Kultur wegen Baffinland“.[413]

In Außenpolitik und Außenwirtschaftspolitik gegenüber China wollen sich die USA und Kanada künftig besser abstimmen. Beide Regierungen vereint der kritische Blick auf China; Trudeaus neue Sicherheitsberaterin Jody Thomas warnt explizit vor Pekings „gefräßigem Appetit“ auf arktische Ressourcen.[414] Im Oktober 2020 erfolgte auf Kabinettsbeschluss eine Sicherheitsüberprüfung des beabsichtigten

Verkaufs von *TMAC Resources*, der die Goldmine Hope Bay im westlichen Nunavut gehört. Dem Investment Canada Act entsprechend könnte der Kauf durch Chinas staatliche Firma *Shandong Gold Mining* zwar die Beschäftigungslage verbessern, aber die nationale Sicherheit verletzen. Die Kitikmeot Inuit Association, der fünf Gemeinden im westlichen Nunavut angehören und die *TMAC*-Anteile besitzt, hat sich eines Votums enthalten, da Unsicherheit bestehe, wie sich der Verkauf auswirken werde. Im Dezember 2020 entschied Trudeau gegen den Verkauf und damit ein weiteres Mal gegen chinesische Investitionsprojekte. Zuvor war 2018 der Verkauf der in Toronto ansässigen *Aecon Group* durch die *China Communications Construction Company (CCCC)* aus Sicherheitsgründen verboten worden.[415] *CCCC* ist in Seidenstraßen-Projekte involviert und wollte auch in Grönland investieren.

Die Beispiele *CCCC* und *TMAC* illustrieren einmal mehr den sicherheitsrelevanten Kontext chinesischer Investitionen. Mangels terrestrischer Kommunikationsmittel nimmt die Weltrauminfrastruktur eine wichtige Rolle für die Verbindung von Menschen und Unternehmen sowie für die Deckung des Bedarfs der arktischen Gemeinschaften an Bildung, Gesundheitsversorgung, Sprache und Kultur ein. Auch ist der Standort Arktis selbst wichtig für satellitengestützte Techniken: Sichere Telekommunikation und präzise Navigation sind nur zwei Beispiele für Dienste, deren Nutzung den freien Zugang zu Weltraumtechnologien erforderlich macht. Auch deshalb wurde der Versuch der chinesischen Staatsfirma abgelehnt, *TMAC* zu erwerben. Denn durch den Kauf würde China nicht nur in die Lage versetzt, Gold und Seltene Erden zu schürfen, die wichtig für Weltraumtechnik sind, sondern könnte auf dem erworbenen Land zudem (militär-) strategisch relevante Satellitenkommunikation einrichten.[416]

Jenseits der gescheiterten Investitionsprojekte wurde das bilaterale Verhältnis durch Chinas massive Einflussnahme auf Kanadas Innenpolitik und eine Diplomatie der Geiselnahme schwer beschädigt. Der langjährige nationale Sicherheitsberater Richard Fadden hat mehrfach öffentlich Besorgnis über das Ausmaß geäußert, in dem China politischen Druck ausübt – nicht nur mithilfe der Konfuzius-Institute in Universitäten, sondern auch mittels der chinesischen Diaspora auf lokaler und regionaler Ebene.[417] Im Dezember 2018 wurden die Kanadier Michael Kovrig und Michael Spavor wegen fingierter Spionagevorwürfe in China inhaftiert. Offenbar sollte damit Druck auf die kanadische Regierung aufgebaut werden, denn Ottawa hatte wegen des Auslieferungsersuchens der USA die *Huawei*-Finanzchefin Meng Wanzhou festgesetzt. Nachdem Meng im September 2021 aus dem Hausarrest entlassen wurde, wurden auch beide Kanadier aus dem Gefängnis freigelassen. Die chinesische Geiselnahme hatte weltweite Folgen, und selbst deutsche Forschende scheuen mittlerweile einen Besuch Chinas, weil sie wegen kritischer Äußerungen ins Fadenkreuz geraten oder als Faustpfand nützlich erscheinen könnten.[418]

Kanada, Russland und die längste Küstenlinie der Welt

Kanada hat mit 265 523 Kilometern vor den USA und Russland die längste Küstenlinie der Welt. Sie umfasst drei Ozeane: Arktischer Ozean, Atlantik und Pazifik. Der Wahlspruch des Landes „A Mari Usque Ad" (Von Meer zu Meer) ist also gut begründet, und die besondere Bedeutung der Arktis ergibt sich daraus, dass etwa 40 Prozent der Landmasse Kanadas jenseits des 60. Breitengrades liegen und 162 000 km arktische Küstenlinie beinhalten.[419] Gemäß dem „Oceans Act" stellt die Canadian Coast Guard (CCG) die Dienste ihrer neun Eisbrecher zur Verfügung, um eine sichere Schifffahrt zu gewährleisten. Anders als im Falle der russischen Wasserwege ist die Durchfahrt der Nordwestpassage aber, wie ausgeführt, noch schwieriger und dient bislang hauptsächlich dem Binnenverkehr. Voraussichtlich wird die Nordwestpassage der letzte kommerziell nutzbare Wasserweg in der Arktis sein, den das schwindende Meereis öffnen wird.

Kanada muss sich – wie Russland – die „Arktis leisten"[420] und dazu in die Infrastruktur investieren: Kanada hat zwar die zweitgrößte Eisbrecherflotte der Welt, muss nun aber ebenfalls ältere Schiffe – wie die fast 55 Jahre alte *CCGS Louis S. St-Laurent* – ausmustern. Zwei neue schwere Eisbrecher sollen ab 2030 eine permanente Präsenz in der

Zentralarktis gewährleisten,[421] wo die Gebietsansprüche von Dänemark, Kanada und Russland aufeinandertreffen. Dabei folgt Kanadas Russlandpolitik einem pragmatischen Verständnis,[422] schließlich teilen die beiden in geografischer Hinsicht größten Arktisstaaten manche gemeinsamen Interessen – fast 50 Prozent der Arktis sind russisch und 25 Prozent kanadisch. Erst die Krim-Annexion bildete 2014 einen Wendepunkt in den Beziehungen zu Russland unter Putin, dem Trudeau vorwarf, „unangemessen provokativ"[423] in der Arktis aufzutreten.

Die Royal Canadian Navy (RCN) steht vor der anspruchsvollen Aufgabe, die Küsten dreier Ozeane abdecken zu müssen. Jedes Gebiet ist sehr weit von den anderen entfernt, und so muss jede zeitkritische Reaktion auf See von der nächstgelegenen Basis kommen. Daher sollten alle RCN-Schiffe ähnlich leistungsfähig und mehr oder weniger gleichmäßig auf Häfen verteilt sein. Gemäß dem Weißbuch „Strong, Secure, Engaged" 2017 sollen 15 Schiffe (Canadian Surface Combatant, CSC) in den 2030er Jahren ausgeliefert werden.[424] Als erstes von sechs Patrouillenschiffen (Arctic and Offshore Patrol Ships) hat im Dezember 2021 *HMCS Harry DeWolf* erstmals die Nordwestpassage absolviert; sie dienen dazu, nun ganzjährig und routinemäßig in der Arktis zu patrouillieren. Als neue Basis soll ab 2022 die Nanisivik Naval Station auf der Baffin-Insel dienen. Die neuerliche Verzögerung des schon 2007 geplanten Hafens veranlasste den Vizevorsitzenden des Verteidigungsausschusses James Bezan, der Regierung einen naiven und gefährlichen Umgang mit Kanadas arktischer Souveränität vorzuwerfen: „Die russische Regierung eröffnet Militärbasen in der Arktis, und das kommunistische Regime Chinas baut seine arktische Flotte in einem Maße aus, das die Kapazitäten Kanadas und der Vereinigten Staaten zusammen übersteigt."[425]

Die kanadischen Streitkräfte verfügen über einen großen Erfahrungsvorsprung bei Einsätzen unter arktischen Bedingungen (interessiertes chinesisches Militär durfte zeitweilig Winterübungen beobachten).[426] Allerdings mussten auch die kanadischen Streitkräfte feststellen, dass ihre in den 1990er Jahren erheblich reduzierten Ressourcen Defizite aufweisen.[427] Kanada hat als erster Arktisstaat 2002 wieder mit arktischen Einsätzen begonnen, gilt inzwischen als gut aufgestellt und ist kontinuierlich im Norden präsent. Es müsste nur „signifikant" seinen militärischen Aufwand verstärken, wenn es der Überlegenheit Russlands begegnen wollte.[428] Aufgrund Lage und früherer Erfahrung wäre die RCN beispielsweise geeignet, in britisch-kanadischer Kooperation eine Rolle beim Wiederaufbau von Fähigkeiten zur U-Boot-Bekämpfung (ASW) im arktisch-nordatlantischen Raum wahrzunehmen;[429] Schiffe der *Harry DeWolf*-Klasse sollen wieder zur U-Boot-Aufklärung fähig sein.

Eines der drängenden bilateralen Probleme ist die Erneuerung der Radaranlagen. Das North Warning System (NWS) besteht aus über 50 Anlagen; in Kanada liegen sie an der nördlichen Küstenlinie entlang Yukon, Nunavut und Labrador. Als Teil der North American Aerospace Defense (NORAD) dienen sie der Luftüberwachung und Raketenfrühwarnung, sind aber angesichts russischer Marschflugkörper und hyperschallschneller Waffensysteme veraltet.[430] Der kanadische Anteil der erforderlichen Modernisierung in Milliardenhöhe ist ein schwieriges Thema, zumal die Einnahmen aus dem Ölgeschäft durch die Absage des Keystone-Projekts geschmälert wurden. Neben der Frage, was die NORAD-Modernisierung insgesamt kosten und beinhalten soll – ein fehlendes Kapitel in Kanadas Weißbuch – wird das neue SHIELD-System[431] ein langwieriges und kontroverses Projekt; neue Militäranlagen bedürfen außerdem der Zustimmung der indigenen Bevölkerung (Art. 30 der United Nations Declaration on the Rights of Indigenous Peoples).

Ähnlich wie in Deutschland wird in Kanada konstatiert, dass seine „Soft Power" als liberales und weltoffenes Land in Zukunft nur noch Bedeutung haben und Resonanz finden wird, wenn ein „realer militärischer Muskel"[432] existiert, mit dem die offiziell deklarierten Werte und Normen behauptet und verteidigt werden können. Auch hier stimmt die lange Zeit wohlwollender Vernachlässigung des Militärs nostalgisch, aber Wohlstand und Sicherheit sind in Zukunft nicht mehr durch die USA allein garantiert.

Europas Arktisstaaten

Die nordeuropäischen Länder verfolgen teils ähnliche politische und wirtschaftliche Interessen im Hohen Norden, wie die europäische Arktis häufig genannt wird.[433] Unterschiede ergeben sich aus der jeweiligen geografischen Lage, der Geschichte und der daraus resultierenden Außenpolitik. So genießt Dänemark aufgrund der herausragenden Bedeutung Grönlands eine international hohe Bedeutung, praktisch beinhaltet dies aber viele innenpolitisch kontroverse Fragen. Finnland ist wiederum aufgrund der 1340 km langen gemeinsamen Grenze ein sensibler Partner Russlands. Während sich Helsinki daher stets in Fragen europäischer Sicherheit engagiert hat, muss Kopenhagen ein historisch belastetes und durch das grönländische Unabhängigkeitsstreben noch komplizierteres Verhältnis zu seiner ehemaligen Kolonie nun im Kontext einer Interessenpolitik von miteinander rivalisierenden Großmächten ausgleichen.

„Ein bewaffneter Angriff auf Schweden kann nicht ausgeschlossen werden" – mit diesen Worten begründete der schwedische Verteidigungsminister Peter Hultqvist im November 2020, weshalb die Armee seines Landes mehr Geld braucht. Verglichen mit dem gegenwärtigen Niveau steigen die Rüstungsausgaben im Zeitraum von 2021 bis 2025 um 40 Prozent, gegenüber dem Niveau von 2014 sogar um 85 Prozent.[434]

Traditionell legen alle nordischen Länder hohen Wert auf Kooperation – untereinander und international. Waren die nordischen Länder lange eine „Region der Stabilität, des Friedens",[435] werden sie in Zukunft enger zusammenarbeiten müssen, um Stabilität im arktisch-nordatlantischen Raum zu wahren und sich allzu großer Ambitionen der Großmächte zu erwehren. Anders als China mit seinen primär wirtschaftlich und strategisch begründeten Interessen stellt indessen Russland eine aktuelle militärische Herausforderung dar.

Das Verhältnis zu Russland ist auf einem Tiefpunkt. Dies ist auch in Europas hohem Norden spürbar, wo sich Schweden und Finnland überlegen, welchen Kurs sie gegenüber Moskau steuern wollen. In

Helsinki hält man sich die NATO-Mitgliedschaft offen, und in Stockholm hat das Parlament im Dezember 2020 mit großer Mehrheit für eine NATO-Option – einen etwaigen Beitritt in der Zukunft – gestimmt.[436] Am Heiligen Abend 2021 informierte die Presseabteilung des russischen Außenministeriums, dass Putins Forderungen, die Ost-Erweiterung der NATO zu stoppen, auch Finnland und Schweden betreffen. Schweden erhöhte daraufhin seine Gefechtsbereitschaft und ließ Panzer auf Gotland patrouillieren. Auch in Finnland wurden die Forderungen alarmiert diskutiert.[437] In beiden Ländern gibt es derzeit aber keine Mehrheit in der Bevölkerung für einen Beitritt, obwohl Russland mit seiner militärischen Drohpolitik bestehende Tendenzen verstärkt hat. Der Kreml schafft sich damit selbst das Menetekel, das seit 2007 in Moskau beschwört wird: die offenbar wieder notwendig gewordene Einhegung russischer Macht. Dabei geht es nicht darum, Russland kleinzuhalten, sondern die negativen Auswirkungen von Putins Politik zu begrenzen.

Auch im Verhältnis zu China zeigen sich mittlerweile alle großen Arktisstaaten kritisch. Das ehemals partnerschaftliche Verhältnis habe sich seit 2019 zu einer „Sicherheitsgefahr" entwickelt, resümiert eine dänische Studie.[438] Pekings Botschafter in Kopenhagen hat der Regierung der zu Dänemark gehörenden Färöerinseln gedroht, ein Freihandelsabkommen werde platzen, wenn nicht der chinesische Telekommunikationskonzern *Huawei* das 5G-Netz auf den Inseln aufbauen dürfe – was die Regierung ablehnte. Daraufhin wurde im dänischen Parlament ein Investitionsscreening für kritische Infrastruktur gefordert.[439] Im 128 Seiten umfassenden Bericht norwegischer Geheimdienste wird China aus ähnlichen Gründen 177 Mal erwähnt.[440] Die Beziehungen Schwedens zur Volksrepublik haben sich derart verschlechtert, dass im Parlament gefordert wurde, den chinesischen Botschafter auszuweisen.[441] In kleineren und nichtalliierten Staaten wie Island oder Finnland kann China noch seine Interessen stärker zur Geltung bringen, erzwingt aber einen heiklen Balanceakt.

Sicherheitspolitisch ist allen nordischen Staaten die Anlehnung an die nordatlantische Allianz gemeinsam: Dänemark, Island und

Norwegen sind Mitglieder; Schweden und Finnland sind durch Übungen und Einsatzplanung der NATO verbunden. Ergänzend dazu vereinbarten nordeuropäische Verteidigungsminister im November 2018 in Oslo, sich stärker in der Nordischen Verteidigungskooperation (NORDEFCO) zu engagieren und die Interoperabilität zu verbessern. Ergebnis war – mit Bezug auf einen Anstieg militärischer Aktivitäten auf russischer Seite – die Absichtserklärung der Verteidigungsminister von Finnland, Norwegen und Schweden, die sie im September 2020 auf der Porsangmoen-Basis in Finnmark, dem nördlichsten Teil Norwegens unterzeichneten. Die drei Länder wollen künftig gemeinsam Operationen in Krisen- und Konfliktsituationen durchführen, dazu eine strategische Planungsgruppe aufbauen und nationale Operationspläne koordinieren (wobei Norwegen im Krisen- und Kriegsfall plant, der NATO das Kommando zu übertragen).[442] Zur Interoperabilität mit US-Streitkräften trägt bei, dass Dänemark, Finnland und Norwegen F-35-Kampfflugzeuge einführen.[443]

Damit hat die nordische Verteidigungskooperation neuen Schub bekommen. Die norwegische Außenministerin Ine Eriksen Søreide äußerte dazu, dass NORDEFCO „als nützliches Format" für Gespräche diene, um Übungen zu koordinieren und gemeinsam Waffen und Ausrüstung zu beschaffen. „Wir haben unsere Trainings- und Übungskooperation mit Schweden und Finnland intensiviert. Die USA sind natürlich unser wichtigster militärischer Verbündeter, aber wir haben auch die Zusammenarbeit mit Deutschland, Großbritannien, den Niederlanden und Frankreich vertieft."[444]

General Jörg Vollmer, Befehlshaber des Allied Joint Force Command der NATO in Brunssum (und damit für die Verteidigung Nordeuropas zuständig), sprach bei einem Besuch in Schweden im Oktober 2020 ebenfalls darüber, die Zusammenarbeit zu intensivieren und gemeinsame Übungen fortzuführen. Vollmer wollte Russland nicht als Feind bezeichnen, aber als Gegner, „der uns jeden Tag testet". Er sprach in einem Interview mit der Zeitung *Dagens Nyheter* vor allem davon, dass man vorbereitet sein müsse, um deutlich zu zeigen, dass es eine Grenze gebe, die Russland nicht überschreiten sollte. Dabei gehe es um die baltischen Staaten, Polen und die NATO-Partnerländer Finnland und Schweden. Auf die Frage, ob es möglich sei, Schweden zusammen mit der NATO zu verteidigen, sagte Vollmer: Wenn Schweden um Unterstützung bitte, sei er sich „ziemlich sicher", dass diese gewährt werde.[445]

Dänemark

Das Kernland des Königreichs Dänemark umfasst 42 921 qkm, erweitert sich aber mit Grönland (2 166 086 qkm) und den Färöerinseln (1396 qkm) auf über 2,2 Millionen qkm. Die Färöer liegen außerhalb des nördlichen Polarkreises, haben aber wie Grönland eine Schlüsselposition in der arktischen Schifffahrt – sowohl hinsichtlich der Nördlichen Seeroute wie zur Nordwestpassage.[446] Sollte Grönland das Königreich verlassen, wäre dies ein weiteres Kapitel in der dänischen „Verlustgeschichte",[447] die 1658 mit dem Wechsel der Großmachtrolle an Schweden begann.

Der Außenminister der neuen US-Regierung Blinken erhielt im Mai 2021 einen demonstrativ herzlichen Empfang in Kopenhagen. Schließlich war die Erinnerung an den Sommer 2019 noch lebendig, als Trump dem Königreich zuerst Grönland abkaufen wollte, dann die dänische Premierministerin Mette Frederiksen als fies beschimpfte (weil diese dankend ablehnte) und danach seinen Staatsbesuch absagte. Blinken würdigte nun die Rolle Dänemarks als „einziges Land der Welt, das Mitglied der EU, der NATO und des Arktischen Rates ist". Frederiksen sagte, man müsse sicherstellen, „dass das dänische Königreich, die Vereinigten Staaten und die NATO die entscheidende Rolle in der Arktis spielen – und nicht andere" [448] – eine kaum versteckte Anspielung auf Russlands militärische Aktivitäten.

Das erste Strategiepapier des Königreichs[449] wurde 2011 schon vor der offiziellen Präsentation von einer dänischen Zeitung unter dem Titel „Menschen vor Umwelt in der Arktis" bekanntgemacht. Darin spiegelte sich ein in Grönland begrüßter Politikwechsel. Außenministerin Lene Espersen erklärte in einem Interview, dass sich bislang die

Diskussion darauf konzentriert habe, wie die ganze Region zu einem Naturreservat gemacht werden könne. Aber Dänemark, Grönland und die Färöerinseln wollten das wirtschaftliche Potenzial dieses Raumes nutzen und dazu internationale Unternehmen einladen. Alle Investitionen würden strengen Umweltbestimmungen unterliegen, um das fragile Ökosystem zu schützen.[450]

Kopenhagen hat – im Gegensatz und zur Überraschung Moskaus – einen chinesischen Beobachterstatus im Arktischen Rat unterstützt, auch um Investitionen aus Asien zu ermöglichen. Aus amerikanischer Sicht übergab Dänemark damit den Schlüssel „für Chinas kommerziellen und strategischen Zugang zur Arktis".[451] Wie in anderen nordischen Ländern ist das Verhältnis zu China inzwischen komplizierter geworden, was wohl ebenso der Politik Chinas wie dem Druck der USA zuzuschreiben ist.

Die US-Botschafterin in Kopenhagen hat das Königreich in einem Meinungsartikel aufgefordert, besorgniserregende Defizite in seinen Streitkräften zu beseitigen.[452] Darin ist auch die Sorge enthalten, dass das Königreich nicht ausreichend den Schutz Grönlands gewährleisten könnte, wie im Exkurs zu Grönland noch ausgeführt wird. Das Königreich würde bei einer Loslösung Grönlands etwa 98 Prozent des Territoriums verlieren – ein weiterer historischer Verlust, nachdem es 1814 Norwegen und 1864 die deutschsprachigen Provinzen Schleswig und Holstein verloren hatte. Außerdem droht mit dem Statusverlust als Arktisstaat international auch der Einfluss zu schwinden. Dänemark will daher seine Militärausgaben erhöhen; im Februar 2021 wurden 425 Millionen US-Dollar für die Luftüberwachung bewilligt – u. a. zum Kauf von zwei Drohnen für Grönland und Radaranlagen für die Färöerinseln.[453]

Finnland

Finnland gehört mit etwa 5,5 Millionen Einwohnern auf einer Fläche fast so groß wie Deutschland zu den am dünnsten besiedelten Ländern Europas. Nur ein Drittel des Landes – Lappland – liegt oberhalb des

Nordpolarkreises, jedoch versteht sich Finnland als „arktisches Land und globaler polarer Akteur“, wie Premierministerin Sanna Marin 2021 erklärte.[454] Als kleines Land, das mit Russland eine 1343 km lange Grenze teilt und vom Außenhandel über See abhängt, hat es einen geopolitischen Spielraum, der von stabilen Beziehungen zu Russland ebenso abhängt wie von der gesamteuropäischen Stabilität. Es war deshalb maßgeblich an Übereinkommen europäischer Sicherheit und Zusammenarbeit beteiligt: Im August 1975 wurde die KSZE-Schlussakte in Helsinki unterschrieben und 1989 in Rovaniemi die Arctic Environmental Protection Strategy (AEPS) initiiert sowie 1991 die Rovaniemi-Deklaration unterzeichnet; insofern führte der finnische AEPS-Vorstoß zur Gründung des Arktischen Rates.[455] Darüber hinaus brachte Finnland 1997 als neues EU-Mitglied die Nördliche Dimension der EU in die europäische Diplomatie ein – eine regionale Kooperation zwischen EU-Ländern im Ostseeraum sowie Island, Norwegen und Russlands Nordwesten. „Es sollte mehr EU in der Arktis geben und mehr Arktis in der EU, weil die EU der Region viel zu bieten habe“, erklärte der ehemalige finnische Premierminister Antti Rinne in Oktober 2019[456] und machte damit die Unterstützung für eine stärkere Rolle der EU deutlich, die als das wichtigste außenpolitische Umfeld und als Sicherheitsgemeinschaft gilt.

Im Strategiepapier zur Arktis 2021 wird der Klimakrise oberste Priorität zugeschrieben. Finnland will zur nachhaltigen Entwicklung unter Berücksichtigung der Umwelt beitragen und dazu die Arbeit des Arktischen Rates und der EU weiter fördern.[457] Außenpolitisch sind Finnlands Prioritäten gemäß einem Strategiepapier des Außenministeriums[458] von der schlechteren Sicherheitslage in Europa und im Ostseeraum gekennzeichnet. Das sicherheitspolitische Umfeld habe sich seit 2014 verändert und Russland seine militärische Präsenz in finnischen Nachbargebieten erhöht. Damit fordere es die gesamte westliche Gemeinschaft heraus, was sowohl eine entschlossene Antwort als auch die Aufrechterhaltung eines regelmäßigen Dialogs erfordere, um Spannungen abzubauen. In der erstmals 2021 veröffentlichten Einschätzung des Militärgeheimdienstes wird mit Blick auf Russland nüchtern konstatiert, dass Staaten in der Arktis auch durch militärische Mittel ihre Interessen zu realisieren suchen.[459]

Die veränderten Rahmenbedingungen im Umfeld haben darüber hinaus zur stärkeren Zusammenarbeit zwischen den nordischen Ländern, insbesondere zwischen Finnland und Schweden, und in der transatlantischen Zusammenarbeit geführt. Schweden ist ein wichtiger Partner, der im Konfliktfall strategische Tiefe verleiht.[460] Die Präsenz und die Aktivitäten der NATO im Ostseeraum haben aus finnischer Sicht eine stabilisierende Wirkung. Dementsprechend sucht Helsinki die enge Zusammenarbeit mit der NATO, speziell bei der Luftverteidigung. Dem diente im Juni 2021 das multinationale Manöver „Arctic Challenge 2021".[461] Dazu hatten Finnen und Schweden sieben NATO-Staaten eingeladen, darunter Deutschland. Aus finnischer Sicht verhalten sich EU, NATO und Nordische Kooperation komplementär zueinander, so dass ein Beitritt zur NATO bislang nicht erforderlich erscheint und wenn, dann idealiter zusammen mit Schweden koordiniert erfolgen sollte[462]. Deutlich an die Adresse Russland gerichtet war der Hinweis auf Finnlands „Freiheit der Wahl"[463] auch hinsichtlich der NATO-Mitgliedschaft, womit der finnische Präsident Sauli Niinistö in seiner Neujahrsansprache 2022 an die „Verpflichtung zur Achtung der souveränen Gleichheit" der Teilnehmerstaaten der KSZE-Schlussakte erinnerte. Russlands Drohpolitik ist kontraproduktiv und hat den paradoxen Effekt, beide Länder näher an die NATO heranrücken zu lassen und stärker auf Distanz zu Russland zu gehen.

Ähnlich wie in Grönland versuchte China in Lappland einen strategisch wichtigen Flughafen zu erwerben. Im Januar 2018 besuchte eine Delegation unter Leitung von Xia Zhang, Direktor des Polar Research Institute of China, und Xu Shije, Direktor der Chinese Arctic and Antarctic Administration, die Stadt Kemijärvi. Sie erklärten, den nahen Flughafen für Klima- und Umweltforschung nutzen zu wollen und unterbreiteten ein Angebot zu Kauf oder Leasing. Die Piste sollte mit chinesischen Geldern auf drei Kilometer verlängert werden, um schweren Flugzeugen dort Start und Landung zu ermöglichen. Die Stadt lehnte dies ab, nachdem es die finnischen Streitkräfte informiert hatte, die in der Nähe eine Einrichtung ihrer Artillerie betreiben.[464] Statt chinesischer Investitionen soll nun Infrastruktur und Logistik im nördlichen Lappland mit EU-Hilfe finanziert werden.[465] Das finnische Projekt „Arctic Connect“ – ein 1,2 Milliarden US-Dollar teures und 13 800 km langes unterseeisches Kabelnetz zur Verbesserung der digitalen Kommunikation zwischen Europa, Russland und Asien – sollte weiter mit chinesischer Unterstützung von *Huawei Marine* errichtet werden, die schon in Grönland tätig war. Im Mai 2021 wurde das Projekt aber vorläufig eingestellt; Finnlands *Cinia* kooperiert nun mit der nordamerikanischen Firma *Far North Digital*.[466]

Island

Im Jahr 2018 feierte Island 100 Jahre Unabhängigkeit und die *Icelandic Times* erklärte in der Titelgeschichte, dass Jón Sigurðsson der Mann gewesen sei, der „die Isländer aus der Sklaverei der Dänischen Krone befreite und eine unabhängige eigenständige Regierung entwickelte, wobei der Selbstrespekt der Isländer wieder auflebte“.[467] Sein Geburtsdatum am 17. Juni wurde Nationalfeiertag, um die Bedeutung hervorzuheben, die er erworben hat, indem er die Unabhängigkeit auf friedlichem Wege herbeiführte.

Die geothermische Revolution hat Reykjavik vom Smog der Kohleöfen befreit, der die isländische Hauptstadt einst umhüllte. Island war schon lange bekannt für heiße Quellen und Wasserdampf, aber erst in den 1930er Jahren wurde damit begonnen, deren Kräfte für Heizung und heißes Wasser zu nutzen. Dadurch konnten die Kosten für ausländische Importe eingespart werden. Darüber hinaus wurde ein global vernetzter, wissenschaftsbasierter Energiesektor geschaffen. Geothermische Elektrizität begann mit dem Kraftwerk in Krafla im Norden Islands 1978 und in Svartsengi im Südwesten 1979 – bekannt für die „blaue Lagune“, deren warmes Wasser aus dem Kraftwerk stammt. Island kann mit seinen Erfahrungen weltweit werben. Seit 1978 besteht ein Ausbildungsprogramm der isländischen Energiebehörde:

Im United Nations University Geothermal Training Program wurden über 500 Teilnehmende ausgebildet.[468]

Eine kritische Sicht bietet der isländische Schriftsteller Andri Snær Magnason in seinem Buch „Traumland". Darin kritisiert er die Zerstörung der isländischen Natur durch die Errichtung von Staudämmen zum Nutzen der Aluminiumindustrie und die Ausbeutung von Naturressourcen für kurzfristigen Profit. Islands „grünes" Energiepotenzial war für die Regierung ein probates Mittel, um Investoren anzuwerben und vor allem die von Abwanderung und Arbeitslosigkeit geprägte Ostküste wirtschaftlich zu stärken. Wasserkraftwerke wie Europas größter Staudamm, das Kárahnjúkar-Kraftwerk, wurden gebaut und dafür Gletscherflüsse und Wasserfälle trockengelegt und ganze Landstriche geflutet. Magnason resümiert mit trockenem Humor: „Nur wenige Menschen glauben wirklich, man könnte die gesamte Energie aller großen Gletscherflüsse ‚mit relativ geringen Auswirkungen auf die Umwelt' ausbeuten, nehme ich an."[469]

Anekdotische Evidenz für die Folgen des Klimawandels bietet eine Vogelart, die zu einem Synonym für Island geworden ist: der Papageitaucher mit seinem schwarz-weißen Körpergefieder, orangefarbenen Füßen und einem farbenfrohen Schnabel. In den Sommermonaten des Jahres 2002 lebten noch 7,7 Millionen Papageitaucher in Island. Ihre Zahl hat in den vergangenen Jahren einen dramatischen Rückgang erfahren. Heute seien noch 3,2 Millionen Exemplare übrig, schätzt Erpur Snær Hansen, Direktor des ökologischen Forschungsinstitutes Náttúrustofa Suðurlands (South Iceland Nature Research Centre). Die Papageitaucher leiden vor allem am Nahrungsmangel, der auf die Erwärmung des Meeres zurückzuführen ist. „Die Erwärmung ist in Island definitiv zu spüren", sagt Erpur. „Alles passiert schneller, und die Vögel leiden darunter."[470]

Einen Blick in die Zukunft eröffnet das Großhafenprojekt im Finnafjord. Diese tiefe und gut geschützte Bucht im Nordosten Islands soll zu einem Drehkreuz für Transporte auf den Routen durch das Nordpolarmeer ausgebaut werden. Vorgesehen ist eine Kailänge von bis zu sechs Kilometern. Nach Plänen der isländischen Regierung soll die deutsche Hafenmanagementfirma Bremenports 66 Prozent der Anteile am Finnafjord Port Project erhalten, das ein Investitionsvolumen in Höhe von 15 Milliarden US-Dollar hat.[471] Das Projekt ist allerdings umstritten und kommt zu früh, denn noch schaffen die arktischen Seewege nicht das dafür erforderliche Verkehrsaufkommen. Ähnlich wie sich der damalige isländische Präsident Ólafur Ragnar Grimsson 2010 für einen „transarktischen Panamakanal“[472] begeisterte, gilt der Hafen schon als neues Rotterdam, obwohl er erst noch in Planung ist. Unterdessen bildet der wachsende Tourismus[473] in Island weiter die Haupteinnahmequelle – vor Aluminium und Fischerei.

Es war also kein Zufall, dass der chinesische Premierminister Wen Jiabao im Mai 2012 seine Europareise mit einem Aufenthalt in Island begann, schließlich sah sich das Land schon als „arktisches Singapur“[474] mit einem konstanten Kapitalzufluss durch hunderte Schiffe auf der Suche nach Häfen und Infrastruktur am Ende der Nordostpassage. Island hat 2013 das erste Freihandelsabkommen eines europäischen Landes mit China abgeschlossen, was allerdings zu keiner größeren Steigerung des bilateralen Handels geführt hat (der Export besteht wesentlich aus Fischereiprodukten, während China Waren und Dienstleistungen verkauft).[475] Hat Island als Exportmarkt also relativ geringe Bedeutung, bleibt es als Ausgangspunkt für chinesische Arktisambitionen wichtig. In diesem Sinne wird die wissenschaftliche Zusammenarbeit gefördert – so durch ein Aurora-Observatorium (China Iceland Arctic Observatory) östlich von Akureyri. Die chinesisch-isländische Kooperation soll als Rahmen für die Zusammenarbeit mit nordischen Ländern dienen; dementsprechend verfügt die Volksrepublik in Reykjavik über die größte aller Botschaften und wird fachlich durch das China Institute of Polar Research aus Schanghai unterstützt, das vor Ort mit RANNIS (Icelandic Centre for Research) kooperiert.[476] Dieses beherbergt in Akureyri auch das Sekretariat des International Arctic Science Committee (IASC).

Früh gescheitert ist dagegen das „Yen for Ice“ genannte Projekt des chinesischen Milliardärs Huang Nubo. Der ehemalige Propagandachef der Kommunistischen Partei Chinas wollte 2011 in Grimsstadir

300 qkm Land erwerben, um dort ein Luxushotel und einen „Öko-Golfplatz“ zu errichten und dafür auch den Flugplatz zu renovieren. Aber das Golfspiel erschien in dieser windigen Gegend eher ein Vorwand und die Nähe zu den ressourcenreichen Fjorden an Islands Nordostküste der wahre Grund für die Investition (kombiniert mit Spekulationen über chinesische Marine- und Abhöreinrichtungen). Um den Kauf zu verhindern, wandte Reykjavik schließlich die Regelungen zum Immobilienkauf durch Ausländer an.[477]

Im Sinne der friedlich herbeigeführten Unabhängigkeit entschied sich Island, keine eigenen Streitkräfte aufzubauen. Die drei Schiffe der Icelandic Coast Guard, angeführt von der *Thor*, konzentrieren sich auf zivile Aufgaben – Schutz der Wirtschaftszone, Fischereiaufsicht und SAR-Dienste –, sehen sich damit aber überfordert.[478] Das zivile Profil Islands gilt als Modell für ein unabhängiges Grönland.[479] Zudem ist Island durch die enorme Größe des Meeresgebietes ähnlich herausgefordert – der potenzielle Raum für Rettungseinsätze (SAR) ist 19-mal größer als die gesamte Insel und umfasst 1,9 Millionen qkm. Größere Kreuzfahrtschiffe blieben verschont, aber es gab bereits viele Unglücksfälle mit Fischerbooten, Tankern und Passagierschiffen. Die Idee eines International Rescue and Response Center wurde aufgrund der neuerlichen Nutzung des Flughafens Keflavik durch USA und NATO stillschweigend aufgegeben,[480] könnte aber mit dem Finnafjord-Projekt wiederaufleben.

Ohne eigenes Militär ist Island von der NATO und dem Verteidigungsabkommen mit den USA abhängig, populär ist Militär aber nicht.[481] Die Naval Air Station Keflavik wurde 2006 kurzfristig und einseitig von der Bush-Administration geschlossen, aber nachdem im Jahr darauf russische Bomber ihre Flüge nahe der Insel wiederaufnahmen, fliegen seit 2007 NATO-Flugzeuge routinemäßig Patrouille.[482] Die Schließung der Basis hat das Verhältnis zu den USA verändert; Washington blieb der Verteidigung Islands verpflichtet, hatte die Mittel dafür aber entzogen. Zehn Jahre später wurde das Abkommen erneuert, und Washington investierte 21,4 Millionen US-Dollar, um Seefernaufklärer vom Typ P-8 zu stationieren. Weitere 56,2 Millionen will die US-Luftwaffe investieren, um die Basis so instand zu setzen, dass sie zwei Staffeln von jeweils 18 bis 24 Kampfflugzeugen aufnehmen kann. Keflavik könnte sogar als Basis für nuklearwaffenfähige US-Bomber dienen; im August 2021 waren drei B-2-Bomber zu Übungszwecken zeitweilig stationiert.[483] Dies dürfte jedoch innenpolitisch kaum durchzusetzen sein. Schon die Zwischenlandung eines Bombers vor dem Besuch von US-Vizepräsident Mike Pence führte im September 2019 zu Protesten der Bevölkerung. Island hat sich 2016 nuklearwaffenfrei erklärt und erinnert damit an das historische Reykjavik-Gipfeltreffen im Oktober 1986. Damals erörterten US-Präsident Reagan und Generalsekretär Gorbatschow im Gästehaus Höfði erstmals die Abrüstung einer ganzen Kategorie von Nuklearwaffen.

Norwegen

Während viele Staaten die Arktis als wichtiges Forschungsfeld betrachteten, haben die norwegischen Polarforscher Fridtjof Nansen und Roald Amundsen mit ihren Expeditionen sogar eine Nation geeint, die erst 1905 die Unabhängigkeit von Schweden erlangt hatte. Wie im Fall Peary erwies sich der Patriotismus als „die stärkste Antriebskraft der Polarforschung".[484] Da weder Peary noch Cook ihre Ansprüche eindeutig belegen konnten, zählt Amundsen möglicherweise zu den ersten Menschen am Nordpol. Darüber hinaus erreichte er am 14. Dezember 1911, vor seinem britischen Rivalen Robert Falcon Scott, mit vier Begleitern als erster Mensch den geografischen Südpol.

Norwegen verdankt Amundsen den Status als einziger bipolarer Staat nicht nur wegen seiner Forschungsreisen, sondern aufgrund seiner Gebiete in Antarktis[485] und Arktis. Zum Königreich Norwegen gehören neben dem kontinentalen Hauptland die arktische Inselgruppe Svalbard mit der Hauptinsel Spitzbergen und der Bäreninsel, außerdem die 373 qkm große Insel Jan Mayen, die etwa 550 km nordöstlich von Island und 500 km östlich von Grönland liegt. Neben den Nachbarstaaten Schweden und Finnland teilt Norwegen mit Russland eine 196 km lange Landgrenze und eine 2650 km lange

Seegrenze. Im Norden, Westen und Süden ist Norwegen von Meer umgeben, wobei sich im Nordosten die Barentssee, im Nordwesten das Europäische Nordmeer, im Westen und Südwesten die Nordsee und im Südosten mit dem Skagerrak die Verbindung zwischen Nord- und Ostsee befindet.

Geopolitische Lage und wirtschaftliches Potenzial machen die Arktis für Norwegen außenpolitisch prioritär,[486] deshalb hat Norwegen einen besonderen Status in der arktischen Hierarchie erlangt, weil es dementsprechend häufig als Akteur, Vermittler und Projektträger fungiert.[487] So war die Idee einer Barents-Region das Ergebnis norwegischer Bemühungen, Russland in kooperative Netzwerke der europäischen Arktis einzubinden. Im Januar 1993 erklärten Norwegen, Schweden, Finnland und Russland in der Kirkenes-Erklärung, auf regionaler und nationaler Ebene zusammenarbeiten zu wollen. In diesem Sinne wurde der Barents Euro-Arctic Council (BEAC) etabliert, dem darüber hinaus Dänemark, Island und die EU angehören.[488] Seit 2013 beherbergt Norwegen darüber hinaus das Sekretariat des Arktischen Rates in Tromsø.

Obwohl es der größte Ölproduzent Westeuropas ist, deckt Norwegen den eigenen Energiebedarf fast komplett aus nachhaltiger Energie (Wasser- und Windkraft) und setzt die Elektromobilität im Schiffsverkehr um: Das Netz der Elektrofähren, deren erste seit 2015 im Sognefjord nördlich von Bergen verkehrt, wird zügig ausgebaut. Die Rolle des Erdöl- und Erdgassektors bleibt aber groß. Heute generiert er über Lizenzgebühren, Steuern und Dividenden rund zehn Prozent der Staatseinnahmen; vor 15 Jahren war es sogar ein Drittel. Klimaschützer verweist die Regierung auf die relativ saubere Ölförderung (dass der Großteil des Schadens bei der Verbrennung des Öls in anderen Ländern entsteht, wird in den Klimarechnungen ignoriert).[489] Seit den 1990er Jahren fließt ein Großteil der Einnahmen in den weltgrößten Staatsfonds, der inzwischen einen Wert von 1,2 Billionen Euro hat. Doppelten Gewinn verspricht die künftige Speicherung von CO_2 in ehemaligen Ölfeldern (Carbon Capture and Storage): Die Idee ist, weiter Erdgas zu exportieren und das CO_2 nach der Abspaltung vom

Erdgas erneut zu importieren und in geologischen Speichern wie leeren Erdgasfeldern zu lagern.

Das Parlament genehmigte im Juni 2020 milliardenschwere Steuervergünstigungen für die Ölindustrie. Diese sollen es ermöglichen, dass in Norwegensee und Barentssee neue Lagerstätten erschlossen werden. Der Parteichef der norwegischen Sozialdemokraten Jonas Gahr Støre erklärte nach dem Votum, dass der Beschluss „tausende von Jobs in Öl-, Gas- und Versorgerfirmen gesichert" habe. Etwa die Hälfte der Fördergebiete liegt im Norden der Barentssee, zwischen 73 und 74 Grad nördlicher Breite und damit in dem am weitesten nördlich gelegenen Gebiet, in dem jemals Öl gefördert wurde. Im Mai 2021 machte sich die Ölbohrplattform *Deepsea Nordkapp* auf den Weg, um dort finanziert von einem Konsortium aus *Aker BP*, der russischen *Lukoil* (20 Prozent), *Equinor* (20 Prozent) and *Petoro* (20 Prozent) zwei Ölvorkommen zu erschließen – ein Vorhaben, das auf Jahrzehnte angelegt ist.[490] Gahr Støre, seit 2021 Premierminister, will die Erschließung neuer Öl- und Gasvorkommen fortsetzen und künftig auch Wasserstoff produzieren: Wasserstoff, geologische CO_2-Speicher und ein emissionsarmer Öl- und Gassektor sollen Norwegens Position als Energienation sichern.[491]

Auf dem Svalbard-Archipel betreiben Norweger und Russen seit Jahrzehnten Bergbau. Administratives Zentrum ist Longyearbyen auf Spitzbergen. Norwegens Strategiepläne für die Entwicklung Svalbards setzen auf Wirtschaft (Kohle), Tourismus und Forschung. Während der norwegische Steinkohlebergbau 2023 beendet und das dortige Gebiet in ein Naturschutzgebiet umgewandelt werden soll, wird der Tourismus gefördert.[492] Auch in China weckte dieser Geschäftszweig Interesse: 2014 wollte der chinesische Milliardär Huang Nubo ein Grundstück von 218 qkm nahe Longyearbyen erwerben, um chinesischen Touristen „arktische Stille und saubere Luft" zu bieten. Stattdessen entschied der norwegische Staat, das Grundstück selbst zu kaufen (und Huang Nubo erwarb 1 qkm Land in Lyngen nahe Tromsø).[493] Selbst das im Rahmen der chinesischen „Belt and Road"-Initiative (BRI) geplante Megaprojekt einer Eisenbahnlinie vom Hafen Kirkenes über Lappland bis nach Helsinki und weiter bis nach Talinn ist aufgrund des Drucks der USA und norwegischer Geheimdienste beendet worden, wobei der vehemente Protest der Saami wohl ein weiterer entscheidender Grund war. Dieses BRI-Projekt war noch 2018 bei einem Staatsbesuch von König Harald in Peking promoviert worden. Erfolgreich war dagegen Chinas *Sichuan Road and Bridge Co* 2018 beim Brückenbau nahe der Hafenstadt Narvik.[494]

Außen- und sicherheitspolitisch bemüht sich Oslo, ein verlässlicher Verbündeter in der NATO und ein guter Nachbar Russlands zu sein. Es versucht, eine Balance zwischen Abschreckung durch Mitgliedschaft in der Allianz und Rückversicherung für Russland aufrechtzuerhalten: Einerseits finden Übungen mit NATO-Mitgliedern statt, andererseits beschränkt sich Oslo selbst und lässt keine dauerhafte Präsenz von NATO-Einheiten zu.[495] Während die USA eine verlässliche Sicherheitsleistung für eine stabile Nordflanke bieten, so dass die Kombination von Abschreckung, Verteidigung und Dialog jahrzehntelang ungeschmälert beibehalten werden konnte[496], hat sich aber das Verhältnis zu Russland erheblich verschlechtert. Auch hier markiert das Jahr 2007 einen Wendepunkt, obwohl Oslo nach dem Russland-Georgien-Krieg noch am stärksten dafür plädiert hatte, Dialog und NATO-Russland-Rat aufrechtzuerhalten. Seitdem nahm die Zahl russischer Bomber, die an der norwegischen Küste patrouillieren, ebenso zu wie sich die Qualität provokativer Einsätze erhöht hat. Zuletzt wurde 2021 ein Netzwerk von Unterwasserkabeln und Sensoren zerstört, das neben Fischschwärmen auch U-Boote im Gebiet der Lofoten und Vesterålen, etwa 200 km nördlich des Polarkreises, erfassen konnte (die Sabotage wird Russland angelastet).[497] Die Entspannungsphase der 2000er Jahre ist Vergangenheit, und im Verteidigungsplan 2020 wurde eine „neue und sich verschlechternde Sicherheitssituation“[498] konstatiert.

Die NATO und die transatlantische Sicherheitsgemeinschaft bilden den „Eckstein“ norwegischer Sicherheits- und Verteidigungspolitik, zumal Oslo im Krisen- und Verteidigungsfall von alliierter Verstärkung abhängig ist.[499] Norwegen sah sich in den letzten Jahren gezwungen, die alliierte Präsenz mit US-Unterstützung sichtbar zu erhöhen. Dabei erlangt es durch seine Position als direkter Nachbar Russlands und als Staat mit erheblichem arktischem Know-how in der NATO umso höhere Bedeutung, je mehr Russland in der nördlichen Region militärisch aktiv ist. Wenn der Kommandeur der russischen Nordflotte, Admiral Moissejew, im Mai 2021 beklagte, dass „trotz der historisch guten nachbarschaftlichen Beziehungen" neuerdings die USA das Land zum „Hauptbrückenkopf" ihrer vorgelagerten Streitkräfte gemacht habe,[500] dann ist dies größtenteils auf Russland selbst zurückzuführen. Zur Verschlechterung der Beziehungen hat im Jahr zuvor ein Cyberangriff auf das Parlament beigetragen, für den Russland von Premierministerin Erna Solberg verantwortlich gemacht wurde.[501]

Im Alltag gibt es – wie Norwegens Außenministerin Ine Eriksen Søreide im August 2020 erklärte – noch immer eine gute Zusammenarbeit. Alle hätten ein Interesse daran, die Spannungen in der Arktis niedrig zu halten; sie solle weiter eine Region bleiben, in der sich alle an die Regeln und an internationales Recht halten. Allerdings sei Russland „definitiv militärisch zunehmend aktiv". Nicht nur die militärischen Aktivitäten würden anwachsen, auch deren Komplexität: „Sie fliegen Angriffsmuster gegen norwegische Einrichtungen. Sie sind zunehmend aktiv im Nordatlantik." Genau das falle in die Verantwortung der NATO als Verteidigungsbündnis, meint Søreide: „Wir Norweger treten schon lange ein für ein stärkeres Engagement der USA in der europäischen Sicherheit. … Ich sage immer wieder, wir betrachten Russland nicht als Bedrohung für Norwegen, sehr wohl aber als strategische Herausforderung für die NATO."[502]

Die Sicherheitslage sei „komplexer und angespannter" geworden, erklärte Premierministerin Solberg 2020 bei der Präsentation des Strategiepapiers „People, opportunities and Norwegian interests in the Arctic". Dementsprechend beginnt das Dokument mit einem Kapitel zur Außen- und Sicherheitspolitik, in dem die militärische Aufrüstung Russlands als Herausforderung bezeichnet wird.[503] Während militärische Sicherheit in den Vordergrund rückt, hat sich die Zahl der Erwähnungen von Kooperationsprojekten mit Russland unter anderem in der Barentssee im Vergleich zu Strategiepapieren aus den Jahren 2006 und 2011 signifikant verringert.

Als Reaktion auf die wahrgenommene Veränderung der Lage gibt es bereits logistische Vorbereitungen zur Stärkung der Abschreckung. So soll eine Basis aus Zeiten des Kalten Krieges (ehemals an *Gazprom* vermietet) wieder eröffnet werden: Der unterirdische U-Boot-Stützpunkt Olavsvern – nahe der für russische Schiffe und Boote kritischen Bärenlücke – ist ein Komplex in einem Berg nördlich von Tromsø, der Unterseeboote der amerikanischen, britischen oder französischen Marine aufnehmen kann, so bis zu drei Boote wie die *USS Seawolf*, die im August 2020 im Fjord nahe Tromsø ankerte, gefolgt von der *USS Washington* im Januar 2022.[504] Außerdem landete im Februar 2021 erstmals eine US-Bomberstaffel von vier B-1B-Bombern auf der Ørland Air Base an der Westküste.[505] Die Kooperation mit den USA wurde ausgeweitet, und es stehen nun die Flughäfen Rygge, Sola und Evenes sowie die Marinebasis Ramsund für Einsätze zur Verfügung.[506] Kritisiert wird, dass Oslo damit Verteidigungsaufgaben „ausflagge“, aber nicht zwangsläufig die nationale Sicherheitslage verbessere. Allerdings erhöht Oslo auch selbst seinen Verteidigungsaufwand; es sollen F35-Kampfflugzeuge und fünf P-8A-Seefernaufklärer beschafft werden[507] sowie neue U-Boote U212 in deutsch-norwegischer Kooperation. Inwiefern Oslo damit selbst zur Entstehung eines Sicherheitsdilemmas beiträgt,[508] ist Gegenstand kontroverser Diskussionen.

Der Dialog mit Moskau wird fortgesetzt, häufig ist die Kommunikation aber einseitig: Oslo informiert stets über geplante Manöver und setzt – wie im Falle der für März-April geplanten multinationalen Manöver Cold Response-2022 – auf maximale Transparenz von Militärmanövern, während Russland und die Nordflotte selbst grenznahe Übungen nicht bekanntgeben. Die Einrichtung einer Hotline zwischen Norwegens Militär und der russischen Nordflotte war bislang nicht möglich, die Zusammenarbeit ist auf Einsätze der Küstenwache und SAR-Protokolle reduziert.[509] Tatsächlich bleiben Such- und Rettungseinsätze einer der wenigen verbliebenen Kooperationsbereiche. Geplant sind 2022 zusätzliche SAR-Fähigkeiten mit einer weiteren

Hubschrauberbasis in Tromsø, die bereits vorhandene Einsatzmittel auf den Luftwaffen-Basen in Lakselv and Bodø sowie Longyearbyen ergänzen soll.[510]

Schweden

Im Oktober 2020 gab Außenministerin Ann Linde „Schwedens neue Strategie für die arktische Region" bekannt, die wesentlich eine Fortschreibung des Dokuments aus dem Jahr 2011 ist, als Stockholm den Vorsitz im Arktischen Rat einnahm – was die relative Bedeutung der Arktis für Schweden im Vergleich zum Ostseeraum illustriert. Linde hob in ihrem Kommentar die wachsende strategische und ökonomische Bedeutung der Arktis hervor. Schweden müsse sich dem dort stattfindenden Wandel anpassen. Im Dokument wird betont, dass die Arktis lange als ein Gebiet niedriger Spannungen gegolten habe, mit günstigen Bedingungen für internationale Kooperation. Der Klimawandel und die veränderte geopolitische Lage bedeuten neue Herausforderungen.[511]

Dabei geht es auch um den Platz, den Schweden dem Samischen Urvolk einräumt. Die Samen sind ein Volk, das schon seit Jahrtausenden in den nördlichsten Regionen Europas präsent war, als das Königreich sich auf seiner Suche nach Ressourcen im Urwald und in der Tundra des Nordens im 17. Jahrhundert dorthin auszustrecken begann. Die Rentierhaltung ist für Samen nicht bloß ein Wirtschaftszweig, sondern einer der wichtigsten Träger von Kultur und Identität. Ähnlich wie in Grönland werden von ihnen Zugeständnisse eingefordert, um der breiteren Gesellschaft im dünn besiedelten Norden eine Zukunft in wirtschaftlicher Prosperität zu ermöglichen – mittels Tourismus und anderen Wirtschaftszweigen. Aber Schweden wird auch Fehler der Vergangenheit aufarbeiten müssen. In einer rassistischen Politik wurden bis 1962 Nomadenschulen von der Kirche betrieben. Eine offizielle Wahrheitskommission ist im Aufbau.[512]

Die wesentliche Änderung in Schwedens Arktisstrategie betrifft die Sicherheitspolitik, der 2011 nur wenige Sätze gegolten hatten;

damals war nüchtern konstatiert worden, dass die sicherheitspolitischen Herausforderungen keinen militärischen Charakter hätten. Vielmehr sei im bilateralen wie im multilateralen Kontext die Bedeutung eines umfassenden Konzepts von Sicherheit hervorzuheben, zivile Instrumente seien zu bevorzugen.[513] Im neuen Strategiepapier vom November 2020 wird die Notwendigkeit von Frieden und Stabilität ebenso betont wie eine „neue militärische Dynamik in der Arktis" festgestellt wird.[514] Dieser neuen Lagebeurteilung liegt die Empfehlung eines überparteilichen Forums (Försvarsberedningen) zugrunde, das 2019 daran erinnerte, dass sicherheitspolitisch relevante Räume nicht nur im Süden – in der Baltischen Seeregion – liegen, sondern auch im Norden mit Barentssee und Norwegensee.[515] Eben dort häufen sich relevante militärische Vorkommnisse mit Russland.

Bisher folgte Schweden einer außenpolitischen Linie, die auf den sozialdemokratischen Ministerpräsidenten Olof Palme zurückgeht und eine „tief im politischen Selbstverständnis verwurzelte Neutralitätspolitik"[516] verfolgt. Seit 1814 hat Schweden keinen Krieg geführt bzw. war seitdem nicht mehr an kriegerischen Handlungen beteiligt. Allianzfreiheit und Friedensbemühungen standen im Zentrum. Parallel dazu verfolgt Stockholm eine pragmatische Sicherheitspolitik, in der es so nahe wie möglich an die NATO rückt, ohne aber von Beitritt zu reden. Es war eine „pikante Illustration dieser Art von Allianzfreiheit", dass ein Manöver von Spezialeinheiten der schwedischen Armee mit einer US-Truppeneinheit 2020 in den Schären so geheim gehalten wurde, „dass man nicht einmal wissen durfte, um was für Soldaten es sich handelte".[517]

Im Dezember 2020 fand sich erstmals eine parlamentarische Mehrheit für eine NATO-Beitrittsoption.[518] Ein Jahr später wirkte die von Russland geforderte Absage an jede NATO-Erweiterung nahe seiner Grenze auch in Schweden als sicherheitspolitischer Sprengstoff. „In Schweden entscheiden wir selbst, mit wem wir kooperieren", erklärte die seit November 2021 amtierende Premierministerin Magdalena Andersson und kündigte eine „Vertiefung der Partnerschaft zwischen Schweden und der NATO" an.[519] Damit hat Moskaus harte

Forderung nach mehr Rücksichtnahme auf russische Sicherheitsinteressen bei seinen Nachbarn in Helsinki und Stockholm das genaue Gegenteil erreicht. Als die Zeitung „Dagens Nyheter" 2021 die Ergebnisse ihrer jährlichen Meinungsumfrage zu einer Mitgliedschaft im NATO-Bündnis veröffentlichte, lagen Befürworter und Gegner inzwischen etwa gleichauf. Vor wenigen Jahren waren die Kritiker noch deutlich in der Überzahl.[520]

Laut Verteidigungsminister Peter Hultqvist muss sich Schweden der veränderten geopolitischen Lage anpassen, in der Russland gewillt sei, militärische Mittel zur Erreichung politischer Ziele einzusetzen und ein bewaffneter Angriff daher nicht ausgeschlossen werden könne. Im Zeitraum 2021 bis 2025 sollen die Rüstungsausgaben um 40 Prozent steigen, gegenüber dem Niveau von 2014 sogar um 85 Prozent.[521] Die Personalstärke der Armee soll bis 2025 von 60 000 auf 90 000 erhöht werden und die Marine zwei weitere Schiffe und ein U-Boot erhalten. Außerdem sollen Armee und Luftwaffe neue Waffensysteme erhalten und die Verteidigung auf Gotland verbessert werden, wo im Konfliktfall eine Invasion durch russische Fallschirmjäger erwartet wird; Russland könnte von der Insel Gotland aus als „neue Krim" die Zugänge zum südlichen Ostseeraum kontrollieren – der Hauptstützpunkt von Russlands Baltischer Flotte befindet sich in Kaliningrad, nur 330 km entfernt von Gotland. Ein System der Zivilverteidigung soll reaktiviert werden, damit sich Schweden in einem Krieg drei Monate halten kann, bis Hilfe eintrifft. Außerdem wurde die Marinebasis in Muskö wieder in Betrieb genommen; eine geheim gehaltene Übung im Herbst 2020 dürfte mit Unterstützung des U.S. Special Operations Command Europe aus Stuttgart stattgefunden haben.[522]

Schweden war wie andere Arktisstaaten das Ziel chinesischer Kaufabsichten; in diesem Fall wollte die Firma *Sunbase International* (unterstützt von der chinesischen Holding *CCCC*) in Lysekil an der Westküste den größten Tiefwasserhafen Skandinaviens bauen. Das Angebot war mit einem Ausbau der Infrastruktur (Straßen, Eisenbahn) und Anreizen für die lokale Bevölkerung (ein Hospital und ein Gesundheitspark) verbunden. Die Gemeinde des 15 000 Einwohner großen Ortes erhielt zehn Tage Bedenkzeit. Lokale Gegner der Investition waren besonders darüber erbost, dass *Sunbase* keine Garantie geben wollte, dass der Tiefwasserhafen nicht militärisch von Chinas Marine genutzt werden würde. Die von zahlreichen Gegnern des Handels unterzeichneten Petitionen wurden dem Stadtrat von Lysekil vorgelegt, und aufgrund der negativen Reaktionen sagte *Sunbase* schließlich das gesamte Projekt ab.[523] Aufgedeckt wurde diese Offerte – und deren militärischer Kontext – im Jahr 2017 von einem in Taiwan arbeitenden schwedischen Journalisten, der das Ziel chinesischer Repressionen wurde.

Im April 2021 eskalierte der Streit mit Peking, als drei Parteien des schwedischen Parlaments – die Christlichdemokraten, die Schwedendemokraten und die Linkspartei – die Ausweisung des chinesischen Botschafters Gui Congyou forderten. Die von Gui geleitete Vertretung hatte zuvor dem schwedischen Journalisten Jojje Olsson in einer persönlich adressierten E-Mail mit „Konsequenzen" gedroht, wenn er seine gegen Peking gerichtete „Schmutzkampagne" nicht einstelle (die Botschaft beschuldigte Olsson der „Kollusion" mit taiwanischen Separatisten). Schon im Januar 2020 hatten die drei Parteien diesen Schritt verlangt, als sich Medien über Druck der chinesischen Botschaft für eine „korrekte" China-Berichterstattung beklagten.[524] Schweden erlebte chinesische Wolfskriegerdiplomatie brachialer Art: „Wir verwöhnen unsere Freunde mit feinem Wein, aber für unsere Feinde haben wir Schrotflinten",[525] erläuterte Botschafter Gui. Als Konsequenz hat Stockholm 2021 eine Swedish Psychological Defense Agency gegründet,[526] um Desinformationskampagnen aus China und Russland zu begegnen.

Exkurs: Grönlands Projekt Unabhängigkeit

Kalaallit Nunaat (Grönland) ist ein Land der Extreme. Es ist mit einer Fläche von fast 2,2 Millionen qkm die größte Insel der Welt, die nicht gleichzeitig ein Kontinent ist. 81 Prozent der Insel sind mit Eis bedeckt, dessen Alter auf bis zu 120 000 Jahre datiert wird. Das Inlandeis erreicht eine Dicke von über 3000 Metern und beinhaltet acht Prozent des Süßwasserreservoirs der Erde. Die Einwohnerzahl beträgt 56 081, und die Besiedlung konzentriert sich auf eine eisfreie Fläche etwa so groß wie Deutschland. Die Entfernung zwischen den Siedlungszentren bemisst sich in hunderten von Kilometern. Verkehr und Logistik sind große Herausforderungen, da weder Überlandstraßen, noch Eisenbahnstrecken existieren. Meist sind die einzige Möglichkeit für Transporte solche durch die Luft und über das Meer.

Ein wichtiges Jubiläum fand im Jahr 2021 statt. Am 12. Mai 1721 war der evangelische Pfarrer Hans Egede unter dem Schutz des dänischen Monarchen aufgebrochen, um die Insel zu missionieren. In Grönland erkennen einige das Datum daher als Beginn der Fremdherrschaft. Die 300-jährige Wiederkehr des Ereignisses gab ihnen weniger Anlass zu feiern als einen Anstoß, sich unabhängig vom Königreich Dänemark zu machen, dem Grönland lange als Kolonie[527] und seit 2009 als autonomes Gebiet angehört. Eine einzige politische Kraft in Grönland, die Partii Naleraq des ehemaligen Premierministers Hans Enoksen, wollte schon 2021 die Unabhängigkeit der Insel am Nationalfeiertag erklären.[528] Ein Großteil der Bevölkerung hat weniger Eile und will sich von Kopenhagen in einem längeren Prozess lösen.

Denn aufgrund fehlender wirtschaftlicher Grundlagen erscheint die Unabhängigkeit nur langfristig realisierbar. Das meint auch Kuupik Kleist, der als Premierminister das Land 2009 in die Selbstverwaltung geführt hat. Damals stellte die Inuit Ataqatigiit (Gemeinschaft der Menschen) erstmals den Premier. Kleist verweist darauf, dass Grönland längst alle innerstaatlichen Aufgaben hätte übernehmen können, von der Gerichtsbarkeit über die Polizei bis zum Finanzwesen, während Dänemark 2009 bloß die Kontrolle über die Außen- und Sicherheitspolitik behalten wollte.[529] „In dem Gesetz zur Selbstverwaltung wurde uns … zugestanden, 32 hoheitliche Aufgaben zu übernehmen. Aber wir haben in zehn Jahren gerade einmal eine dieser Aufgaben übernommen – die Aufsicht über die Rohstoffe.“ Viele redeten nur über Unabhängigkeit, aber engagierten sich nicht dafür. Kleist fürchtet, dass auch die nächste Generation nicht aus der herrschenden

Versorgungsmentalität herausfindet.[530] Tatsächlich hat die Regierung von Kalaallit Nunaat neben der Verantwortung für Rohstoffe, die sie im Juli 1998 übernahm, gesetzgeberische Gewalt über die meisten Politikfelder[531] außer Verteidigung, Außenpolitik, Immigration, Finanzpolitik und spezielle Rechtsgebiete. Jedoch kann Grönland diplomatisch tätig werden, wie die Delegationsreise 2017 nach China zeigt, da es formal Außenpolitik betreiben kann, solange diese „exklusiv Grönland betrifft".[532]

Auch Premierminister Kim Kielsen (2014–2021) hat das Ziel der Unabhängigkeit immer wieder bekräftigt. Trotz Verlusten galten der Sieg der Regierungspartei Siumut bei den Wahlen 2018 und seine Wiederwahl als Bestätigung für den behutsamen Prozess der Ablösung vom Königreich.[533] Denn der Prozess der Staatswerdung ist an sich schon schwierig. Zudem überschneiden sich in der Arktis die Grenzen von Nationalstaaten und die Siedlungsgebiete indigener Bevölkerungsgruppen. So umfasst der Inuit Circumpolar Council (ICC) geografisch Alaska, Kanada, Grönland und Tschukotka. Grönlands Bevölkerung besteht zu fast 90 Prozent aus Inuit. Die grönländische Selbstverwaltung ist somit einerseits Teil der transnationalen Inuit-Gemeinschaft, andererseits strebt Grönland danach, ein Staat im traditionellen Sinne mit voller formaler, das heißt auch außenpolitischer Souveränität zu werden. Der internationale Status ist für Nuuk wichtig, weil Grönland mit dieser außenpolitischen Aufwertung attraktiv für ausländische Investoren wird. Kopenhagen muss dieses ambivalente Verhalten aushalten und zugleich versuchen, den Ablösungsprozess mitzugestalten. Viel wird also davon abhängen, ob und wie sich die Zielkonflikte auf beiden Seiten einhegen oder auflösen lassen. Die folgenden Beispiele aus Wirtschaft und Außenpolitik sind bezeichnend.

Infrastruktur, Bergbau und Außenpolitik

Der dänische Regierungschef Lars Løkke Rasmussen erschien im September 2018 persönlich in Grönlands Hauptstadt, um ein Finanzpaket zu präsentieren, das dem Ausbau der Flughäfen in Nuuk und in

Ilulissat sowie der weiteren Förderung der einheimischen Wirtschaft dienen sollte.[534] Rasmussen wollte damit zwei Probleme gleichzeitig lösen, nämlich Nuuk die nötigen Mittel für die genannten Vorhaben verschaffen und Washington die Befürchtung nehmen, dass Grönland durch ein Übermaß an chinesischen Investitionen von Peking abhängig werden könnte.

Grönland hat weder inselweite Straßen- noch Eisenbahnverbindungen, und bislang gibt es nur einen Flughafen, auf dem Großraumflugzeuge aus Asien, Europa oder Nordamerika zuverlässig landen können, nämlich Kangerlussuaq. Rund 90 Prozent aller Reisenden kommen hier an und nutzen Kangerlussuaq als Transitflughafen, um andere Orte oder Häfen für Kreuzfahrten zu erreichen. Statt dort die Pisten zu erneuern, sollen die Startbahnen der beiden Flughäfen nahe der Hauptstadt Nuuk und der touristisch attraktiven Küstenstadt Ilulissat verlängert werden, damit dort ab 2023/24 internationale Flüge landen können. Außerdem soll Qaqortoq (statt dem weiter entfernten Narsarsuaq) einen Regionalflughafen erhalten.[535] Bisher können dort, wie bei den meisten Flugplätzen, nur Helikopter landen.

Das eigentlich unspektakuläre Flughafenprojekt ist in mehrfacher Hinsicht brisant: innenpolitisch als wichtiges Teilstück auf Grönlands Weg in die Unabhängigkeit im Sinne wirtschaftlicher Entwicklung; außenpolitisch als Menetekel einer drohenden Abhängigkeit von China und sicherheitspolitisch als Symbol der Verteidigungskooperation mit den USA. Denn Kopenhagen will natürlich Grönland im Königreich halten und muss zugleich seine Unabhängigkeit fördern. Ohne Hilfe zur Selbsthilfe würde die Unterstützung der Bevölkerung und am Ende die geopolitisch herausragende Position als Arktisstaat verloren gehen. Dabei geht es nicht nur um die Entwicklung und Förderung grundlegender Elemente von Staatlichkeit. Dänemark muss zugleich einen Ausweg aus dem sicherheitspolitischen Dilemma finden (ohne es völlig auflösen zu können), dass es einerseits die Souveränität der Insel nicht allein bewahren kann, aber andererseits den USA nicht die Kontrolle über die Insel überlassen darf. Denn damit wäre das Ende Dänemarks als Arktisstaat verbunden – und dies in einer Zeit, in der die Großmachtkonkurrenz wächst und sich die Sicherheitslage verschlechtert.

Als wichtiges Infrastrukturvorhaben fällt der Ausbau von Flughäfen in die Kompetenz der Regierung in Nuuk, die im Rahmen des erweiterten Autonomiestatuts die meisten Aspekte des politischen und wirtschaftlichen Lebens selber regeln kann. Da aber in der Außen- und Sicherheitspolitik die Kompetenzen weitestgehend im Königreich liegen, konnte Kopenhagen das Bauvorhaben als sicherheitsrelevantes Problem einstufen und in den Vergabeprozess eingreifen. Die Sorge galt der *China Communications Construction Company (CCCC)*, die auf der Shortlist der grönländischen Flughafengesellschaft *Kalaallit Airports* für Partner bei Bau und Finanzierung der Flughafenprojekte erschienen war. *CCCC* ist in das Seidenstraßen-Projekt involviert, mit dem Peking seinen Einfluss global ausweiten will, und unterhält unter anderem in Hongkong militärische Liegenschaften der chinesischen Armee. Dänemark fürchtete daher zu Recht, dass Chinas Beteiligung die Verteidigungszusammenarbeit mit den USA gefährden könnte. Schon 2016 hatte die chinesische *General Nice Group* versucht, in Grønnedal das Gelände der ehemaligen US-Marinebasis zu erwerben – auch dies war nach Intervention aus Washington von Kopenhagen verhindert worden.[536]

Für die grönländische Regierung wiederum sind Flughäfen eine Frage der selbstbestimmten Infrastruktur und nicht der Sicherheitspolitik. Um unabhängig zu werden, sind wirtschaftliche Diversifizierung und Investitionen nötig. Gemäß Autonomievertrag hat Nuuk zwar das Recht auf Unabhängigkeit, doch kann es sich diese noch nicht leisten. Das Königreich trägt mit der sogenannten Block Grant von jährlich etwa 484 Millionen Euro etwa die Hälfte der öffentlichen Ausgaben; diese Gelder entfallen bei einem Gang in die Unabhängigkeit. Die Einnahmen aus dem Fischfang, der rund 95 Prozent der grönländischen Exporte ausmacht, die Jagd und der Tourismus können dies nicht ausgleichen (wobei der Tourismus durchaus Potenzial für Wachstum hat). Fischerei und Fischverarbeitung sind nach dem extensiven öffentlichen Sektor, der rund 40 Prozent aller Arbeitsplätze bietet, der zweitwichtigste Arbeitsmarkt. Das staatlich kontrollierte Unternehmen *Royal Greenland* übernimmt – neben der privaten *Polar-Seafood* – den Fang und die Verarbeitung. Aber die Fischbestände sind gefährdet, und der Sektor ist hoch reguliert, so dass die Fischerei kein Wachstumssektor ist.[537] Allein die Förderung von Rohstoffen könnte den Ausfall der dänischen Zahlungen im Falle der Unabhängigkeit kompensieren.

Die Vorkommen der für die Elektronikbranche wichtigen seltenen Erden wie Cer, Lanthan, Neodym, Terbium und Yttrium decken nach Schätzungen der Bundesanstalt für Geowissenschaften und Rohstoffe (BGR) die globale Nachfrage für 150 Jahre. Außerdem rechnet die BGR mit knapp 460 Millionen Tonnen an wertvollen Erzen in Südgrönland.[538] Aber selbst mit einer erstklassigen Ressource ist jedes Bergbauprojekt in Grönland eine finanzielle Gratwanderung. „Die Topografie, das Klima und die dünne Infrastruktur sind zugegebenermaßen Hindernisse“, bekannte Vittus Qujaukitsoq, der im Kabinett von Ministerpräsident Kielsen für den Bergbau zuständig war, dennoch gebe es interessierte Investoren aus der EU, Kanada, Australien und China.[539] Außerdem kann es die fragilen Ökosysteme gefährden: Beim Bergbau und der Metallverhüttung werden große Mengen von Ruß, Stickoxiden und Schwefeldioxid freigesetzt; toxische organische Schadstoffe und Schwermetalle können sich über die Nahrungskette in den Organismen von Tieren und Menschen anreichern.

Die Aufsicht über die Rohstoffe hat das Ministry of Mineral Resources, allerdings werden Lizenzen für den Rohstoffabbau weiter vom Danish-Greenland Joint Committee on Mineral Resources vergeben.[540] Die grönländische Umweltagentur (Environment Agency for Mineral Resource Activities) ist dem Ministerium für Wissenschaft und Umwelt unterstellt. Ob die relativ kleine Behörde den Ansprüchen großer Bergbaufirmen oder Konzernen genügen und lukrativen, aber umweltschädlichen Projekten widerstehen kann, wird die Zukunft zeigen; auch darauf haben dänische Expertinnen und Experten aufgrund ihres Wissensvorsprungs großen Einfluss.[541]

Weitere ausländische Investitionen sind also entscheidend, um unabhängig zu werden. Gleichzeitig soll eine zu große Abhängigkeit von ausländischen Firmen vermieden werden. Die Regierung hat dazu ein Strategiedokument (Greenland's Mineral Strategy 2020–2024) vorgelegt, um die Bedingungen für Bergbauunternehmen zu verbessern und gleichzeitig den eigenen Nutzen in Bezug auf neue Arbeitsplätze, höhere Einnahmen und Wissensaufbau zu maximieren.

Wenn Investoren aus Europa, Nordamerika und Asien in einigen Jahren auf den neuen Flughäfen landen, könnte ihr Kapital die Unabhängigkeit umsetzen helfen. Auf diesem Weg sind aber noch zahlreiche Hindernisse zu überwinden; so liegt der Rohstoffabbau in grönländischer Verantwortung, hat aber im Falle von Uran politische Implikationen für das ganze Königreich. Etwaige chinesische Investitionen und Uranabbau stellen infrage, was „Sicherheit" bedeutet, und berühren damit dänische Vorbehaltsrechte (was der dänische Rechtsexperte Ole Spiermann beim Uranabbau allerdings klar zugunsten von Nuuk interpretiert; national sei der Abbau unbeschränkt möglich, nur international der Export nicht).[542]

Sino-amerikanische Konkurrenz und Seltene Erden

Nuuk hat proaktiv um ausländische Investitionen in Kanada, aber auch Südkorea und der EU geworben und später chinesisches Engagement gefördert.[543] Seit zehn Jahren bemühe sich Grönland um Geschäftsbeziehungen mit Asien, erklärte Grönlands Premierminister Mute Bourup Egede im November 2021. Es sei deshalb sehr wichtig, nun in Peking eine „diplomatische Repräsentanz in Asien" einzurichten.[544] Schon Premierminister Kielsen hatte im Oktober 2017 eine Delegation nach Peking geführt, kurz nachdem er Wahlen angesetzt hatte, bei denen Wirtschaftsthemen ein wichtiges Thema waren. Kielsen hat, wie seine Vorgängerin Aleqa Hammond (die Grönland als künftigen Exporteur von Uran feierte), ausländische Beteiligungen an der Minenwirtschaft unterstützt, während Inuit Ataqatigiit und Partii

Naleraq dazu unterschiedliche Meinungen hatten, aber gemeinsam den Uranabbau ablehnen.[545]

Peking wiederum interessiert sich für Grönland aus geostrategischen und ökonomischen Gründen und betrachtet die Insel als potenziellen Stützpunkt auf der polaren Seidenstraße. Eine „kleine und schwache grönländische Nation" könne künftig das „wichtigste Glied für die erfolgreiche Umsetzung der polaren Seidenstraße" sein, heißt es in einem Papier chinesischer Arktisforscher. US-Außenminister Pompeo erinnerte in diesem Kontext – ähnlich wie zuvor Rasmussen – an Chinas Vorgehensweise im Indopazifik, die darin besteht, Staaten durch Überschuldung abhängig zu machen.[546] Bislang ist aber eine derartige Absicht in Grönland nicht erkennbar, vielmehr wird nach der politisch aufgeladenen, kontroversen Diskussion über chinesische Investitionen in den 2010er Jahren nun ein risikoscheueres Verhalten chinesischer Investoren konstatiert.[547]

Grönland verfügt über große Vorkommen an Seltenen Erden (SE) und weitere, noch nicht erschlossene Fundstellen für Rohstoffe. Nahe der Ortschaft Narsaq im Süden Grönlands liegen die beiden großen SE-Lagerstätten, die angeblich das Interesse von Präsident Trump geweckt hatten. Die Kringlerne-Lagerstätte soll eine Jahresproduktion von rund 3000 t Seltenerdoxid ermöglichen, was etwa 60 Prozent des derzeitigen Jahresbedarfs Europas entspräche. Dies wird übertroffen von dem ebenfalls unweit von Narsaq am 690 m hohen Berg gelegenen Kvanefjeld-Massiv, das Teil der gleichen geologischen Formation ist. Kvanefjeld (oder Kuannersuit in der Sprache der Inuit) könnte jährlich 25 000 t an Seltenerdoxiden hergeben, also über zehn Prozent der weltweiten SE-Produktion, die gegenwärtig bei rund 240 000 t liegt.[548] Beide Lagerstätten sind ganzjährig mit Schiffen erreichbar, was den Abbau erleichtert.

Weitere Lagerstätten der keineswegs seltenen SE-Metalle liegen unter anderem in Australien, Kanada, Russland (Kola-Halbinsel), Brasilien, Indien, Malaysia, Südafrika, Thailand und Sri Lanka sowie den USA. Eine US-Studie schätzte 2019 die weltweit verfügbaren Reserven auf 120 Millionen t (ohne Grönland). Die kritische Bedeutung für Europa und die USA ist also auf die chinesische Dominanz in der Produktion und nicht auf einen Mangel an Fundstätten zurückzuführen. Alle Bergbaukonzerne (außer in Australien und Russland) vermeiden die teure und umweltbelastende Produktion (so hatte die US Nuclear Regulatory Commission in den 1980er Jahren strengere Regeln für Abbau und Produktion seltener Erden aufgestellt, in deren Folge die Industrie kollabierte) und liefern nach China zur Aufbereitung. Der feste chinesische Zugriff auf den globalen SE-Markt basiert auf der Kontrolle über Technologien, Produktionskapazitäten, Rechte, umfassende Wertschöpfungsketten, Exportquoten und Preise.[549] Infolgedessen kann das grönländische SE-Vorkommen allein nicht aus der Abhängigkeit von China helfen.

Außerdem enthält Kvanefjeld eines der weltweit größten Uranvorkommen. Die australische *Greenland Minerals and Energy (GME)*, zu deren Anteilseignern der chinesische „SE-Gigant"[550] *Shenghe Resources Holding* zählt, schätzte die Investitionskosten für sein „Flaggschiffprojekt" auf 1,36 Milliarden US-Dollar.[551] Die Kooperationsvereinbarung, die *Shenghe* im Jahr 2019 mit der *China National Nuclear Corporation (CNNC)* traf, war jedoch Anlass für die Oppositionspartei Inuit Ataqatigiit, kritisch nach dem Inhalt dieser Übereinkunft, den Umweltfolgen des Tagebaus und chinesischen Interessen zu fragen. Die Abbaugenehmigung scheiterte an drei aufeinander folgenden Umweltschutzprüfungen.[552] Das innenpolitisch höchst strittige Projekt führte schließlich dazu, dass Regierungschef Kielsen nicht nur den Parteivorsitz verlor, sondern seine Partei in den Neuwahlen auch ihre Mehrheit einbüßte.

Die Wahlen 2021 und die Zukunft der Bergbauprojekte

Vor den Parlamentswahlen vom 6. April 2021 setzte die sozialdemokratisch orientierte Regierungspartei Siumut (Vorwärts) unter ihrem neuen Parteichef Erik Jensen[553] weiter auf das Kvanefjeld-Projekt, während die politisch ebenfalls links stehende Umweltpartei Inuit Ataqatigiit (Gemeinschaft der Inuit) ein Moratorium und damit praktisch ein Ende des Projekts befürwortete. Eine Umfrage der Zeitung

Sermitsiaq zeigte 63 Prozent der Befragten gegen das Minenprojekt eingestellt, während sich 29 Prozent generell gegen Bergbauprojekte aussprachen.[554]

Die Mehrheit im Inatsisartut – dem grönländischen Parlament – erlangte die Umweltpartei Inuit Ataqatigiit: sie erzielte 37,4 Prozent und damit zwölf der 31 Sitze, während Siumut mit 30 Prozent und zehn Sitzen den zweiten Platz belegte. Die Führung der neuen Regierungspartei bekräftigte nach der Wahl die Ablehnung des Projekts, und ihr Vorsitzender, Múte Bourup Egede, begann unter diesem Vorzeichen eine Koalitionsregierung zu formieren.[555] Für seine Partei sei es das Allerwichtigste, die soziale Krise zu beenden und eine Entwicklung zu betreiben, „die nicht auf Kosten unserer Umwelt geschieht". Der designierte Premier Egede betonte, erst müsse man Wirtschaft und Entwicklung in den Griff bekommen, ehe man über Unabhängigkeit sprechen könne.[556] Die von Siumut als Wahlargument propagierte Freiheit von Dänemark war weniger wahlentscheidend als die Umweltbelastung. Egede und Naleraq-Chef Hans Enoksen unterzeichneten am 16. April einen Koalitionsvertrag, in dessen Folge erhielten die Regierungspartei Inuit Ataqatigiit acht Ministerposten (inkl. Premier) und Naleraq zwei Ministerposten – neben Kirsten L. Fencker als Gesundheitsministerin wurde Pele Broberg Superminister für Außenpolitik, Business, Handel und Klima.[557]

Damit endete vorerst „eine fantastische Geschichte", wie Jørn Skov, *GME*-Geschäftsführer, das Projekt bezeichnet hatte; auf dem Kuannersuit-Plateau von Kvanefjeld hätten sich drei Ziele realisieren lassen: 15 bis 20 Prozent der weltweiten Nachfrage nach Seltenen Erden zu erfüllen und damit den Übergang zu umweltfreundlichen Technologien zu ermöglichen sowie Grönlands wirtschaftliche Probleme zu lösen.[558] Das Projekt selbst war aber weder klima- noch umweltverträglich, und die erwarteten jährlichen Steuereinnahmen in Höhe von 200 Millionen US-Dollar hätten nur ansatzweise Grönlands Finanzprobleme und allenfalls mittelfristig wirtschaftliche Probleme gelöst. Hinfällig ist damit auch die Frage, ob die Ausbeute des Kvanefjeld-Felds nach China oder – nachdem *Greenland Minerals* der European

Raw Materials Alliance beigetreten ist – an europäische Abnehmer hätte geliefert werden sollen.[559] Die negativen Folgen des offenen Tagebaus für Luft, Trinkwasser und Umwelt waren für die Bevölkerung entscheidender als finanzielle Erträge.

Generell eröffnen Bergbauprojekte weiterhin realistischere und für Staat, Gesellschaft und Wirtschaft bessere Aussichten als die anfänglichen Erwartungen, die mit der Förderung von Öl und Gas verbunden waren; deren Exploration wurde daher von der Regierung (Naalakkersuisut) im Juli 2021 beendet.[560] Derzeit sind über 70 Minenprojekte zu Exploration und Abbau genehmigt, meist im Tagebau zur oberflächennahen Gewinnung von Bodenschätzen. Sie liegen größtenteils im Süden, in dem sich die reichste Biodiversität und die größte landwirtschaftlich nutzbare Fläche befinden. Daher nehmen Umweltbedenken zu, und international gibt es große Unterstützung zur Erhaltung der empfindlichen Inselwelt; so richteten 141 Nichtregierungsorganisationen einen Appell an Grönland, Dänemark und die EU, ein Schutzgebiet einzurichten und ein Moratorium für Minenprojekte zu unterstützen.[561] Tatsächlich ist eher zu erwarten, dass die neue Regierung ein Referendum zum Bergbau abhalten wird oder abgelegenere Gebiete bzw. weniger umweltbelastende Minenprojekte genehmigen wird. Anders kann die Diversifizierung der Wirtschaft kaum gelingen.

Premierminister Egede hat darauf verwiesen, dass es viele Minenprojekte gebe, die weder Mensch noch Umwelt belasten und gegen die seine Partei nichts einzuwenden habe. Als Beispiele nannte er die Förderung von Edelsteinen durch *Greenland Ruby* bei Aappaluttoq im Südwesten sowie Anorthosite bei Kangerlussuaq, ein potenzielles Projekt zum Abbau von Titanium bei Moriusaq und eine Zinkmine im Norden am Citronen-Fjord. In einigen Projekten hält die erwähnte *General Nice Group* die Förderrechte, so an einer Eisenerzmine nordöstlich von Nuuk (erworben 2014 von *London Mining*), deren Bedeutung aber geringer als vermutet war.[562] So reich einige dieser Vorkommen sein mögen, sie allein werden die Unabhängigkeit kaum finanzieren.

„Wir stehen nicht zum Verkauf": Die USA, Grönland und Dänemark

Strategische Lage und Ressourcen begründeten schon das 1867, 1946 und 1960 erklärte Interesse der USA, die Insel zu erwerben.[563] Die von Trump im August 2019 geäußerte Idee, die Insel in einer Art Immobilienhandel („a large real estate deal") Dänemark abzukaufen, beruht also auf einer Mischung alter und neuer Aspekte. Die dänische Premierministerin Mette Frederiksen, die im Juni die Regierung von Rasmussen übernommen hatte, wies das Ansinnen als „absurd" zurück. In Nuuk erklärte Kielsen, dass Grönland nicht zum Verkauf stehe, aber offen für Kooperation sei. „We're open for business, not for sale", twitterte das grönländische Außenministerium. Trotz der harschen Ablehnung versicherte Frederiksen den USA aber, dass Dänemark „verstärkte strategische Kooperation in der Arktis" begrüßen werde.[564]

Tatsächlich sind die Insel und die Basis in Thule für die USA außerordentlich wichtig, wie schon ausgeführt wurde. Aus geostrategischer Perspektive wird die raumbeherrschende Rolle der Insel umso brisanter, weil sie ihre Unabhängigkeit anstrebt und China wachsende Präsenz zeigt. Neben den großen SE-Vorkommen ist es die Lage Grönlands, die es für die USA neuerdings auch wegen der Raketenrüstung von Russland (und China) bei hyperschallschnellen Waffen noch wichtiger macht.[565] Washington ist 2019 vom Test dieser Systeme in der russischen Arktis überrascht worden, und es gibt bislang keine wirkungsvolle Abwehr. Aufklärung und neue Abwehrsysteme müssten mit Blick auf die russische Nordflotte idealiter auf Grönland stationiert werden. Außerdem führt Russland nahezu alle Patrouillenflüge über dem Nordatlantik immer nahe oder über Grönland durch, weil dies die navigatorisch kürzeste Flugstrecke vom westlichen militärischen Distrikt Russlands zur Ostküste der USA ist (ähnliches gilt für ballistische Raketen). Die Insel bildet zudem die westliche Begrenzung der erwähnten GIUK-Engstelle. Südlich davon beginnt die maritime Infrastruktur der Unterseekabel, die 95 Prozent der globalen Kommunikation leisten.[566] Außerdem befinden sich auf der US-Luftwaffenbasis Thule die größte von acht Satellitenbodenstationen zur Raketenfrühwarnung und Weltraumüberwachung sowie der nördlichste Tiefwasserhafen.

Der grönländische Außen- und Industrieminister Vittus Qujaukitsoq forderte 2017 eine Neuverhandlung des Abkommens, das Washington die Hoheit über die Thule-Basis (Pituffik) zusichert; schließlich waren die Inuit 1951 damit praktisch aus ihrer Hauptstadt vertrieben worden.[567] In einem trilateralen Abkommen haben die USA, Dänemark und Grönland aber im Oktober 2020 erklärt, dass Sicherheit und Wohlstand aller weiter von einer starken transatlantischen Kooperation abhängen; dafür habe die Basis zentrale Bedeutung. Ab 2024 soll die Basis von einheimischen Firmen unterhalten werden, was wirtschaftlich vorteilhaft ist, und außerdem hat das Abkommen großen Wert für Nuuk, weil es die Aufwertung Grönlands als außenpolitischer Akteur bezeugt.[568]

Die USA eröffneten 2020 in Nuuk nach fast 70-jähriger Pause eine diplomatische Vertretung und offerierten ein Finanzpaket von 12,1 Millionen US-Dollar, um die weitere Entwicklung Grönlands in Rohstoffwirtschaft, Tourismus und Bildung zu unterstützen (wobei ein Großteil der Gelder für US-Beratungsleistungen vorgesehen ist).[569] Pompeo ermunterte bei einem Treffen in Dänemark die Regierung der ebenfalls zum Königreich gehörigen Färöerinseln, einen „strategischen Dialog" aufzunehmen und so bald als möglich eine Handelsvertretung in den USA zu eröffnen.[570] Allerdings trafen die Angebote auf wenig Zustimmung, und statt als Unterstützung wurden sie als Versuch einer Unterminierung der bilateralen Beziehungen im Königreich bewertet.[571] Letztlich hatte Trumps Kaufangebot den positiven Effekt, dass es im dänischen Parlament neues Interesse dafür weckte, Grönland eine bessere Zukunft im Königreich zu verschaffen.[572] Trumps Debakel machte der Welt und den Grönländern selbst[573] die Bedeutung der Insel klar.

Arktis paradox: Verlorene Heimat versus Schatzinsel

Das Schwinden der Meereisdecke hat allein schon vielfältige globale Auswirkungen. Aber noch dramatischer werden die Folgen sein, die sich aus dem Schmelzen des stellenweise über drei Kilometer dicken Eispanzers ergeben. Im Zeitraum 2002 bis 2016 hat die Insel im Durchschnitt jährlich etwa 280 Milliarden Tonnen Eis verloren, und die Schmelzrate hat sich seitdem vervielfacht.[574] Das grönländische Inlandeis leistet damit gegenwärtig den größten Beitrag zum globalen Anstieg des Meeresspiegels.

Arktische Gesellschaften sind für ihre hohe Widerstandsfähigkeit und Anpassungsfähigkeit bekannt, wie der Arctic Human Development Report (AHDR) 2004 feststellte. Aber heute sind sie mit einer noch nie dagewesenen Kombination von schnellen und belastenden Veränderungen konfrontiert, die Umwelt, Kultur (wie die Erosion der indigenen Sprachen), Wirtschaft (wie das Entstehen von Mischwirtschaften und die wachsende Rolle von multinationalen Unternehmen) und Politik umfassen.[575]

Laut einer Studie vom August 2019 waren rund 92 Prozent der Befragten überzeugt, dass der Klimawandel eine Tatsache ist. 76 Prozent bestätigten, die Auswirkungen des Klimawandels im Alltag persönlich zu spüren. Drei von vier grönländischen Familien gaben an, von der Jagd zu leben, über die Hälfte befürchten aber, dass der Klimawandel ihrer Existenzgrundlage schaden, und knapp die Hälfte meinte, dass auch die Fischerei beeinträchtigt werde. Manche Inuit haben Angstzustände und trauern, weil sie den Verlust ihrer Heimat spüren und täglich sehen können. Die ökologischen Verheerungen haben so auch eine kulturelle Krise ausgelöst.[576]

Es ist eine paradoxe Situation, die sich für Grönland aus dem Klimawandel ergibt. Einerseits verbessern die neuen Möglichkeiten zur Ressourcennutzung die Chancen für die Unabhängigkeit, andererseits verschlechtern sich die Bedingungen für den Erhalt der natürlichen Umwelt, die im Kern der Inuit-Kultur steht.[577] Während die meisten Inuit einen Verlust der Heimat beklagen, finden andere die Folgen der

Klimaerwärmung sogar nützlich: „Je schneller die Gletscher schmelzen, desto mehr Aufmerksamkeit findet unser Land", meinte der ehemalige Industrieminister Grönlands, Jens-Erik Kirkegaard, und erklärte die Insel zu einem Profiteur der Umweltveränderungen. „Der Klimawandel ist geradezu eine Gratiswerbung für uns. Es wird immer leichter, Kapital anzuwerben."[578] Durch die klimatischen Veränderungen werden Heilbutt und Kabeljau schneller fangreif, und im Süden hält sich das Gras länger, so dass für Schafe kein Futter mehr importiert werden muss.[579] Die Erwärmung könnte hier Neues schaffen, auch wenn es noch lange dauern dürfte, bis Grönland zu dem von den Wikingern erträumten Grünland wird.

Mit einer Strategie des „Grünen Wachstums"[580] könnten nachhaltige und umweltverträgliche Wirtschaftszweige angesiedelt werden. So hat Grönlands Industrie- und Energieminister Jess Svane (seit Mai 2020 Minister für Arbeitsmarkt, Forschung und Umwelt) angekündigt, das Schmelzwasser aus dem grönländischen Eisschild zu nutzen, um daraus Trinkwasser als Exportprodukt für den Weltmarkt aufzubereiten. Auch könne mit der Wasserkraft genügend sauberer Strom für den eigenen Bedarf (und energieintensive Rechenzentren) produziert und sogar noch exportiert werden.[581] Das arktische Klima schafft einen idealen Standort für innovative Technologien und Dienstleistungen, wie die EU-Kommission 2016 feststellte: „Die harten klimatischen Bedingungen und die empfindliche Umwelt erfordern spezialisierte Technologien und Fachkenntnisse, die hohen Umweltstandards genügen." So erlauben Aktivitäten der „grünen Wirtschaft", wie nachhaltige, auf mehreren Quellen aufbauende Energiesysteme, Ökotourismus und eine mit geringen Emissionen verbundene Lebensmittelerzeugung weiterzuentwickeln.[582] Die EU-Kommission will bei der Suche nach Möglichkeiten für nachhaltiges Wirtschaften unterstützen. Sie nennt dabei explizit Sektoren der „blauen Wirtschaft" wie Aquakultur, Fischerei, Meerestourismus, Meeresbiotechnologie und Offshore-Technologien für erneuerbare Energie. Auch wenn es innerhalb der Arktis erhebliche Unterschiede gibt, kann Energiegewinnung wie in Island eine Wachstumsbranche sein. Auch die auf der Insel nutzbaren

Energieträger Geothermie und Wasserkraft stärken diese Erwartung, und der Arktische Rat hat mit dem Arctic Renewable Energy Atlas dafür ein Hilfsinstrument zur Verfügung gestellt. Darüber hinaus soll der Kreuzfahrttourismus zum Wachstum beitragen – solange solche Expeditionsreisen „unter größtmöglicher Berücksichtigung der sensiblen Umwelt, heimischen Kultur und historischen Stätten" durchgeführt werden, wie es sich die Association of Arctic Expedition Cruise Operators (AECO) vornimmt.[583]

Investitionen und Tourismus sollen die Entwicklung fördern, wobei es nach den Worten von Finanzminister Qujaukitsoq egal sei, ob die Gelder aus China, den USA oder Kanada stammten. Nötig seien bessere Ausbildung und mehr Arbeitsplätze, wobei außenpolitisch selbst ein unabhängiges Grönland der NATO angehören und nicht, wie Djibouti in Afrika, Militärstützpunkte diverser Staaten beherbergen werde.[584] Das stimmt allerdings nur so lange, wie durch eine übereilte Unabhängigkeit kein Machtvakuum entsteht, das Großmächte bestrebt wären, auszufüllen.

Mehr Rechte, aber Sicherheit im Königreich

Noch gehören Grönland und die Färöerinseln zum Königreich. Beide genießen jedoch weitgehende Selbstverwaltungsrechte und stehen aus eigenem Entschluss außerhalb der EU, die jedoch finanzielle Unterstützung gibt.[585] Außen- und sicherheitspolitisch haben sie zwar nicht das Recht auf eine absolut eigenständige Politik, doch kann Grönlands Regierung (Naalakkersuisut) internationale Kontakte pflegen und bilaterale Verträge abschließen, sofern diese exklusiv Grönland betreffen[586] und nicht die verfassungsrechtlich festgelegten Rechte Dänemarks beschneiden.[587]

Als souveräner Staat könnte Kalaallit Nunaat die Zusammenarbeit mit Dänemark in Außenpolitik, Verteidigung und Finanzpolitik fortsetzen und die Beziehungen zum Königshaus aufrechterhalten. Daran wäre wohl auch Kopenhagen interessiert, schließlich ist die Insel der Schlüssel zur Arktis und all seinen Ressourcen und Attributen

– Schiffsrouten, Mineralien, Fischgründe, Öl und Gas, Macht und Respekt.[588] Um den damit verknüpften Status aufrechtzuerhalten, wird Kopenhagen aber mehr Geld zum Schutz und zur Verteidigung seiner Rechte ausgeben müssen.

Aufgrund des schmelzenden Meereises halten sich immer mehr Schiffe in der Arktis auf. Seit 2006 befahren außerdem zunehmend Schiffe ohne das übliche protokollarische Verfahren die vom NATO-Mitglied Dänemark geschützten Gewässer.[589] Im August 2017 erschien der chinesische Eisbrecher *Schneedrache* unangekündigt in Sichtweite der Hauptstadt Nuuk. Noch wurde kein Fall von Piraterie, illegalem Fischfang[590] oder gar Terrorismus publik. Aber wie soll maritime Sicherheit künftig bei immer mehr Schiffsverkehr gewährleistet werden?

Kopenhagen hat zum 1. November 2012 in Nuuk das Joint Arctic Command (JACO) eröffnet, das alle Aktivitäten der dänischen Teilstreitkräfte im Nordatlantik koordinieren soll. Die Hauptaufgaben des JACO sind zugleich die einer Marine und Küstenwache: Wahrung der Souveränität und militärische Verteidigung von Grönland gehören ebenso dazu wie, dass Fischereiboote inspiziert oder Such- und Rettungseinsätze durchgeführt werden. Den umfangreichen Aufgaben entsprechend wurde auch die beschleunigte Beschaffung eines Schiffes für JACO beschlossen. Derzeit verfügen die JACO-Einsatzkräfte über ein Flugzeug, vier Helikopter und vier Schiffe sowie die legendäre SIRIUS-Schlittenpatrouille, um die größte Insel der Welt mit ihrer 44 000 km langen Küstenlinie zu überwachen. Mit diesen personellen und materiellen Ressourcen sollen zugleich die Souveränität der Reichsgemeinschaft gesichert und maritime sowie soziale Dienste geleistet werden; im September 2012 wurde erstmals eine SAR-Übung im Nordosten durchgeführt, um die Einsatzbereitschaft zu überprüfen. Weitere Gelder wurden auf Druck der USA hin für Luft- und Seeraumüberwachung als Arctic Capacity Package eingeplant. Dänemark nutzt bislang die Dienste der European Maritime Safety Agency (EMSA) und setzt Fregatten für die Seeraumüberwachung ein; ein Schiff der *Absalon*-Klasse wurde deshalb für ASW-Einsätze neu klassifiziert.[591]

Die Fähigkeiten zur Aufklärung bleiben jedoch bescheiden. Der in einem Blog des US Naval Institute gemachte Vorschlag, dass die US-Küstenwache die während des Zweiten Weltkriegs etablierte „Greenland Patrol“ wiederaufnehmen solle, ist daher konsequent. Künftige Hilfsgelder, so der Autor, sollten in die Entwicklung der Hafeninfrastruktur gesteckt werden, damit USCG-Schiffe dort stationiert werden können.[592] Nuuks Regierung hat sich dazu nicht geäußert, wird aber mehr Einfluss auf Sicherheitsfragen nehmen müssen, wenn es seine Interessen wahrnehmen will. Dies betrifft auch das Arctic Capacity Package, das im Februar 2021 in Abwesenheit einer grönländischen Vertretung präsentiert wurde.[593]

Aufgrund verstärkter russischer Aktivitäten haben einige Staaten ihre Präsenz zur Unterstützung der nordischen NATO-Verbündeten demonstrativ erhöht. Im August 2020 fuhr erstmals ein zur *Arleigh-Burke*-Klasse gehörender Zerstörer, die *USS Thomas Hudner*, in den Fjord bei Nuuk; im selben Monat übten dänische und französische Kriegsschiffe mit einem Schiff der US-Küstenwache vor der Westküste Grönlands. Im September führte Dänemark erstmals mit den USA, Großbritannien und Norwegen großangelegte Manöver in der Barentssee durch.[594] Außerdem trat zum 1. Oktober 2020 eine Kooperationsvereinbarung zwischen dem Maritimen Kommando (Maritime Command, MARCOM) der NATO und JACO in Kraft; diese umfasst monatliche Koordinationstreffen, den Austausch von Daten und die Teilnahme an Übungen.[595]

Dänemark muss einen delikaten Balanceakt zwischen knappen eigenen militärischen Mitteln[596] und dem umfangreichen Hilfsangebot Verbündeter leisten. Allein wird es Grönland im Konfliktfall nicht verteidigen können,[597] sondern braucht dazu US-Streitkräfte und NATO. Kopenhagen ist auf die Unterstützung aus Washington angewiesen, muss aber den Anschein vermeiden, es lasse sich von dort die Politik diktieren. Trumps Angebot hat diese Zwangslage verschärft, weil der „absolut radikale Bruch“ in den bilateralen Beziehungen das Königreich verunsichert hat.[598] Eignet sich das Modell Island in Zeiten der

Großmachtrivalität noch für Grönland? Immerhin ist Island ein wertvolles NATO-Mitglied,[599] selbst ohne eigenes Militär.

Entscheidung in Nuuk

Die neue grönländische Regierung hat viele Probleme anzugehen, dabei ist das Projekt Unabhängigkeit am wenigsten dringlich. Zuvorderst gilt es, das Interesse der ausländischen Bergbauindustrie aufrechtzuerhalten und zu erklären, warum nur das Kvanefjeld-Projekt, aber nicht generell Bergbauprojekte abgelehnt werden. Selbst wenn sich neue, ähnlich lukrative Projekte finden lassen sollten, ist Nuuk mit denselben alten Problemen konfrontiert, die nur mittelfristig zu lösen sind. Noch kommen die meisten Angestellten und Experten in der Bürokratie und dem Erziehungssystem aus Dänemark,[600] so dass ein beträchtlicher Einfluss des Königreiches fortbesteht. Auch Minenarbeiter wären derzeit in der Mehrzahl außerhalb der Insel anzuwerben. Nötig sind also insbesondere Ausbildung und berufliche Qualifizierung im Land. Sonst ist zu befürchten, dass die grönländische Bevölkerung wegen ungenügender Bildung nur Hilfsarbeiten leisten und zur Minderheit im eigenen Land werden könnte. Dasselbe gilt, falls Nuuk mehr Zuständigkeiten von Kopenhagen übernehmen will – es muss in grönländisches „Humankapital" investieren, um zusätzliche Aufgaben und Kapital absorbieren zu können. Andernfalls könnte der Zustrom von ausländischen Investitionen und Arbeitskräften die Gesellschaft überfordern.

Im gegenwärtigen fragilen Zustand ist eine Union oder ein Verbund Grönlands mit Dänemark für die weitere Zeit im beiderseitigen Interesse. Kopenhagen hat auch deshalb befürwortet, den asiatischen Staaten einen Beobachterstatus im Arktischen Rat zu gewähren, weil sich dadurch leichter Investoren für Grönland (und die Färöerinseln) finden lassen. [601] Damit erhoffte es sich, sein Verhältnis zu den beiden Reichsgemeinschaftsterritorien zu verbessern und die zentrifugalen Kräfte innerhalb des Königreichs abzuschwächen. Diese Intentionen sind gleichwohl nachrangig gegenüber zentralen außenpolitischen

Zielen: Das Verhältnis zu den USA, zur EU und die eigene Position in der Arktis sollen nicht beschädigt werden. Das neue trilaterale Abkommen zur US-Basis in Thule ist geeignet, dies zu unterstützen. Außerdem erhält Grönland eine aktivere und prominentere Rolle im Arktischen Rat; Frederiksen zufolge soll es bei künftigen Treffen als Erstes zu Wort kommen, danach die Färöerinseln, und das letzte Wort hat wie vordem das Königreich[602] – womit außenpolitische Aktivitäten durch diese symbolische Politikentscheidung sprichwörtlich begrenzt bleiben.

Dänemarks Problem sind schließlich nicht allein die Ambitionen eines neuen Akteurs wie China oder des Arktisstaats Russland, sondern auch das wiedererweckte Interesse der USA für Grönland. Kopenhagen muss die widerstreitenden Interessen im Königreich austarieren und bei allem Verständnis für den Wunsch nach Unabhängigkeit seiner autonomen Gebiete die eigene außen- und sicherheitspolitische Interessenlage im Blick behalten. Der „Greenland Deal" hat den Preis für die Fortsetzung der Sicherheitskooperation erhöht, und die USA werden ihre militärische Präsenz durch sozioökonomische Investitionen abstützen müssen.[603] Das Thule-Abkommen zeigt zudem, dass auch ein unabhängiges Grönland die Verteidigungskooperation mit den USA im trilateralen Interesse fortführen kann, ohne dass damit Dänemark als Schutzmacht durch die USA abgelöst werden muss. Grönlands neuer Außenminister Broberg will baldmöglichst die Unabhängigkeit anstreben und erhofft sich dafür Unterstützung von den USA. Zugleich ist seine Einladung nach Moskau[604] eine Warnung, dass die NATO in Zukunft eines der Mitglieder im Arktischen Rat verlieren und Russland einen Partner gewinnen könnte, der in den Auseinandersetzungen um den Festlandsockel im Nordpolarmeer vielleicht einfacher zu handhaben wäre als Dänemark.

Grönland befindet sich in der komfortablen Situation, von vielen Akteuren umworben zu werden, so dass es allmählich und pragmatisch seine Abhängigkeiten diversifizieren kann, statt vorschnell die Unabhängigkeit anzustreben und dadurch unter Umständen noch unvorteilhaftere Abhängigkeiten einzugehen. Nuuk bestimmt das Timing des

Unabhängigkeitsprozesses[605] und Kopenhagen ermöglicht es, Stück für Stück die wirtschaftlichen, politischen und sozialen Grundlagen für eine erfolgreiche – wenn auch wahrscheinlich nicht perfekte[606] – Unabhängigkeit zu legen. Eine kluge dänische Politik wird sich darum bemühen, dass Nuuk weniger abhängig werden, aber im Zweifelsfall im Königreich bleiben kann. Schließlich verdankt es Grönland seinen Status als Arktisstaat. Aber die Entscheidung darüber liegt in Nuuk – was nicht zuletzt auf die zunehmende Bedeutung der indigenen Völker hinweist.

Indigene Völker als permanente Mitglieder im Arktischen Rat

Die europäischen Entdecker behandelten das weite Land als „terra nullius“, das niemandem gehört, und so verhielten sie sich gegenüber den dort geborenen Menschen, deren Heimat die Arktis seit Jahrtausenden ist. Von den etwa vier Millionen Einwohnern nördlich des Polarkreises sind etwa eine halbe Million Menschen indigener Abstammung, woven etwa die Hälfte in Russland lebt.[607]

Inuit waren die ersten Arktisbewohner, die in einer Petition an die Inter-American Commission on Human Rights in Washington 2005 auf den Zusammenhang von Klimawandel und Menschenrechten aufmerksam machten. In der Petition von Sheila Watt-Cloutier und 62 weiteren Inuit aus Kanada und Alaska beschwerten sie sich, dass die USA ihre Rechte auf Kultur und Umwelt verletzten, weil sie nicht das Ausmaß klimaschädlicher Emissionen reduzierten.[608] Auch in Zukunft sind indigene Völker in vielfacher Hinsicht vom Klimawandel und den Veränderungen in der Arktis betroffen. Immer noch werden das Wissen und die tradierten Kenntnisse einheimischer Völker zu wenig genutzt und drohen verlorenzugehen, weil vieles nicht mehr gelebt werden kann.

Eine eigene Kategorie wurde deshalb im Arktischen Rat geschaffen, um die aktive Teilnahme und umfassende Konsultation der indigenen

Völker zu ermöglichen. Sechs Organisationen repräsentieren die indigenen Völker: Aleut International Association (AIA) mit 15 000 Menschen in den USA und Russland, Arctic Athabaskan Council (AAC) mit 45 000 Menschen in Alaska und Kanada, Gwich'in Council International (GCI) mit 9000 Menschen in Alaska und Kanada, Inuit Circumploar Council (ICC) mit 180 000 Menschen in Alaska, Kanada, Grönland and Tschukotka), Russian Association of Indigenous Peoples of the North (RAIPON) mit 250 000 Menschen aus 40 unterschiedlichen Völkern und der Saami Council mit über 100 000 Menschen in Finnland, Russland, Norwegen und Schweden.[609]

Das mehrheitlich von Inuit bewohnte Grönland illustriert die einfache Logik dieser Bestimmung des Arktischen Rates, reflektiert aber ebenfalls noch die Kolonialzeit, deren schmerzliche Aufarbeitung in vielen Ländern des Nordens gerade erst begonnen hat. In Russland wird aufgrund von Repressionen gegen indigene Völker sogar eine „neue Kolonisierung"[610] befürchtet. Aber auch die Saami protestieren gegen den Bau von Windmühlen in der norwegischen Finnmark und bezeichnen dies als „grünen Kolonialismus".[611]

In Kanada richteten „Residential Schools" unermesslichen Schaden an. Diese Schulen hatten das Ziel, den Kindern ihre indigene Identität und Kultur zu nehmen und sie stattdessen in den von europäischen Einwanderern und ihren Werten geprägten Staat einzugliedern. Etwa 150 000 Kinder mussten im Laufe der Zeit eine der 138 Schulen besuchen. 6000 Kinder starben in den Einrichtungen, die meisten an Unterernährung und Tuberkulose. Die letzten Schulen wurden in den 1990er Jahren geschlossen. Die kanadische „Wahrheits- und Versöhnungskommission" sprach von „institutionalisierter Vernachlässigung" und bezeichnete die Residential Schools 2015 als „Bestandteil einer bewussten Politik des kulturellen Völkermords" – wofür sich Premierminister Harper entschuldigte und um Vergebung bat. Viele Probleme indigener Gemeinden – Alkohol- und Drogenmissbrauch, Gewalt und Selbstmorde[612] – werden auf das Erbe dieser Schulen zurückgeführt, die mit Beginn des 19. Jahrhunderts in Kanada gezielt aufgebaut wurden.[613]

In den letzten Jahren hat sich wenig an der marginalen Beteiligung der indigenen Bevölkerung an den politischen Entscheidungsprozessen wie im Umweltmanagement verändert.[614] Alaskas ICC-Präsident Jimmy Stotts kritisierte beim Treffen des Arktischen Rates 2021 in Reykjavik: „Partizipation ist eine Sache, Einfluss haben eine andere. Was nützt die Teilnahme, wenn niemand zuhört und unseren Anliegen nicht die Aufmerksamkeit geschenkt wird?" Die aktuelle Situation im Rat sei zu einer Sorge geworden, und der Begriff sinnvolles Engagement habe für die arktischen Staaten eine andere Bedeutung als für die Ständigen Teilnehmer.[615] Die Kritik ist zutreffend, und auch das vorliegende Buch konzentriert sich wesentlich auf Staaten als entscheidende Akteure – wenn auch der Grönland-Exkurs einen gewissen Ausgleich bieten soll.

Es gibt aber Fortschritte. Debra Anne Haaland ist die erste indigene Amerikanerin, die zur Leiterin des US-Innenministeriums ernannt wurde. Außerdem startete 2021 mit dem Inuit Nunangat Research Program das weltweit erste Forschungsprogramm, das von Inuit durchgeführt wird und „Inuit Governance" in der Forschung fördern soll.[616]

Beobachterstaaten im Arktischen Rat

Der Status als permanenter Beobachter wird einzelnen Staaten und Organisationen in Anerkennung vielfältiger Fähigkeiten verliehen und soll zu weitergehendem Engagement befähigen. Gemäß der Geschäftsordnung des Arktischen Rates ist er prinzipiell offen für alle Nichtarktisstaaten, global und regional tätige zwischenstaatliche und interparlamentarische Organisationen sowie Nichtregierungsorganisationen, die bestimmten Kriterien entsprechen[617] und gemäß der Entscheidung des Rates zu seiner Arbeit beitragen können. Der Status wird so lange aufrechterhalten, wie darüber Konsens besteht.[618] Ein Beobachter verliert diesen Status, wenn er Aktivitäten verfolgt, die gegen die Ottawa-Deklaration oder die Geschäftsordnung verstoßen.[619]

Derzeit zählen 13 Staaten zu den 39 Beobachtern, davon gehört die Mehrzahl – Deutschland, Frankreich, Italien, Niederlande, Polen, Spanien und Vereinigtes Königreich – der EU, der NATO oder beiden an.

Deutschland, die Niederlande, Polen und das Vereinigte Königreich zählten zu den ersten Staaten, die 1998 als Beobachter zugelassen wurden. Es folgten Frankreich 2000 und Spanien 2006. Die größte Erweiterungsrunde fand in Kiruna statt, als auf dem Ministertreffen im Mai 2013 sechs weitere Länder als Beobachter zugelassen wurden: Neben Italien die asiatischen Staaten China, Indien, Japan, Singapur und Südkorea, womit der atlantisch-europäische Anteil erstmals durch eine pazifisch-asiatische Komponente ausgeglichen wurde. Als letztes Land wurde 2017 die Schweiz zugelassen. Estland (als selbst erklärter „nördlichster Nichtarktisstaat")[620] und Tschechien haben 2020 den Beobachterstatus beantragt, und Irland sowie Schottland haben Interesse bekundet.

Als Beobachter gilt es nicht nur die Arbeit des Arktischen Rates zu verfolgen, sondern relevante Beiträge auf der Ebene der Arbeitsgruppen zu liefern. Sie können dazu an Treffen und anderen Aktivitäten des Rates teilnehmen, solange nicht Senior Arctic Officials (SAO) anders entscheiden. Nach Ermessen des Vorsitzes können Beobachter mündliche Erklärungen abgeben, schriftliche Erklärungen vorlegen, Dokumente einreichen und Stellungnahmen zu den diskutierten Themen abgeben. Bei jedem Tagesordnungspunkt, der zur Diskussion steht, soll der Vorsitz sicherstellen, dass die Delegationen der Arktisstaaten und der permanenten Mitglieder zunächst Gelegenheit haben, sich zu Wort zu melden, bevor die Diskussion für weitere Beiträge aller Delegationen des Treffens (einschließlich der Beobachterdelegationen) geöffnet wird. Projekte können über einen Arktisstaat oder einen ständigen Teilnehmer vorgeschlagen werden, jedoch dürfen die finanziellen Beiträge aller Beobachter zu einem bestimmten Projekt die Finanzierung durch die Arktisstaaten nicht übersteigen, außer die SAO-Runde beschließt anderes.[621] Eine gute Quelle für die Einschätzung der Arbeit sind die Berichte (Observer Reports), die Beobachter alle zwei Jahre über ihr Engagement erstellen; sie sind öffentlich zugänglich.[622]

Weniger geografische Nähe als vielmehr geopolitische und wirtschaftliche Interessen liegt der Selbstverortung und Darstellung einiger in der Arktis aktiver Länder zugrunde. So nennt sich Frankreich mit Verweis auf seine Tradition von Expeditionen und Forschungsbasen in Arktis und Antarktis eine „polare Nation“,[623] und Großbritannien sieht sich als „near-Arctic neighbour“.[624] Am ehrgeizigsten ist China, das sich als „Near Arctic State“ [625] bezeichnet. Dabei ist die Volksrepublik weit von der Arktis entfernt; ihr nördlichster Landzipfel liegt etwa auf demselben Breitengrad wie Berlin. Chinas nördlichster Hafen liegt in Dalian; von dort sind es 5700 km bis zum Nordpol. Das sind 1600 km mehr als von Berlin zum nördlichsten Punkt des Planeten. Doch beansprucht Peking im arktischen Ordnungsrahmen eine mehr als nur beobachtende Rolle.

Aufgrund der großen Materialfülle und der komplexen Unterschiede können hier nicht alle Beobachterstaaten in gleicher Weise umfassend und detailliert dargestellt werden. Orientiert an grundlegenden Aspekten wird wiederum die Frage gestellt, wie einige der Staaten mit der sich abzeichnenden Großmachtrivalität konfrontiert werden und wie sie damit umgehen – wobei China als aufsteigende Großmacht im Unterschied zu anderen asiatischen Beobachterstaaten genauer zu betrachten ist.

Der „Nahe Arktisstaat“ China

Staats- und Parteichef Xi erklärte China schon 2014 zur „polaren Großmacht“,[626] nachdem es im Jahr zuvor den Beobachterstatus beim Arktischen Rat erhalten hatte. Der Anspruch spiegelt das neue Selbstbewusstsein der Volksrepublik. China hat vielfältige Interessen in Arktis und Antarktis. Diese sind aber der Gesamtstrategie untergeordnet und die Arktis nimmt darin keinen herausgehobenen Stellenwert ein. Im Rahmen der Belt and Road Initiative (BRI) gilt das Nordpolarmeer – nach dem Landkorridor durch Zentralasien und dem indopazifischen Seeweg bis in das europäische Mittelmeer – als dritter wichtiger maritimer Korridor einer polaren Seidenstraße.

Im Weißbuch zur Arktis erklärte sich China im Januar 2018 als „naher Arktisstaat"; die Volksrepublik sei eines der Länder, die am nächsten am Polarkreis liegen und daher von Veränderungen in der Arktis betroffen seien.[627] Der chinesische Botschafter in Schweden, Lan Lijun, hatte schon 2012 die Auswirkungen von Klimawandel und Ressourcenentwicklung in der Arktis auf Klima, Umweltbedingungen, Landwirtschaft sowie sozioökonomische Entwicklung Chinas hervorgehoben und in diesem Kontext sein Land als „nahen Arktisstaat" bezeichnet.[628] Die Betroffenheit teilt China jedoch mit anderen Staaten in Asien. Ähnlich wie Indien und Japan kann China auf die Unterzeichnung des Spitzbergenvertrags 1925 verweisen und auf ein langjähriges Engagement in der Region. Die Volksrepublik hat bislang acht wissenschaftliche Expeditionen im Nordpolarmeer durchgeführt und betreibt seit Juli 2004 die Station Yellow River auf Spitzbergen mit Forschungsschwerpunkten auf Atmosphäre, Umwelt, Gletscherkunde, Ozean und Weltraum. Hydrografische Untersuchungen sollen zur Verbesserung von Navigation, Sicherheit und Logistik und bei der Formulierung von Regeln für arktisches Navigieren beitragen; Wissenschaft und Schifffahrtsinstitutionen wollen bei der Entwicklung polarer Navigation und Hardware zusammenarbeiten.[629] Eine Schlüsselrolle hat die 1981 gegründete Chinese Arctic and Antarctic Administration (CAAA) in Peking.

Das wissenschaftliche Engagement gilt als einer der Gründe, warum die Arktisstaaten Chinas Zulassung als Beobachter befürwortet haben, die es schon 2007 beantragt hat (damals wurde eine Entscheidung aus administrativen Gründen[630] zunächst auf 2011 und dann 2013 verschoben). Dieser Argumentationslinie zufolge will die Volksrepublik nicht die Interessen der Arktisstaaten beschneiden, sondern eine Gelegenheit zur Kooperation eröffnen. Die Ankunft Chinas in der Arktis erscheint hier als einfache und unvermeidliche Folge wachsender weltweiter Interessen des Landes. Andere weisen darauf hin, dass China schon länger in der Arktis aktiv ist und erst das steigende Interesse der Weltgemeinschaft an China und der Arktis dies transparent gemacht habe[631] – die Interessen des Landes haben sich demzufolge weniger geändert als der Blickwinkel von außen. Realiter ist auch das chinesische Investitionsniveau in der Arktis weit weniger spektakulär, als es den Anschein hat. Islands ehemaliger Präsident Grimsson bemerkte dazu, dass mit Ausnahme der russischen Arktis, in der China eine wachsende Präsenz habe, es sehr schwerfalle, einen einzelnen Fall großer chinesischer Investitionen zu finden[632] – was allerdings auch in der Ablehnung etlicher Investitionsprojekte durch europäische Arktisstaaten begründet ist.

Chinesische Diplomatie in der Arktis

Peking hat seine Präsenz in den Ländern des Nordens sichtbar verstärkt; in Reykjavik verfügt die Volksrepublik über die größte aller Botschaften. Im Weißbuch zur Arktis werden die Regeln arktischer Governance (Arktischer Rat, Seerechtsübereinkommen, Polarkodex, Fischereiabkommen) betont; sie dienen als Ausgangspunkte umfassender Ambitionen.[633] In einem Beitrag, der noch vor der Zulassung als Beobachterstaat erschien, wurde beispielsweise dafür plädiert, dass der Arktische Rat eine inklusive und offene Plattform bilden sollte, in der „all die positiven Kräfte eingebracht werden, die gute Governance für die Arktis und den Planeten erleichtern".[634] Dies ist ein typischer Ansatz im Sinne einer überwölbenden „Schicksalsgemeinschaft der Menschheit"[635] – im Gegensatz zur Idee der Vereinten Nationen als internationale Gemeinschaft gleichberechtigter Staaten – und das einfache Rational des Arktisengagements: Wenn in Zukunft etwas in der Arktis zu vergeben sein wird, will China daran beteiligt werden.

Peking sieht die Arktis als geopolitisch wichtigen Raum, der langfristig an Bedeutung gewinnt. Wie im Weltraum und in maritimen Räumen kann Peking in der Arktis seine globalen Ambitionen austesten und neue Normen entwickeln. Es gilt daher als der „aktivste Beobachterstaat"[636] im Arktischen Rat. Gerade weil die Arktis nicht so stark reglementiert ist wie die Antarktis, erweist sie sich als eine gute Probebühne. Ein Beispiel bietet die Wissenschaftsdiplomatie. Die prekäre Balance zwischen Arktisstaaten und einer aufstrebenden

Großmacht wird hier besonders deutlich. Denn ebenso wie Arktisstaaten die Forschungszusammenarbeit nutzen, um China konfliktfrei zu integrieren und zu sozialisieren, versucht China seine Position als eigenständiger Akteur auszubauen, ohne Befürchtungen in den Arktisstaaten auszulösen.[637] Chinesische Investitionen in teure Forschungsinfrastruktur werden nicht nur in Island gerne genommen und schaffen Vertrauen und Präsenz. Beides benötigt China, um mehr Einfluss zu gewinnen. Auch die wissenschaftliche Präsenz ist aber nicht zweckfrei und kann zur Vorbereitung weitergehender – auch militärischer – Ambitionen dienen.

Sino-russische Kooperation auf der Seidenstraße

Als Xi das BRI-Projekt 2013 bekannt gab, das auch unter dem lyrischen Namen neue Seidenstraße kursiert, hatte diese Initiative zwei namensgebende Aspekte: Ein Gürtel (Belt), der den eurasischen Kontinent umschließt, und eine (Wasser-) Straße (Road), die sich vom Indischen Ozean über den Suezkanal bis nach Europa erstreckt. Mittlerweile hat sich das Projekt ausgeweitet und beinhaltet nicht nur Land- und Seeräume, sondern auch den Cyberraum und den Weltraum. Es werden weiter Straßen und Häfen von chinesischen Firmen gebaut, sie beinhalten nun aber auch digitale Infrastruktur und dienen häufig als Empfangsstationen chinesischer Satelliten. BRI ist kein homogenes Projekt, sondern beinhaltet im jeweiligen Einzelfall eine Kombination politischer, wirtschaftlicher und strategischer Faktoren. Es erweitert den Einflussbereich Pekings und ermöglicht den Zugang zu Rohstoffen, Märkten und strategisch wichtigen Räumen. Die neue Seidenstraße soll China ins Zentrum der Weltpolitik führen. Die Ziele in der Arktis sind bescheidener, aber nicht unwichtig: Es gilt die nationale Versorgungssicherheit durch Energieträger aus der russischen Arktis zu erhöhen, zumal derzeit fast 80 Prozent der Ölimporte über die Malakka-Straße erfolgen. Der Seeweg durch das Nordpolarmeer ermöglicht chinesischen Transportverkehr, ohne dass

Schiffe diesen Engpass passieren müssen, der im Konfliktfall blockiert werden kann.[638]

Bei einer geschätzten Gesamtinvestition von einer Billion US-Dollar ist BRI ein Jahrhundertprojekt und erregt kontroverse Urteile; manchen erscheint es als trojanisches Pferd, das chinesischen Imperialismus befördert.[639] In Berlin wächst die Sorge wegen der Machtambitionen Chinas und der eigenen europäischen Ambitionslosigkeit. Peking schaffe „parallel zu etablierten multilateralen Institutionen sinozentrische Strukturen, die nicht in unserem Interesse liegen", warnte das Auswärtige Amt. China nutze die Initiative, „um politischen Einfluss global auszudehnen, globale Standards und Normen nach eigener Vorstellung zu prägen und Industriepolitik, insbesondere durch Förderung von Staatsunternehmen, voranzutreiben".[640] Peking hat sich vorgenommen, die polare Seidenstraße gemäß dem neuen Fünfjahresplan (2021–2025) auszubauen; dazu will China an der Entwicklung von Arktis und Antarktis teilhaben – was den weltumspannenden Wirkungszusammenhang des BRI-Projekts deutlich werden lässt und die ursprünglich zurückhaltende, wenn nicht ablehnende Haltung Moskaus erklärt.

Russland wollte zunächst China nicht als Beobachter im Arktischen Rat zulassen.[641] Die Gründe hatte Peking selbst mit Aussagen geliefert, die revisionistische Bestrebungen nahelegten. Admiral Yin Zhuo erklärte 2010, dass „der Nordpol und das Meeresgebiet um den Nordpol der Gemeinschaft der Völker der Welt" gehöre, und da China über ein Fünftel der Weltbevölkerung verfüge, sei seine Rolle nicht sehr gering einzuschätzen.[642] Vor dem Europabesuch von Premierminister Wen Jiabao wurde kommentiert, die Arktis gehöre wie der Mond „jedermann"[643] – ein klarer Affront für Moskau. Praktisch wurden solche Ambitionen demonstriert, als das chinesische Forschungsteam bei der ersten Fahrt des Eisbrechers *Schneedrache* (Xue Long) durch die Nördliche Seeroute 2012 hydrografische und topografische Untersuchungen vornahm und es lange strittig blieb, ob vorab dafür eine russische Genehmigung eingeholt wurde.[644] Das bilaterale Verhältnis war bis vor wenigen Jahren also weit weniger freundlich, und es ist davon auszugehen, dass dem Partner in Peking weiterhin gespannte Aufmerksamkeit gilt.

Das chinesische Jahrhundertprojekt schien zunächst Russland zu umgehen und mündete erst auf Drängen Moskaus in ein gemeinsames BRI-Projekt.[645] Präsident Xi und Ministerpräsident Medwedew vereinbarten im Juli 2017, eine arktische Seidenstraße zu schaffen. Ein Kreditabkommen in Höhe von 9,5 Milliarden US-Dollar wurde für Infrastrukturprojekte der Nördlichen Seeroute zur Verfügung gestellt.[646] Allerdings ist diese sino-russische Kooperation aus der Not geboren, in die sich Moskau durch seine Kriege im Kaukasus und der Ukraine gebracht hat. Die internationale Isolation Russlands und die gegen das Land verhängten Sanktionen sind maßgeblich dafür verantwortlich, dass Moskau seine ablehnende Haltung gegenüber BRI und einer chinesischen Beteiligung an der NSR aufgegeben hat.

Originär handelt es sich bei der sino-russischen Kooperation in der Arktis also nicht um eine lang geplante oder ersehnte bilaterale Zusammenarbeit, sondern um pragmatisches Handeln, das Pekings aktuellen Plänen für die Region entspricht und bislang mit den Vorstellungen Moskaus zur Entwicklung und Nutzung der russischen Arktis übereinstimmt. Im beiderseitigen Interesse liegen – neben der Nutzung fossiler Ressourcen – etwa die sozioökonomische Entwicklung der arktischen und fernöstlichen Gebiete Russlands sowie der nordöstlichen Provinzen Chinas (Heilongjiang und Jilin), die sich aus der kommerziellen Nutzung der Arktis und arktischer Seewege ergeben.

Als Außenminister Lawrow kurz nach der Übernahme des Vorsitzes im Arktischen Rat 2021 erklärte, dass China der bevorzugte Partner in der Arktis sei, stellte er daher gleich klar, dass er die russische Arktis meine und nicht den Arktischen Rat, in dem Russland den Fokus auf das Engagement mit anderen Arktisstaaten setzt.[647] Moskau lehnt weiter das chinesische Selbstverständnis als „naher Arktisstaat" ab und will den Clubcharakter des Rates bewahren. Darin ist es sich mit den USA einig, wie der Arktisbeauftragte Nikolai Korchunov erklärte.[648] Dementsprechend ist Peking bestrebt, jegliche amerikanisch-russische Annäherung zu verhindern, und versucht solche Treffen mit der Biden-Administration jeweils mit eigenen Konsultationen förmlich einzuhegen– ein seltsamer Umgang mit einem Partner, dem angeblich vertraut wird.

Als Partner wider Willen ist Moskau gegenüber Peking in einer schwierigen Lage. Einerseits will die russische Führung über jedes chinesische Engagement im eigenen Umfeld bestimmen. Andererseits erschweren solche Dominanz und Kontrolle jegliches Zugeständnis, wenn chinesische Importe erhöht und mit chinesischer Hilfe die Infrastruktur für die Nördliche Seeroute entwickelt werden soll, um sie kommerziell besser nutzen zu können (im Südchinesischen Meer erhebt Peking ähnlich exklusive Ansprüche gegenüber Moskau).[649] Langfristig dürfte China die Transpolare Route bevorzugen, weil dieser Schifffahrtsweg russischer Kontrolle nicht unterliegt – mit Grönland als wichtigem Element chinesischer Infrastruktur- und Ressourcenpolitik.

Bereits der erste Transit eines chinesischen Frachtschiffs durch die Nordostpassage im September 2013, die Errichtung permanenter Forschungsstationen durch die Volksrepublik und die regelmäßige Präsenz des Eisbrechers *Schneedrache* in der Region illustrieren die wachsende Bedeutung der Arktis für China.[650] Der in der Ukraine gebaute Eisbrecher ist seit 1994 im Einsatz des China Institute of Polar Research, dem die Forschungsstationen in Arktis und Antarktis unterstellt sind. Der 122 Meter lange *Schneedrache 2* ist der erste Eisbrecher, der mit finnischer Hilfe in China selbst gebaut wurde. Nach einer ersten Fahrt in der Antarktis absolvierte er bis September 2020 einen Forschungsaufenthalt in der Arktis. Ein drittes Schiff ist als schwerer Eisbrecher im Bau und dürfte – ähnlich russischen Projekten – als Modell für weitere Eisbrecher dienen.[651] Damit macht sich Peking zunehmend unabhängig von russischen Begleitschiffen, was für Moskau einen Verlust an Einnahmen und Kontrolle bedeutet. Große Beachtung fanden zudem chinesische Bemühungen, Wartungsverträge für russische Eisbrecher zu erwerben[652] und damit langfristig sogar Russland von China abhängig zu machen.

Im Rekordjahr 2018 fuhren zehn Schiffe der staatlichen *COSCOL*-Schifffahrtsgesellschaft vierzehnmal durch die Arktis. Sie sparten dabei nach chinesischen Angaben viel Zeit (220 Tage), Treibstoff (6948 t) und Kosten (9,36 Millionen US-Dollar). Einige der Fahrten wurden mit dem neuen Trio eisgängiger Frachtschiffe durchgeführt. Als Schiffseigner oder über indirekte Beteiligungen ist *COSCO* mittlerweile der größte Betreiber im Transitverkehr der NSR.[653] Die Masse des chinesischen Ferngüterhandels wird aber weiter jenseits der Arktis verschifft;[654] es ist fragwürdig, ob arktische Seewege in Zukunft einen höheren Anteil am chinesischen Außenhandel erhalten.

Aber China ist nicht nur aus kommerziellen Gründen an arktischen Seewegen interessiert. Es sucht aus geopolitischen Motiven eine Ausweichroute für Suezkanal und Malakka-Straße, um die Transportwege zu diversifizieren, im Konfliktfall einer Seeblockade zu entgehen und die eigene Versorgungssicherheit zu erhöhen. Außerdem ist es weniger am Ausbau der russischen Route als an der Einbindung der Arktis in das chinesische BRI-Projekt interessiert. Daher investiert China in die russische Arktis, baut aber zugleich eigene Eisbrecher und eisgängige Schiffe, so dass es in Zukunft selbständiger navigieren kann. Da Russland zu wenig in die Infrastruktur investiert, will China selbst russische Häfen in Murmansk, Sabetta, Archangelsk, Tiksi ausbauen und für eigene Containerschiffe nutzbar machen.[655] So will die chinesische *Poly Group Corporation* über fünf Milliarden US-Dollar in die Entwicklung eines Tiefwasserhafens in Archangelsk investieren.[656] Ähnlich wie in der Marinekooperation oder im Rüstungsbereich macht sich Peking sukzessive unabhängig von russischer Unterstützung und konterkariert damit Moskaus „Asia Pivot".[657] Russland ist zudem nicht der einzige Partner in Chinas multilateralem Ansatz, der darauf ausgerichtet zu sein scheint, exklusive Rechte der Arktisstaaten zu reduzieren und eigene Ambitionen zu befördern.[658] Das läuft klar russischen Interessen zuwider. Es gibt aber bisher keine Anzeichen, dass Moskau es – jenseits grundlegender Skepsis gegenüber Chinas strategischen Ambitionen[659] – als Problem erkannt hat, dass die von Peking gepriesenen „Win-win"-Beziehungen realiter bedeuten, dass

Peking zweimal gewinnt. Das dürfte so lange funktionieren, wie es Moskau im Verhältnis zu Europa und den USA nützt. In Zukunft dürften die Beziehungen komplizierter werden.

Klimapolitik und Ressourcennutzung

Als weltgrößter Emittent von Treibhausgasen will China bis 2060 klimaneutral sein. Präsident Xi hat im September 2020 in einer vor der Vollversammlung der Vereinten Nationen ausgestrahlten Rede ambitionierte Klimaziele für sein Land versprochen: Den Höhepunkt des Ausstoßes von Kohlendioxid will China nicht mehr „um 2030 herum" erreichen, sondern früher. Spätestens 2060 will China keine zusätzlichen Treibhausgase mehr in die Atmosphäre emittieren. Wie dies umgesetzt werden soll, ist aber unbekannt und die Entwicklung zeigt bislang in die entgegengesetzte Richtung: 2020 errichtete China das Äquivalent von mehr als einem großen Kohlekraftwerk pro Woche, so dass rund 60 Prozent des Energiekonsums aus Kohle stammen.[660] Der neue Fünfjahresplan, von dem Antworten erhofft waren, verzichtet auf ambitionierte Vorgaben, und Druck aus der Öffentlichkeit ist in China nicht zu erwarten: „Dass die Volksrepublik der mit Abstand größte Schadstoffverursacher ist, ja seit rund einem Jahrzehnt mehr Kohle konsumiert als der Rest der Welt zusammen, kommt in der innerchinesischen Debatte praktisch nicht vor",[661] resümiert Fabian Kretschmer, Korrespondent in Peking.

Eine mittelfristige Alternative bietet das „klimafreundlichere"[662] Erdgas. China ist weltweit führend in der Infrastruktur für Erdgasbetankung, und der Bedarf nimmt weiter zu: 2020 sollen zehn Prozent, 2030 dann 15 Prozent der nationalen Energieversorgung durch Gas gedeckt werden.[663] Seit 2013 hat Peking systematisch seine diesbezüglichen Aktivitäten erhöht und in die russische Arktis investiert. Ein Vertrag zwischen der *China National Petroleum Corporation (CNPC)* und dem russischen Unternehmen *Rosneft* erlaubt die Erkundung von Feldern in der Barentssee; *CNPC* ist zugleich Partner von Russlands größtem privatem Gasproduzenten *Novatek*. China profitierte von den

Sanktionen, die infolge der Krim-Annexion gegen Russland verhängt wurden. Es konnte russische Pläne zur Diversifizierung ausländischer Beteiligungen unterlaufen, allerdings die aufgrund der Sanktionen fehlende Expertise und Technologie nur begrenzt ersetzen. *CNPC* besitzt nun einen Anteil von 20 Prozent am Jamal-Projekt, einem der weltweit größten LNG-Vorhaben; der chinesische Seidenstraßen-Fonds hält weitere 9,9 Prozent daran.[664] 15 eisgängige LNG-Tanker werden mit chinesischer Beteiligung für den Transport gebaut. In einem symbolischen Akt war China 2018 das erste Ziel einer LNG-Lieferung über die Nördliche Seeroute (allerdings wurde das Gas dann von einer britischen Firma an den französischen Energiekonzern *Engie* verkauft, der es nach Boston in den USA verschiffte). Am russischen Projekt Arctic LNG 2 sind wiederum *CNPC* und Chinas Entwicklungsbank beteiligt. Ab 2024 sollen vom Terminal auf der Gydan-Halbinsel jährlich 20 Millionen t Flüssiggas über die NSR exportiert werden – mit einer Steigerung auf 37 Millionen t 2025 und auf 55 bis 70 Millionen t 2030; auch hierfür werden eisgängige LNG-Tanker geordert, diesmal bei der südkoreanischen Werft *Samsung Heavy Industries*.[665] Dabei schafft sich Moskau mit der neuen, 3000 km langen Gaspipeline „Kraft Sibiriens", über die jährlich 38 Milliarden Kubikmeter Gas aus Nordostsibirien bis nach Schanghai fließen sollen,[666] selbst Konkurrenz für die NSR. Als einziger Käufer am Ende der teuren Pipeline kann Peking die Preise diktieren und zahlt dem neuen Partner deutlich geringere Tarife als Abnehmer in Europa.[667] Moskau ist daher bemüht, andere Investoren, darunter Indien, Japan und Südkorea, aber auch Saudi-Arabien und die Vereinigten Arabischen Emirate, zu engagieren. Peking wiederum ist bestrebt, die Abhängigkeit von Moskau zu verringern, und bezieht zunehmend LNG aus den USA.[668]

Die militärische Dimension chinesischer Ambitionen

Im Arktis-Weißbuch finden sich keine direkten Hinweise auf militärische Sicherheit, die Streitkräfte sind jedoch integraler Bestandteil der Ambitionen, die China als „polare Großmacht" hegt, und der auf

Arktis und Antarktis ausgerichteten Strategie.[669] General Liu Huaqing koordinierte als Promotor und Befehlshaber der chinesischen Marine auch die Vorbereitungen für Chinas erste Antarktisexpedition 1984. Die Beteiligung der Streitkräfte wertete er als nützliche Erfahrung, die sich bei der Entwicklung einer hochseefähigen Kriegsmarine auszahlen werde.[670] Die jahrzehntelangen hohen Investitionen, die Peking in die Marinerüstung fließen ließ, ermöglichen zunehmend globale Einsätze. Dies demonstrierten fünf Kriegsschiffe im September 2015, als sie US-Gewässer vor Alaska im ersten „Freedom of Navigation"-Einsatz der chinesischen Geschichte durchquerten. Im selben Jahr besuchte Chinas Marine erstmals Dänemark, Finnland und Schweden. Zuletzt kreuzten im September 2021 erneut Kriegsschiffe vor Alaska[671] – wohl auch als Reaktion auf die Präsenz der US-Marine im Südchinesischen Meer.

Die militärische Dimension chinesischer Aktivitäten in der Arktis ist bislang begrenzter Natur und hat sich offenbar nur im Kontext wissenschaftlicher Arbeit intensiviert.[672] Dabei hat die Beschäftigung mit Navigation und Kommunikation stets zivile und militärische Bedeutung, wie schon im Falle Kanadas ausgeführt wurde; das gilt etwa für die BeiDou-2-Satellitennavigation auf chinesischen Forschungsstationen.[673] Die zivile Forschung vermittelt ein positives Bild der eigenen Ambitionen in der Arktis und vergrößert damit das Machtpotenzial (soft power). Realiter dient beispielsweise die Erforschung der Meeresräume und speziell der Unterwassernavigation natürlich auch der Verbesserung militärischer Einsatzmittel, ob für U-Boote oder Unterwasserdrohnen.

Langfristig ermöglicht die andauernde chinesische Marinerüstung eine globale Machtprojektion. Darin ist die Arktis ein strategisch wichtiger und militärisch relevanter Teil der polaren Seidenstraße, und chinesische Anteile an Häfen oder maritimer Infrastruktur haben einen inhärenten militärischen Nutzen.[674] Aus diesem Grund wurden chinesische Immobiliengeschäfte u. a. in Island und Schweden von den dortigen Regierungen verhindert. Der Übergang zu einer neuen Marinestrategie, die Nord- und Südpol als Operationsgebiete definiert, wäre nur konsequent[675] – ist bislang aber nicht offiziell erklärt worden. Der erste nuklear betriebene Eisbrecher Chinas könnte dazu beitragen, eine solche Strategie umzusetzen.

Besondere Aufmerksamkeit gilt der militärischen Zusammenarbeit Chinas mit Russland, wie Schwedens Arktisstrategie hervorhebt.[676] Allerdings sind die sino-russischen Beziehungen auf ziviler wie militärischer Ebene so eng wie widersprüchlich. Russland ist für das chinesische Militär eine wichtige Quelle doktrinärer und operativer Erfahrung sowie militärisch nutzbarer Technologien und hat einen in der jahrzehntelangen Auseinandersetzung mit den USA gewonnenen Vorsprung. Informationen über russische Unterseeboote und Unterwassernavigation werden aber nicht immer freiwillig ausgetauscht, und chinesische Spionage richtet sich auch gegen Russland.[677] Die maritimen Seidenstraßen können durch die zunehmend global agierende chinesische Marine genutzt werden[678] und im Zusammenwirken mit der russischen Marine eine Allianz auf hoher See[679] entstehen lassen. Heutige sino-russische Manöver im Indopazifik könnten so bald noch häufiger im arktisch-nordatlantischen Raum stattfinden – solange dies beiden Seiten in ihrer Rivalität mit den USA und NATO-Staaten nutzt.

Aus nuklearstrategischer Perspektive ist die Arktis „Chinas verletzliche Nordflanke“.[680] Im Kriegsfall liegen die Flugrouten amerikanischer Interkontinentalraketen mit Ziel China über dem Nordpolarmeer. Ähnlich wie Washington und Moskau hat Peking daher Interesse an Frühwarnsystemen im arktischen Raum; denkbar ist eine diesbezügliche Rüstungskooperation. Chinesische Unterseeboote operieren bereits im Nordatlantik; in russischen Arktishäfen sind sie eine exzentrische Vorstellung, aber nicht absurd. Und diese Vorstellung hat mit dem Test nuklear bestückbarer, hyperschallschneller Waffensysteme eine neue Dimension erhalten.[681] Peking könnte mit militärischen Fähigkeiten in der Arktis seine Position als globale Militärmacht absichern. Allerdings wäre Moskau damit deutlich erkennbar zum Juniorpartner geworden, weshalb eine derart weitreichende Militärkooperation unwahrscheinlich ist. China könnte dann die USA aus der Arktis heraus direkt bedrohen[682] und nicht nur die russische Vormachtstellung infrage stellen, sondern für Russland bedrohliche Maßnahmen der USA hervorrufen.

Bislang aber wird die sino-russische Zusammenarbeit pragmatisch von gemeinsamen wirtschaftlichen Interessen dominiert; eine weitergehende Kooperation weckt oft Misstrauen: „Während wir mit dem Westen jahrhundertlange Erfahrung haben, wissen wir bei den Chinesen nicht, wer wer ist", meint Alexej Makarkin, Vizechef des Moskauer Zentrums für Politische Technologien.[683] China wiederum betrachtet Russland ebenfalls nicht als idealen (oder gar ebenbürtigen) Partner, sondern als Quelle günstiger Rohstoffe und Energie. Anders als Russland braucht China aber keinen Partner, es gebraucht Russland für seine Auseinandersetzung mit den USA.

Die Präsenz Chinas in der Arktis wächst und damit die Rolle seiner Streitkräfte. Dabei agiert Peking jedoch vorsichtig und vermeidet bislang provokante Demonstrationen der Stärke. Ein anderes Verhalten würde den Interessen der Volksrepublik zuwiderlaufen, die primär geoökonomisch und strategisch ausgerichtet sind. Die Ablehnung vieler Projekte in den meisten Arktisstaaten hat China zu einem vorsichtigeren Verhalten veranlasst. Dies bedeutet aber kein Abrücken von langfristigen Ambitionen, sondern ist allenfalls eine taktische Pause, zumal andere asiatische Beobachterstaaten allmählich ebenfalls stärkeres Interesse an der Arktis zeigen.

Asiatische Beobachterstaaten

Die nordostasiatischen Beobachterstaaten China, Japan und Südkorea teilen aufgrund ihrer geografischen Lage und exportorientierten Wirtschaft ein ähnliches Interesse an der Arktis. Erstens wirkt sich die Erwärmung der Arktis auf alle diese Staaten und in Südasien auf Indien aus, weshalb auch Bangladesch einen Beobachterstatus erwägt.[684] Zweitens wird eine in Zukunft ganzjährige Befahrbarkeit des Nordpolarmeeres die regionalen Seewege und Hafenlogistik verändern (was auch in einem Stadtstaat wie Singapur großes Interesse findet) und drittens betrachten die meisten asiatischen Staaten den Zugang zu Seewegen und Energieressourcen aus einem sicherheitspolitischen Blickwinkel und sind dafür zu Investitionen in ihre Versorgungssicherheit bereit.[685]

Wirtschaftliche Aspekte und wissenschaftliche Forschung interessieren alle asiatischen Staaten, die 2013 als Beobachter im Arktischen Rat zugelassen wurden. Jenseits des Wunsches nach einer Beteiligung an Fragen arktischer Ordnung gibt es aber keine „asiatische Position".[686] Ein panasiatischer Ansatz wurde von keinem der Bewerberstaaten angestrebt, um die Sorge vor zu großer Einflussnahme zu zerstreuen. Singapur scheint sich dieser Befürchtung besonders bewusst gewesen zu sein; seine Diplomaten betonten, dass die Bewerbung ausschließlich auf den Interessen des Stadtstaates beruhte und keine Konsultation, geschweige denn Koordination mit anderen asiatischen Bewerberstaaten erfolgt sei.[687] Singapur wählte stattdessen den Arktisstaat Norwegen als Mentor.

Wirtschaftliche Interessen verfolgen sowohl Arktisstaaten als auch asiatische Beobachterstaaten. So hat US-Senatorin Murkowski darauf hingewiesen, dass China der größte Handelspartner ihres Bundesstaates Alaska sei, gefolgt von Japan und Südkorea.[688] Gleichwohl sind die Erwärmung und ihre Folgen für die ganze Welt bedeutsam. In Asien sind etwa 220 Millionen Menschen komplett auf Gletscherwasser angewiesen,[689] das sie unabhängig von Dürreereignissen versorgt, die infolge des Klimawandels zunehmen.

Alle großen Staaten Asiens betreiben Forschungsstationen auf Spitzbergen und beteiligen sich an der Arktisforschung.[690] Japan war das erste asiatische Land, das Arktisforschung unternahm und die Nutzbarkeit der Nördlichen Seeroute untersuchte. Indien hat große Expertise aufgrund seiner jahrzehntelangen Antarktisforschung und untersucht unter anderem den Einfluss des arktischen Klimas auf den Monsun. Südkorea nutzt wie Singapur seinen technologischen Vorsprung in Hafenlogistik und Schiffsbau.[691] Folgerichtig beteiligten sich Wissenschaftler aus China, Japan und Korea auch an der MOSAiC-Expedition.

Indien

Als neuer Beobachterstaat im Arktischen Rat nutzte Indien die Gelegenheit, um 2013 in einem Briefing des Außenministeriums die eigene, relativ bescheidene Interessenlage darzustellen, die maßgeblich in Wissenschaft und Umwelt, Energie und Strategie liegt. Diese werden in Indien – mit Ausnahme aktueller russischer Energielieferungen – als langfristige Interessen betrachtet und gelten als wichtig, aber nicht dringlich.[692] Als einer der ersten Unterzeichner des Spitzbergen-Vertrages 1923 hat Indien in heutiger Zeit erst spät eine arktische Präsenz angestrebt und 2008 die Station Himadri (Sanskrit: „Wohnsitz von Schnee") in Ny-Ålesund an der Westküste von Spitzbergen zur Erforschung der Atmosphäre und des marinen Ökosystems errichtet. Außerdem betreibt sein National Centre for Polar and Ocean Research ein Unterwasser-Observatorium; es wurde 2014 am Kongsfjord auf Spitzbergen eingesetzt. Drei Satelliten dienen der internationalen Arktisforschung, und es soll ein Schiff für die Polarforschung angeschafft werden.[693] Vorangetrieben wird die politische Partnerschaft mit nordischen Ländern.[694]

Ein herausragendes Interesse gilt der Gletscherforschung und dem Wechselspiel von Arktis und Himalaya, der als dritter Pol angesehen wird. Die Hochgebirgslandschaft des Himalayas beherbergt nicht nur die Quellen mehrerer großer Flüsse Asiens und beeinflusst das Klima des indischen Subkontinents: Dortige Veränderungen haben signifikante Auswirkungen auf das Klimasystem der nördlichen Hemisphäre; Studien zeigen eine direkte Verbindung zwischen Prozessen in der polaren Atmosphäre und der Monsunaktivität in Indien. Das schmelzende Gletschereis des Himalaya-Tibet-Plateaus bestimmt die Flusspegel von Indus und Jangtse, von denen die Bewässerung landwirtschaftlicher Nutzflächen in China sowie Indien und Pakistan abhängig ist.[695] Wie in der Arktis verschwinden derzeit große Gletschergebiete mit katastrophalen Auswirkungen.

Darüber hinaus ist Indien einer der Abnehmer russischer fossiler Energieträger und will bis 2030 den Anteil an Flüssigerdgas von derzeit sechs auf 15 Prozent erhöhen. Im September 2021 transportierte die *Marschall Wassilewski* dafür erstmals LNG über den eisfreien östlichen Teil der Nördlichen Seeroute nach Indien.[696] Indien ist nach den USA und China der drittgrößte Emittent von CO_2. Mit seiner schnell wachsenden Bevölkerung und einer stark von Kohle und Öl abhängigen Wirtschaft werden die Emissionen weiter ansteigen; in den vergangenen zehn Jahren hat sich der Kohleverbrauch fast verdoppelt und sorgt für mehr als 70 Prozent der Energieerzeugung.[697] Indien will und kann daher erst bis 2070 klimaneutral werden.

Das indische Arktisengagement ist darüber hinaus zu einem guten Teil auf die Konkurrenz mit China zurückzuführen. Dem Nachbarstaat werden weniger wissenschaftliche als vielmehr strategische und wirtschaftliche Interessen in der Arktis unterstellt. Exemplarisch erklärte Shailesh Nayak, Direktor des National Institute of Advanced Studies (NIAS): „Während Indiens Hauptinteresse an der Arktis wissenschaftlicher Natur ist, da der Klimawandel das Monsunmuster des Landes beeinflussen und sich auf die Ernährungssicherheit auswirken kann, ist Chinas Hauptinteresse die strategische und wirtschaftliche Entwicklung der Arktis sowie der Klimawandel, und es hat eine klare Politik zu diesen Aspekten."[698] Indien befindet sich geografisch zu weit südlich, um von arktischen Seewegen und Ressourcen profitieren zu können – einmal abgesehen von russischen Energielieferungen. Es ergeben sich allenfalls negative Implikationen, sollte die asiatische Schifffahrt in Zukunft statt der Straße von Malakka die Arktis nutzen.

Japan

Wissenschaftliche Forschung, internationale Kooperation und Schifffahrtswege stehen im Vordergrund der Interessen Japans in der Arktis. Es unterhält seit über 50 Jahren ein polares Forschungsprogramm und betreibt seit 1991 eine Forschungsstation auf dem Svalbard-Archipel. Denn Veränderungen im Arktischen Ozean seien kein Problem einer weit entfernten Region, meint der Vizedirektor des National Institute of Polar Research Hiroyuki Enomoto. Die Forschung soll fortgesetzt werden und dazu 2021 der Bau eines neuen Eisbrechers beginnen, der wie der in der Antarktis eingesetzte Eisbrecher *Shirase* 128 m lang sein soll.[699]

Japan kontrolliert eine der wichtigen Transitrouten, die Eisbrecher in Richtung Arktis nehmen, wenn sie die La-Pérouse-Straße (japanisch: Sōya-Straße) durchqueren, die den südlichen Teil der russischen Insel Sachalin vom Norden der japanischen Insel Hokkaidō trennt. Alternative Routen bieten die Inseln der „Nördlichen Territorien", die seit Ende des Zweiten Weltkriegs von Russland besetzt sind. Japan wurde trotz (oder vielleicht sogar wegen) des anhaltenden Kurilen-Konflikts 2013 mit russischer Unterstützung als Beobachter in den Arktischen Rat aufgenommen. Denn es gibt eine große Bandbreite für Kooperation – von der Infrastruktur der Nördlichen Seeroute über die Erschließung von Rohstoffvorkommen bis zu Schiffsbau und Erhaltung maritimer Sicherheit. Japan hat 2021 über seinen Botschafter Toyohisa Kozuki die Absicht erklärt, einen „aktiven Part in der Entwicklung" der Nördlichen Seeroute übernehmen zu wollen.[700] Ob dies mehr als nur ein freundlicher Neujahrsgruß war, bleibt abzuwarten.

Nach wie vor ist das bilaterale Verhältnis von russischem Sicherheitsdenken geprägt. Die Stationierung russischer Raketenabwehr auf der von Japan beanspruchten Kurileninsel Iturup sichert die pazifische Zugangsseite zur Arktis; auf Kunashiri und Etorofu will Moskau Militärstützpunkte errichten und Antischiffsraketen stationieren.[701] Die Kurilen werden so Teil der russischen Abhaltestrategie (A2/AD), mit der Moskau im Konfliktfall die Seestreitkräfte der USA auf Distanz halten will.

Südkorea

Im Beitrittsjahr 2013 veröffentlichte Seoul einen Masterplan, an dem federführend das Korea Polar Research Institute (KOPRI) beteiligt war. Es betreibt seit 2009 den Forschungseisbrecher *Araon* für Fahrten in Antarktis (Forschungsstation King Sejong) und Arktis (Forschungsstation Dasan auf dem Svalbard-Archipel). Im Zentrum der südkoreanischen Arktispolitik stehen der Aufbau partnerschaftlicher Beziehungen mit Arktisstaaten, der Ausbau der Forschung im Bereich der Umwelt- und Ingenieurwissenschaften sowie die Schaffung neuer Geschäftsfelder. Ähnlich wie im Falle anderer asiatischer Staaten soll die Entwicklung bilateraler Wirtschaftsbeziehungen mit Arktisstaaten primär eine stabile Rohstoffversorgung sicherstellen. Das Korea Maritime Institute beteiligt sich an der North Pacific Arctic Conference und veröffentlicht die Reihe „The Arctic in World Affairs".[702] Ein Beispiel für aktuelle Wissenschaftskooperation gibt ferner ein auf fünf Jahre angelegtes Projekt mit Norwegen, Japan und den USA, um das Verständnis des arktischen Meereises mittels der Nutzung von Satellitendaten zu verbessern[703] – wobei einmal mehr interessiert, wann es eine „eisfreie" Arktis geben wird.

In der Republik Korea galt eine „arktische Bonanza" als vielversprechende Aussicht auf günstige und sichere Energieressourcen und eine weiter florierende Schiffsbauindustrie, die ein ähnliches Wirtschaftswachstum wie in den 1960er bis 1980er Jahren schaffen könnte. Denn Südkorea ist das einzige nichtarktische Land, das eisgängige Schiffe bauen kann: Zuletzt lieferte 2016 bis 2019 *Daewoo Shipbuilding & Marine Engineering* dem russischen Gasproduzenten *Novatek* 15 eisgängige LNG-Tanker.[704]

Für ein erstes Energieprojekt erwarb die *Korea Gas Corporation* 2011 von der kanadischen Firma *MGM Energy* einen Anteil von 20 Prozent am Umiak-Gasfeld im Mackenzie-Flussdelta. Außerdem erhoffen sich südkoreanische Küstenstädte weitere Investitionen durch die stärkere Nutzung arktischer Schifffahrtsrouten, wodurch die Abhängigkeit von der Malakka-Straße verringert werden könnte. Frühere Pilotprojekte wie 2013 der Transit der Nördlichen Seeroute durch ein Schiff, gechartert von *Hyundai Glovis*, wurden mangels Rentabilität nicht fortgesetzt.[705]

Singapur

Der Stadtstaat ist als Anrainer der Malakka-Straße und als Betreiber einer der weltgrößten Häfen naturgemäß daran interessiert, frühzeitig Klimaveränderungen und die Entwicklung neuer Schiffsrouten abzusehen und sich auf etwaige Veränderungen einzustellen. Singapur hat zwar weder den Spitzbergen-Vertrag unterzeichnet noch war es in der Polarforschung aktiv, und doch sind die Gründe für seine Bewerbung als Beobachterstaat schnell klar: Als flacher, nur etwa 15 Meter über dem Meeresspiegel liegender Inselstaat droht ihn ein ansteigender Meeresspiegel schnell zu erfassen. Weit entfernte Ereignisse wie das Schmelzen des grönländischen Eisschildes haben also fatale Folgen selbst in Südostasien.[706] Der Stadtstaat bleibt daher an der Klimaentwicklung interessiert und engagiert sich in den entsprechenden Treffen und Arbeitsgruppen des Arktischen Rates. Das Centre for Climate Research Singapore wurde 2013 gegründet; es will keine Forschungsstation in der Arktis errichten, aber das Centre for Offshore Research & Engineering an der University of Singapore ist maßgeblich daran beteiligt, in der Arktis nutzbare Technologien zu entwickeln.

International anerkannt ist das Engagement für die Ordnung des maritimen Raums.[707] Unter dem Vorsitz des Botschafters von Singapur bei den VN, Tommy Koh, wurde in der dritten Verhandlungsrunde 1980 bis 1982 der Konsens über das künftige Seerecht erzielt, das er als „Verfassung der Ozeane" bezeichnet hat. Außerdem ist Singapur ein aktives Mitglied der IMO und war ein Advokat des Polarkodex, der 2014 beschlossen wurde.

Europäische Beobachterstaaten

Im Rahmen ihrer Beobachtertätigkeit haben die meisten europäischen Staaten ihre zum Teil jahrzehntelange Polarforschung dokumentiert. Strategiepapiere haben Deutschland (2013, 2019), die Niederlande (2014), Großbritannien (2013, 2018) und Frankreich (2016, 2019), Spanien (2016) und Italien (2015) publiziert; einige der unterschiedlichen Ansätze und Aktivitäten in der Arktis sollen kurz dargelegt werden.

Frankreich

Die französische Verteidigungsministerin Florence Parly erkannte 2019 als neue große Herausforderung in der Arktis einen verstärkten Wettbewerb zwischen verschiedenen Staaten der Region, der zur Konfrontation führen könne. Im Vorwort einer Broschüre ihres Ministeriums zitiert sie Frankreichs ehemaligen Premierminister und Botschafter für Arktis und Antarktis, Michel Rocard, der die Region mit dem Nahen Osten gleichgesetzt hat („The Arctic? It's a second Middle East!").[708] Einmal mehr werden damit geopolitische Veränderungen und Unsicherheiten deutlich, die die Arktis als „Schauplatz widersprüchlicher Ambitionen"[709] kennzeichnen.

Das deutsche Alfred-Wegener-Institut (AWI) betreibt seit 2003 gemeinsam mit dem französischen Polarinstitut (Institut polaire français Paul-Émile Victor, IPEV) die AWIPEV-Forschungsbasis am Kongsfjord auf Spitzbergen. Hauptaufgabe der Forschungsbasis ist die Grundlagenforschung in den Umweltwissenschaften. Dafür stehen Labore für physikalische, biologische und chemische Untersuchungen zur Verfügung, das Meeresforschungslabor des norwegischen Betreibers Kings-Bay steht seit 2005 für meeresbiologische Arbeiten offen.[710]

Großbritannien

Die 1830 gegründete Royal Geographical Society in London galt einst als „der selbstverständliche Mittelpunkt aller Forschungen in den Polarregionen".[711] Heute wird mit Bezug auf das MOSAiC-Projekt die Notwendigkeit weiterer Forschung auch wegen der Folgen der veränderten arktischen Umweltbedingungen für Großbritannien thematisiert.[712] Entsprechende Investitionen in die Forschung repräsentiert das neue Polarforschungsschiff *Sir David Attenborough*.

Das primäre außenpolitische Ziel liegt – ähnlich den deutschen Arktisleitlinien – in der Bewahrung der Arktis als einer friedlichen und stabilen Region.[713] Generell wird jedoch ein eher diffuses Interesse an der Arktis konstatiert, das sich auf Wissenschaft, Energiefragen und Verteidigung konzentrierte[714] und erst in den letzten Jahren wieder sichtbare Formen annahm, um in Kooperation mit den USA wieder eine stärkere Rolle im Nordflankenraum der NATO einzunehmen. Erstmals seit 20 Jahren entsandte Großbritannien mit den USA, Dänemark und Norwegen im September 2020 eine multinationale Einsatzgruppe unter Führung eines britischen Kriegsschiffs[715] in die Barentssee. Der britische Verteidigungsminister Ben Wallace erklärte, Britannien wolle sich künftig wieder mehr in der Barentssee engagieren. Aufgrund der Eisschmelze würden die Seewege für einige sehr attraktiv werden, dies biete zugleich aber Gelegenheit für ein Land wie Russland, weil es sich „strategisch verwundbar" fühlen könnte, die Freiheit der Schifffahrt herauszufordern. Dabei nahm er Bezug auf die russische Forderung, Durchfahrten in der Barentssee vorher anzumelden (wozu London selbst bislang nicht aufgefordert wurde). Die Aufrechterhaltung des Seerechts sei für ein Land wie Großbritannien, das vom freien (See-) Handel abhängig ist, sehr wichtig.[716]

Nach dem Austritt aus der EU zum 31. Januar 2020 muss das Vereinigte Königreich auch im Kontext der Arktis seine Außenbeziehungen neu ordnen. Dabei will London seine Partnerschaften durch Handels-, Verteidigungs- und Wissenschaftsdiplomatie mit arktischen Staaten wie Kanada, Island, Norwegen und den USA sowie mit anderen Staaten außerhalb der Region wie China, Indien, Südkorea und Japan erweitern. Ähnliche – allerdings nicht mit London konforme – Überlegungen gibt es in Schottland.

Eine Mehrheit der Schotten hat sich bei dem Austrittsreferendum 2016 für den Verbleib in der EU ausgesprochen. Dies spiegelt sich in einem Strategiepapier, in dem 2019 historische Verbindungen und aktuelle Interessen in der Arktis dargelegt wurden. Denn der Brexit drohe viele internationale Partnerschaften – darunter zu Arktisstaaten – zu beschädigen.[717] Schließlich liegt der Norden Schottlands tatsächlich näher am Polarkreis als an London, wie Nicola Sturgeon, Erste Ministerin Schottlands, auf der Arctic Circle Assembly im November 2021 betonte. Programme wie Northern Periphery and Arctic sollen die Kooperation mit EU-Staaten sowie Norwegen, Island, Grönland, Nordkanada und nördlichen Regionen der Russischen Föderation fördern.

Nach Schottland hat 2021 auch Irland seine Absicht erklärt, einen Beobachterstatus anzustreben.[718]

Italien

In den nationalen Leitlinien zur Arktis, die das Außenministerium 2015 veröffentlichte, wird auf die über 100 Jahre alte Geschichte Italiens in der Arktis hingewiesen.[719] Sie begann mit den Expeditionen des Herzogs der Abruzzen an Bord der *Stella Polare* 1899 und setzte sich fort mit Umberto Nobile, der von Norwegen mit seinem Luftschiff *Norge* zu einer ersten Polarfahrt aufgebrochen war. Am 12. Mai 1926 überquerte er gemeinsam mit dem Norweger Roald Amundsen und dem Sponsor der Expedition, dem Amerikaner Lincoln Ellsworth, den Nordpol. Sie waren die ersten Menschen, die unbestritten den Nordpol – wenn auch auf dem Luftweg – erreichten.

Das nationale Forschungsinstitut (Consiglio Nazionale delle Ricerche, CNR) errichtete 1997 eine Beobachtungsplattform im Ny-Ålesund auf Spitzbergen, die nach Nobiles Luftschiff *Dirigibile Italia* benannt ist. Das ehrwürdige Gedenken wird aktuell jedoch – soweit bekannt – nicht in ambitionierten Projekten fortgeführt. Maßgeblich sind italienische Firmen im Energiesektor der Arktis tätig: 2016 begann der italienische Energiekonzern *ENI* mit der Plattform Goliath die Ölförderung in der Barentssee und 2019 im Premier-Oooguruk-Ölfeld in Alaska. Außerdem sind italienische Firmen an russischen LNG-Projekten in Sibirien beteiligt.[720]

Polen

In Polen wird stolz auf die erste Forschungsexpedition 1934 und eine der zwei permanent besetzten Forschungsstationen von EU-Staaten verwiesen: die nach dem Arktisforscher Stanisław Siedlecki benannte Station in Hornsund auf Spitzbergen. Als Beobachterstaat seit 1998 wurde erst 2015 eine auf Polnisch vorliegende Strategie publiziert. Das überrascht, da erklärt wurde, dass Beobachterstaaten signifikanten Einfluss auf die Entwicklung nationaler Politiken nehmen können und die Gelegenheit haben, bilaterale Beziehungen außerhalb des Rates zu pflegen.[721] Der Mangel an zugänglicher Literatur erschwert auf jeden Fall das Verständnis für die polnische Arktispolitik, der es nicht an engagierten Wissenschaftsteams mangelt, wie Glaziologen auf der Arctic Circle Assembly 2021 demonstrierten.

Schweiz

Im Bericht über die Tätigkeit als Beobachter beschreibt sich die Schweiz als „bekannt für langjähriges und verlässliches Engagement in der friedlichen internationalen Zusammenarbeit mit den arktischen Nationen", das von einer großen Anzahl gemeinsamer Forschungsprojekte bis hin zu einem starken Einsatz für die nachhaltige Entwicklung in der Region durch multilaterale Gremien reiche. Außerdem wird auf die lange Tradition der Arktisforschung verwiesen, die in das 19. Jahrhundert zurückreicht. Heute koordiniert das Swiss Committee on Polar and High Altitude Research die Forschungsaktivitäten.[722]

Das Eidgenössische Departement für auswärtige Angelegenheiten (EDA) präsentierte 2019 die ersten Pfeiler einer schweizerischen Polarpolitik und konzentrierte sich auf die wissenschaftliche Zusammenarbeit.[723] Aus Schweizer Sicht bedeutet der Beobachterstatus eine große Anerkennung; denn zeitgleich hatten sich 2017 Griechenland und die Türkei beworben und wurden abgelehnt. Die Schweiz sei akzeptiert worden, weil sie keine Gebietsansprüche in der Arktis erhebe, als zuverlässiger internationaler Partner gelte und die Mitglieder des

Rates von der Qualität der schweizerischen Arktisforschung überzeugt werden konnten, so die Argumentation. Als neutrales Land könne die Schweiz eine Vermittlerrolle übernehmen, wenn es um den Interessenausgleich zwischen verschiedenen Ländern gehe. Eine der Hauptaufgaben der nationalen Außenpolitik ist es laut Stefan Flückiger, den Wirtschaftsplatz Schweiz zu unterstützen: „Die Schweiz ist weltweit einer der wichtigsten Standorte für Rohstoffunternehmen. Wenn diese künftig in der Arktis aktiv werden wollen, werden wir sie dabei unterstützen."[724] Wie in China will man dabei sein, wenn es sich zu lohnen beginnt.

Sonderfall EU

Die Europäische Union hat keinen formellen, aber einen *de-facto*-Beobachterstatus. Aufgrund des langjährigen Engagements und der Vielzahl von Projekten in der Arktis ist die EU ein arktischer Akteur; praktisch gibt es keinen Unterschied zu Beobachterstaaten.[725] Schließlich sind drei EU-Staaten – Dänemark, Finnland und Schweden – Mitglieder des Rates, und die Arktisstaaten Island und Norwegen sind Mitglieder des Europäischen Wirtschaftsraums. In der EU-Arktisstrategie vom Oktober 2021 wird der eigene Sonderfall durch den Hinweis relativiert, dass es vorrangig in der Verantwortung der arktischen Staaten selbst liege, die Chancen und Probleme in ihrem Hoheitsgebiet anzugehen. „Viele dieser Herausforderungen reichen jedoch über die nationalen Grenzen und die Grenzen der Region hinaus und können im Rahmen regionaler oder multilateraler Zusammenarbeit wirksamer bewältigt werden." In diesem Zusammenhang müsse der Rolle der EU als Gesetzgeber für einen Teil der europäischen Arktis Rechnung getragen werden.[726] Brüssel orientierte sich demgemäß in EU-Mitteilungen 2008, 2012 und 2016 an drei Prinzipien: Schutz der Arktis, nachhaltige Entwicklung und internationale Kooperation.

Die dramatischen Auswirkungen des Klimawandels stellen alle Arktisstaaten und auch die Beobachterstaaten im Arktischen Rat vor große Herausforderungen, denen sie in ihrer jeweiligen Arktisstrategie zu begegnen versuchen. Dabei bleibt es für die EU „wichtiger denn je, dafür zu sorgen, dass die Arktis weiterhin ein Raum des Friedens, des Wohlstands und der konstruktiven internationalen Zusammenarbeit bleibt".[727] Wie dies konkret erreicht werden soll, führte die Europäische Kommission 2016 aber nicht aus; in der Mitteilung von 2021 werden nun neue Akzente der EU-Arktispolitik präsentiert. Während alle drei Prinzipien relevant bleiben, fehlte im internationalen Kontext bislang eine sicherheitspolitische Komponente. Sie folgt der zunehmenden Bedeutung der Arktis für die Außen- und Sicherheitspolitik und entspricht dem neuen Selbstverständnis der EU, deren umfassendes Engagement als „geopolitische Notwendigkeit"[728] gilt. Für Brüssel bedeutet deren Umsetzung einen Balanceakt zwischen Arktis- und Nichtarktisstaaten, EU- und NATO-Staaten, Geopolitik und Geoökonomie, hohen Erwartungen und unzureichenden Fähigkeiten – eine ganze Reihe von Zielkonflikten.

Die EU zwischen Anspruch und Wirklichkeit

EU-Kommissionspräsidentin Ursula von der Leyen hat zu Beginn des fünfjährigen institutionellen Zyklus (2019–24) der EU eine „geopolitische Kommission" ausgerufen. Europa müsse die „Sprache der Macht lernen", erklärte sie in ihrer Grundsatzrede am 8. November 2019 in Berlin. Das heiße auch „eigene Muskeln aufbauen, wo wir uns lange auf andere stützen konnten – etwa in der Sicherheitspolitik".[729] Aber Brüssel kann (und will) kein Gegengewicht für ein in Arktisfragen erratisches Amerika, ein (über-) ambitioniertes China und ein aggressives Russland sein. Damit wäre die EU überfordert und bräuchte mehr – insbesondere militärische – Machtmittel als derzeit politisch vertretbar und durchsetzbar: „Wir sind keine Anbieter von harter Sicherheit, und wir haben nichts, was an eine europäische Armee heranreicht", erklärte der im April 2020 ernannte EU-Arktisbotschafter Michael Mann. Sicherheit beinhalte in diesem Sinne eher Gesundheitsfragen, Umwelt und Seenotrettung (SAR).[730]

In Anbetracht der durch Russlands militärische Aktivitäten veränderten Lage kommt jede neue Arktisstrategie – wie Schweden im Strategiepapier 2020 – nicht mehr umhin, auf sicherheitspolitische Risiken hinzuweisen und daraus Schlüsse zu ziehen. Welchen Beitrag kann und will die EU leisten, wenn sie gleichzeitig weiter auf multilaterale Kooperation setzen, Risiken dabei aber nicht verleugnen möchte?

Gemäß der neuen Mitteilung will die EU ihr Engagement für die Arktis im sicherheitspolitischen Kontext verstärken, indem sie einen Beitrag leisten will „zur Aufrechterhaltung des friedlichen und konstruktiven Dialogs und der Zusammenarbeit in einer sich wandelnden geopolitischen Landschaft, um die Sicherheit und Stabilität der Arktis zu erhalten, indem Fragen der Arktis in ihren externen Kontakten angesprochen werden, die regionale Zusammenarbeit intensiviert wird und eine strategische Vorausschau auf sich abzeichnende sicherheitspolitische Herausforderungen entwickelt wird".[731]

Eine strategische Vorausschau ist wichtig, konkret will Brüssel in der Sicherheitsfrage jedoch wie schon in früheren Jahren „die Katastrophenschutzkapazitäten und die Zusammenarbeit bei Such- und Rettungseinsätzen stärken".[732] Ein Fokus auf maritime Sicherheit entspricht gleichermaßen der defizitären Situation in der Arktis und den Fähigkeiten der EU. Die in der EU-Strategie für maritime Sicherheit verankerten Maßnahmen dienen dazu, Resilienz auf- und entsprechende Fähigkeiten auszubauen, die zum gemeinsamen Lagebild der Schifffahrt und des Flugwesens in und über der Arktis beitragen können. Hier herrschen in der Arktis große Defizite, während die EU reiche praktische Erfahrung und finanzielle Unterstützung einbringen kann. So fördert die EU-Initiative „Horizon 2020" das Project ARCSAR (Arctic and North Atlantic Security and Emergency Preparedness Network) für den arktisch-nordatlantischen Raum und damit ein innovatives System für Such- und Rettungseinsätze.

Maritime Sicherheit erfordert eine Kombination von Instrumenten, über die EU-Staaten durchaus verfügen – von gemeinsamen Normen bis hin zu Fähigkeiten in Satellitenüberwachung, Küstenschutz und Marine. Dabei stellt sich allerdings das alte Problem der

EU-NATO-Beziehungen: Das Potenzial für eine Kooperation zur Gewährleistung der maritimen Sicherheit ist immer noch nur unzureichend benannt, geschweige denn abgestimmt und koordiniert. Eine positive Ausnahme ist das Baltic Maritime Component Command in Rostock, das sowohl (und vorrangig) der NATO wie auch der EU zur Verfügung stehen soll – mit Schwerpunkt auf Führung von Operationen im Ostseeraum und an der Nordflanke. Es ist aber auch eine Ausnahme geblieben.

Eine zukunftsweisende EU-Strategie für Russland?

Wenn die neue Arktisstrategie ein realistischer Entwurf für die Zukunft sein soll, muss sie Russland gleichermaßen als Chance und als Problem berücksichtigen. In einigen Politikfeldern stimmen europäische und russische Interessen überein, wenn auch ihre Rangordnung unterschiedlich ausfällt und mit Blick auf Ostukraine und Krim für jedes, selbst selektives Engagement große Zurückhaltung angebracht ist. In Moskau steht die nationale Sicherheit im Vordergrund, aber natürlich ist Russland im eigenen Interesse an Verbesserungen z. B. der Seenotrettung und grenzüberschreitender Kooperation gelegen.

Die EU verfügt über ein breites Fähigkeitsspektrum, das in etwaigen gemeinsamen Projekten genutzt werden kann. Auch grenzüberschreitende Umweltkooperationen sind im Einzelfall im russischen Interesse, da Beschlüsse und Aktivitäten der EU direkte Auswirkungen auf die wirtschaftliche Entwicklung in der Arktis haben und Europa selbst ein wichtiger Abnehmer russischer Produkte ist.[733] Allerdings ist in der der neuen Mitteilung der Kommission die Forderung enthalten, „auf die Förderung von Öl, Kohle und Gas auch in den arktischen Regionen zu verzichten",[734] was in Moskau kaum die geringe Bereitschaft zur Kooperation erhöhen wird.

Als deklaratorische Politik konstatiert Brüssel: „Die EU setzt sich entschlossen für die Aufrechterhaltung einer sicheren, stabilen, nachhaltigen und wohlhabenden Arktis ein, die weiterhin eine Region mit geringen Spannungen und einer friedlichen multilateralen

Zusammenarbeit bleiben muss."[735] Dies ist ein Desiderat, nicht Teil einer Strategie. Außerdem werden die militärischen Aktivitäten im russischen Teil der Arktis darauf zurückgeführt, dass sie „sowohl die globale strategische Positionierung als auch die innenpolitischen Prioritäten, einschließlich der doppelten Nutzung der Infrastruktur, widerzuspiegeln" scheinen.[736] Das klingt wie ein besänftigendes Zugeständnis an Moskau und bedient mehr russische Bedürfnisse, als auf Besorgnisse der Staaten in Nordeuropa einzugehen. Zwar werden im Weiteren viele gute Ansätze und Absichten genannt (wie eine permanente Präsenz der EU in Grönland), um auf der Grundlage konstruktiv zusammenwirkender politischer Strategien der EU die Stabilität in der Arktis zu verbessern. Die „Sprache der Macht" reflektiert dies aber nicht und soll es offenbar auch nicht.

Der ehemalige finnische Premierminister Rinne meinte, wie schon ausgeführt, es solle mehr EU in der Arktis geben und mehr Arktis in der EU.[737] Dies bleibt richtig und zukunftsweisend. Realistisch kann die EU viel zur maritimen Sicherheit und ein wenig zur Stabilität beitragen, sie wird aber – und soll wohl auch – auf absehbare Zeit kein arktischer Sicherheitsakteur werden. Die Vielzahl anderer richtiger und darüber hinaus weisender Ansätze wird erhebliche Ressourcen binden; sie gilt es nun umzusetzen.

AUSSICHTEN: EIN NEUER KALTER KRIEG?

Der Klimawandel ist der maßgebliche Treiber der Veränderungen in der Arktis und verantwortlich für das arktische Paradox: Die Erwärmung und das immer stärkere Abschmelzen des Eises zu Land und zur See erlauben es, Seewege und Ressourcen besser zu nutzen, was wiederum auf das Klima zurückwirkt. Dabei erscheinen die Auswirkungen des Klimawandels mancherorts sogar nützlich, wie Grönland zeigt, wo schmelzende Gletscher als „Gratiswerbung" fungieren, um Kapital anzuziehen. Allerdings illustriert Grönland ebenso beispielhaft, dass die Arktis aufgrund des Klimawandels zum Austragungsort der Konkurrenz großer Mächte geworden ist, was das Königreich Dänemark unter erheblichen Druck setzt. Hinzu kommen die russischen Militäraktivitäten, die europäische NATO-Staaten im Norden verunsichern und eine höhere Präsenz von US-Streitkräften bewirken, was wiederum Russland in seiner Bedrohungswahrnehmung bestärkt – ein Sicherheitsdilemma, das es abzumildern gilt.

Droht ein neuer Kalter Krieg? „Cold War 2.0"?[738] Der Begriff wird häufig benutzt, weil er eine einfache Metapher ist. Chinas Präsident Xi warnte in seiner Ansprache an das Weltwirtschaftsforum 2021 mit Blick auf die USA vor einem „neuen Kalten Krieg", und der amerikanische Neorealist Robert D. Kaplan meinte, dass die USA und China in diesem Zustand für Jahrzehnte verharren werden.[739] Der deutsche

Außenpolitiker Alexander Graf Lambsdorff sieht gleich eine ganze Reihe neuer kalter Kriege.[740] Gerade weil es eine einfache und verständliche Formel sei, sollte sie verwendet werden, meinen andere.[741] Aber auch das Wortspiel vom Kalten Krieg, der sich in der Arktis aufheize,[742] macht die Sache nicht besser: Historische Analogien sind nützlich, aber meist nur mit großer Vorsicht und Zurückhaltung zu benutzen.

China steigt zur Weltmacht auf und ist wie einst die Sowjetunion (und heute Russland) antidemokratisch und autokratisch eingestellt: Ein Staat, der universelle Menschenrechte nicht einmal als Konzept akzeptiert, keine Meinungs-, Rede- und Pressefreiheit erlaubt und glaubt, religiöse Minderheiten „umerziehen" zu müssen; ein Staat, in dem die Kommunistische Partei über 1,4 Milliarden Menschen überwacht und die Diktatur neu erfindet.[743] Obwohl die Volksrepublik zum zentralen Konkurrenten im Wettbewerb der Systeme aufgestiegen ist, so dass selbst die EU den Begriff der Systemkonkurrenz reaktiviert hat, ist China nicht mit der Sowjetmacht gleichzusetzen, selbst wenn sie dem totalitären Staat unter Stalin zu ähneln beginnt.

Damals wie heute gibt es regionale Konfliktherde, die eskalieren können. In Asien sind es Relikte des Kalten Krieges, die ungelöst blieben – darunter der Status von Korea und Taiwan – und in Europa hat Russland die geltende Sicherheitsordnung zerstört. Abermals findet ein nuklearstrategischer und ein technologischer Wettlauf statt, und damals wie heute hat er den Weltraum erfasst sowie neue, nicht regulierte Felder wie Hyperschallwaffen und Künstliche Intelligenz. Aber die heutige Konkurrenz großer Mächte ist nicht mehr bipolar, sondern multipolar und mehrdimensional.[744] Jahrzehnte der Globalisierung bilden einen völlig anderen Kontext.

Es ist eine interdependente Welt, in der Wettbewerb[745] herrscht, aber politische Ziele wie Klimaschutz und Dekarbonisierung nicht ohne die Unterstützung der Rivalen umgesetzt werden können. Die USA dürfen Technologien wie etwa für Windkraftwerke oder Karbonspeicher nicht einem Exportverbot unterwerfen. Sie sind selbst von China abhängig, was Seltene Erden und Solartechnik betrifft. Es ist ein Dilemma, weil China in diesem Prozess die ambitionierten klimapolitischen Ziele westlicher Staaten als Mittel zur Abwehr von Kritik benutzen kann, während es selbst Autarkie anstrebt[746] – mit so viel Außenhandel wie nötig und so viel Abschottung wie möglich. Dabei kann selbst Konnektivität die Welt auseinandertreiben und Ursache und Instrument von Konflikten werden,[747] wie Chinas BRI-Projekt zeigt.

China ist der neue, vielleicht sogar „obsessive Fokus"[748] amerikanischer Außenpolitik. Insofern dient die Einhegung Chinas als das organisierende Prinzip und folgt dem historischen Vorbild des Kalten Krieges. Heute stehen sich aber nicht zwei feindlich gesinnte Blöcke gegenüber, sondern eine multipolare Welt ist die Herausforderung. Peking zielt darauf ab, eine immer größere Übereinstimmung zwischen der internationalen Ordnung und dem Einparteienstaat herzustellen, also die Welt an China (und nicht umgekehrt) anzupassen. Hierfür spielt die Etablierung eigener ideologischer Konzepte wie der Aufbau einer „Schicksalsgemeinschaft der Menschheit"[749] – im Gegensatz zur Idee der Vereinten Nationen als internationaler Gemeinschaft gleichberechtigter Staaten – eine wichtige Rolle, die auch auf die Arktis wirkt. Allerdings raubt eine Verengung auf die Systemrivalität unnötig Spielraum und fördert die Furcht der chinesischen Führung, das gleiche Schicksal zu erleiden wie die Sowjetunion. Die im Kalten Krieg praktizierte Strategie der Eindämmung (containment) wäre gegenüber China zum Scheitern verurteilt: Anders als die Sowjetunion stützt sich China auf Pragmatismus, Wirtschaftsleistung und Technologie. Hier unterscheidet sich Peking fundamental von Moskau, das sich damals wie heute als belagerte Festung sieht, was bestenfalls Sicherheit für das Regime, aber Stagnation und Selbstisolation für das Land bedeutet – wobei der Vorwurf des „Kalter-Krieg-Denkens" hier wie dort nützlich ist, um von außenpolitischen Ambitionen und innenpolitischen Repressionen abzulenken.

All dies bedeutet, dass ein Konflikt in der Arktis als Ergebnis von Ereignissen außerhalb der Region nicht ausgeschlossen werden kann. Aber die internationale Eskalation eines Konflikts in der Arktis bleibt „sehr unwahrscheinlich".[750] Die Arktis wird eine Zone der

Zusammenarbeit bleiben – notfalls auf Grundlage des kleinsten gemeinsamen Nenners wie Seenotrettung –, weil es in schlichter realpolitischer Erkenntnis die widrigen Zustände der Arktis erfordern. Der Klimawandel schafft neue Probleme auch nichttraditioneller Sicherheit für Mensch und Umwelt, aber bietet damit weitere Ansätze für Zusammenarbeit. Um die damit verbundenen Herausforderungen wirkungsvoll anzugehen, bedarf es der Kooperation.

Anders als vor zehn Jahren vermutet, hat die Aussicht auf eine stärkere Nutzung der arktischen Seewege und die Ausbeutung reicher Lagerstätten zu keinem „Kampf um Rohstoffe“[751] geführt. Entscheidend für Investitionen in die wirtschaftliche Zukunft der Arktis ist, wie sich die globale Nachfrage nach Rohstoffen und deren Preise entwickeln. Diese sind wiederum ebenso von politischen Entscheidungen für ein investitionsgünstiges Klima abhängig wie von Wetter und Eisbildung und dem neuen Primat von Dekarbonisierung und Klimaschutz. Die direkten und indirekten Kosten für arktische Projekte – von der Exploration bis hin zum Bau von Infrastruktur und Schiffen – sind in der Regel zu hoch im Vergleich zu anderen Vorkommen wie in Afrika. Noch sind vorhandene Lagerstätten ausreichend und noch sind gleichzeitig die Förderbedingungen in der Arktis zu aufwändig, als dass sich ein Streit darüber lohnt. Aber es bedarf der internationalen Kooperation, um mittelfristig deren umweltverträgliche Nutzung im Übergang zu nichtfossilen Energieträgern zu ermöglichen und neue, saubere Energieträger zu fördern – hier bieten Grönland und Island innovative Möglichkeiten. Außerdem befinden sich die am leichtesten zugänglichen Rohstofflager zu Lande, wo es keine Konflikte um Grenzziehungen gibt. Selbst auf See (offshore) liegt der größte Teil des Meeresbodens unstrittig in der Souveränität der Küstenstaaten.

Allein die Frage des Grenzlandsockels könnte einen Kampf um den Nordpol im Sinne eines internationalen Konflikts auslösen, wenn Russland die VN-Kommission ignorieren und wie China im Südchinesischen Meer eigenes Recht setzen sollte. Aber wozu? Moskau führt für seinen Großmachtstatus teure Kriege im Kaukasus und in der Ukraine, in der Arktis ist der Preis zu hoch, und Russland ist auch ohne den Nordpol als Symbol der wichtigste Akteur der Arktis. Es besitzt mehr als genug Land- und Seeräume, warum sollte es über die AWZ hinaus eine exklusive Zone etablieren?

Ähnliches gilt im Falle der Nutzung der Nördlichen Seeroute. Solange Russland seine exklusiven Ansprüche darauf nicht über Gebühr ausdehnt, sind „Freedom of Navigation"-Manöver der USA gefährlich und überflüssig. Die arktischen Seewege bieten auf absehbare Zeit zwar eine Abkürzung gegenüber südlichen Routen, aber keine Alternative. Das schmelzende Meereis macht die Schifffahrt auf arktischen Passagen möglich, jedoch nicht besser oder gar einfacher als andernorts. Noch sind die Gesamtkosten zu hoch, als dass diese mit Suez- und Panamakanal konkurrieren könnten. Auf lange Sicht bleiben arktische Passagen eine Ergänzung zu den gut ausgebauten südlichen Schifffahrtswegen. Gemäß *COSCO* werden sie den Suezkanal nicht ersetzen.[752] In einer nüchternen russischen Einschätzung wird die Nördliche Seeroute die Schifffahrt nicht revolutionieren, aber eine spezifische Nachfrage nach bestimmten Typen von Ladung und Zielen erfüllen.[753]

Gleichwohl sind die großen Hoffnungen, die Moskau auf die Nördliche Seeroute setzt, nur mit internationaler Unterstützung realisierbar. Auf sich allein gestellt kann Russland nicht einmal die notwendigen Mittel aufbringen, um die Infrastruktur auf schlechtem Niveau zu halten.[754] Der angestrebte „Container-Shuttle" erscheint ebenfalls wenig realistisch. Die sino-russische Zusammenarbeit konzentriert sich in der Arktis auf die Gasförderung; der von Moskau erhoffte Ausbau der NSR ist für Peking ein Mittel zum Zweck der Anbindung an sein vorrangiges Seidenstraßenprojekt.

Die russische Marine kann künftig schneller strategische Schwerpunkte mit Nord- und Pazifikflotte bilden, bleibt aber wie die zivile Schifffahrt den widrigen Verhältnissen der Arktis ausgesetzt. Paradoxerweise wird die russische Nordflotte zwar als Arktisflotte angesehen, doch Schwerpunkt ihres Einsatzgebiets bilden die eisfreie Barentssee und der Nordatlantik, weshalb sie bis vor kurzem kein eisgängiges Schiff hatte.[755] Auch das arktische Sicherheitsdilemma ist so vom

Klimawandel als Treiber betroffen, da er künftig mehr Marineaktivitäten ermöglicht.

Das arktische Sicherheitsdilemma

Die wachsenden militärischen Aktivitäten der Russischen Föderation und die großen Ambitionen Chinas haben Unsicherheit über die künftige Entwicklung und ein Sicherheitsdilemma entstehen lassen. Exemplarisch konstatiert Schweden in seinem Strategiepapier vom November 2020 eine „neue militärische Dynamik in der Arktis", weshalb der Verteidigungsetat um etwa 40 Prozent erhöht werden soll.[756]

Im Falle eines Sicherheitsdilemmas ist es eine typische Reaktion, dass verunsicherte Staaten sich gezwungen sehen, ihre militärischen Fähigkeiten zu stärken. Das erzeugt eine Spirale des Machtwettbewerbs und führt dazu, dass sich die Sicherheit aller Akteure letztlich eher verringert als erhöht.[757] So haben die USA und andere NATO-Staaten die Frage bereits teilweise beantwortet, wie sie auf die militärischen Aktivitäten Russlands im arktisch-nordatlantischen Raum reagieren wollen. Die eingeleiteten Maßnahmen wie Aufrüstung, Übungen und Verlegung von Einsatzmitteln müssen aber in eine ausgewogene Kombination von Abschreckung und Dialog eingebettet werden, wenn die Stabilität im Raum gewahrt werden soll.

Konfliktprävention durch Dialog und Kooperation

Je mehr Aktivitäten und Wettbewerb um Zugang und Einfluss in der Arktis zunehmen, desto stärker wächst der Bedarf an Mechanismen, um Spannungen zu bewältigen, den Dialog aufrechtzuerhalten und die Zusammenarbeit zu verbessern. Ohne einen solchen Rahmen besteht die Gefahr, dass ein Missverständnis oder eine Fehlwahrnehmung infolge eines Unfalls zu einem unbeabsichtigten militärischen Konflikt eskaliert. Daher ist es für die arktischen Staaten essenziell, einen Dialog über Fragen der militärischen Sicherheit zu führen. Wird ein solcher Austausch institutionalisiert, steigen die Chancen, dass die Absichten hinter der Außen- und Sicherheitspolitik einzelner Staaten klar werden. Damit lässt sich das Dilemma für alle Beteiligten entschärfen, der Aufbau militärischer Kapazitäten verlangsamen und das Fundament für eine Sicherheitsarchitektur schaffen.

Trotz der Spannungen im Verhältnis der Großmächte läuft die Kommunikation weiter über verschiedene Kanäle, wie den Sicherheitsrat der Vereinten Nationen, die G20 oder auf bilateraler diplomatischer Ebene. Dies gilt für Fragen strategischer Stabilität ebenso wie für den maritimen Raum. Derzeit gibt es jedoch kein Forum für einen Sicherheitsdialog, der Moskau einschließt und auf die Arktis ausgerichtet ist. Seit 2014 war Russland nicht an den jährlichen Treffen der arktischen Sicherheitskräfte (ASFR) beteiligt, die zuletzt im Mai 2021 in Finnland tagten. Andere Plattformen, an denen Russland weiter teilnimmt, wie der Arktische Rat, der Euro-Arktische Barents-Rat oder das Forum arktischer Küstenwachen (ACGF), sind wichtige Dialogformate, befassen sich aber nicht mit Fragen militärischer Sicherheit. Über die Notwendigkeit, Russland wieder in den Dialog einzubeziehen, besteht weitgehend Einigkeit.[758] Allerdings darf der Dialog kein Selbstzweck sein,[759] sonst droht er kontraproduktiv zu wirken.

Eine naheliegende Option wäre, das Mandat des Arktischen Rates um Fragen der militärischen Sicherheit zu erweitern. Jedoch gibt es Bedenken, dass harte Sicherheitsfragen weichere Themen untergraben und die Zusammenarbeit zwischen den Arktisstaaten gefährden könnten. So meinte der frühere norwegische Arktisbeauftragte Bård Ivar Svendsen, dass der Dialog mit Russland im Rat nur deshalb (noch) gut sei, weil die Sicherheitspolitik dort nicht Gegenstand der Beratungen ist. Ebenso deutlich sprach sich der Inuit Circumpolar Council (ICC) dagegen aus, sich mit Fragen der Verteidigung zu befassen. „Wir wollen nicht, dass unsere Welt durch die Probleme anderer Völker überrannt wird",[760] erklärte Alaskas ICC-Präsident Jimmy Stotts. Andere haben die Idee eines erweiterten Mandats unterstützt: Islands

Premierministerin Katrín Jakobsdóttir und Finnlands ehemaliger Regierungschef Antti Rinne sprachen sich dafür aus.[761]

Als ein Forum, das seit mehr als zwei Jahrzehnten erfolgreich aktiv ist, verfügt der Arktische Rat über einen hohen Grad an Institutionalisierung. Sein Mandat auszudehnen, bietet daher einen schnelleren Weg, als ein neues Format zu schaffen. Darüber hinaus versammelt er alle regionalen Hauptakteure, was ihn als vernünftigere Option zur Diskussion über militärische Sicherheit in der Arktis erscheinen lässt als den NATO-Russland-Rat oder die OSZE. Einer Erweiterung des Mandats müssten aber alle Mitgliedsstaaten zustimmen. Ob ein solcher Konsens erreicht werden kann, ist offen, und es gibt andere Ansätze, um den Dialog zu reaktivieren. So kündigte der russische Botschafter Korchunov an, den Austausch auf informeller Ebene zwischen militärischen Experten der Arktisstaaten wiederaufnehmen zu wollen.[762] In Reykjavik befürwortete Außenminister Lawrow, den Dialog zwischen militärischen Befehlshabern der Arktisstaaten (Arctic Chiefs of Defence, ACHOD) wiederaufzunehmen,[763] der ebenfalls seit 2014 ruht.

Der Dialog sollte auf jeden Fall wiederhergestellt und die Transparenz erhöht werden, um Missverständnissen – und damit Eskalationsrisiken – vorzubeugen. Ein solches Format benötigt aber konstruktive Substanz; dazu könnten Empfehlungen des Expertendialogs NATO-Russland[764] aufgegriffen werden. Sie sind auf den arktisch-nordatlantischen-Raum anwendbar. Als Erstes sollten beiderseits Planungen für militärische Übungen offengelegt werden. Vertrauliche Vorabinformationen wären geeignet, um Fehldeutungen russischer Alarmübungen zu vermeiden. Die NATO könnte Russland vertraulich über Bewegungen multinationaler Verbände informieren. Größere militärische Bewegungen und Übungen, die in den betreffenden Räumen stattfinden, sollten Informations- und Verifikationsregimen unterworfen werden (allerdings muss vermieden werden, einzelne Räume oder Länder zu isolieren). Außerdem sollten sich NATO und Russland bei der Stationierung und Bewegung von Marschflugkörpern und neuen weitreichenden Systemen gegenseitige Transparenz und Zurückhaltung zusichern. Zudem sollten beide ihre Gespräche über die Raketenabwehr wiederaufnehmen. Diese Vorschläge zielen nicht darauf ab, zur politischen Tagesordnung wie vor 2014 zurückzukehren. Sie dienen vielmehr dazu, eine Eskalation zu vermeiden und die Sicherheitslage zu verbessern.[765] In eine ähnliche Richtung zielen jüngste Vorschläge aus Washington.[766]

Im weiteren Prozess könnten spezifische Verhaltensregeln hilfreich sein (Arctic Code for Unplanned Encounters at Sea) und zudem ein militärischer Verhaltenskodex (Arctic Military Code of Conduct, AMCC).[767] Der AMCC hätte zum Ziel, akzeptables und legitimes Verhalten zu definieren. Ähnliche Vereinbarungen bestehen bereits in anderen Bereichen, so etwa für Such- und Rettungseinsätze (SAR) und die Umweltzusammenarbeit. Ein militärischer Verhaltenskodex könnte dazu beitragen, die Transparenz zu fördern und das Risiko von Fehleinschätzungen – und damit einer ungewollten Eskalation – zu verringern. Auf diese Weise ließe sich ein gewisses Maß an Vertrauen gegenüber den militärischen Absichten der jeweils anderen Seite schaffen, was das Sicherheitsdilemma abschwächen würde.

Als vertrauensbildendes Instrument könnte sich der AMCC auf das Wiener Dokument der OSZE über vertrauens- und sicherheitsbildende Maßnahmen (VSBM) stützen. Ein mögliches Modell für den Kodex ist das Fischereiabkommen für die Hohe See des zentralen Arktischen Ozeans. Es bietet ein Format für Verhandlungen zwischen den Küstenstaaten der Arktis, vier weiteren Ländern, die Fischerei in der Arktis betreiben, und der Europäischen Union. Der AMCC könnte in ähnlicher Weise neben den arktischen Staaten zudem die Länder einschließen, die zu militärischen Operationen in der Arktis fähig sind, wie China, Großbritannien und Frankreich. Zweck des Kodex wäre es, die Kooperation zu fördern und die Region konfliktfrei zu halten.

Die neue Arktis

Der Klimawandel schafft eine neue Arktis. Die Ausdehnung des arktischen Meereises wird immer kleiner und der Anteil schmelzender Permafrostböden immer größer, während die Temperaturen weiter steigen. Eine „eisfreie" Arktis erscheint noch unvorstellbar und kann doch schon in ein paar Jahren Wirklichkeit werden. Die Arktis, wie wir sie heute als eine weite, einsame Eiswelt kennen, wird bald vielleicht nur noch im Gedächtnis eingefroren existieren. Der Verlust eines einzigartigen Lebensraumes mit einer großen Vielfalt an Pflanzen und Tieren geht einher mit dem Verlust eines großartigen Kulturraums. Es ist eine traurige Aussicht auf neues, grünes Land, das für viele den Verlust der Heimat bedeuten wird.

In bemerkenswert kurzer Zeit haben die Bilder von schmelzendem Meereis, hungrigen Eisbären und wagemutigen Inuit-Jägern die Wahrnehmung der Arktis verändert. Aus einer faszinierenden Eiswüste wurde ein Labyrinth aus einzelnen Eisplatten und ein gefährdetes Ökosystem, aus einer Zone des Friedens wurde eine waffenstarrende Eisfestung. Je nach Standpunkt steht die Arktis kurz vor dem Zusammenbruch, ist eine reiche Schatzkammer oder ein Konfliktgebiet mit militärischem Eskalationspotenzial. Die Perspektiven sind vielfältig.

Ein zuversichtliches Bild der Arktis hat vor einhundert Jahren der kanadische Polarforscher Vilhjálmur Stefansson in seinen Büchern gezeichnet. Als Ergebnis einer fünfjährigen Arktisexpedition meinte er in seinem Buch *The Friendly Arctic* (1921), dass es zuallererst eine Frage der Einstellung sei, ob man mit der Arktis zurechtkomme. In *The Northward Course of Empire* (1922) prophezeite er dem Nordmeer eine Zukunft als künftiges Zentrum einer innovativen Gesellschaft.[768] Tatsächlich bietet das arktische Klima einen idealen Standort für innovative Technologien und Dienstleistungen, wodurch die fatale Abhängigkeit von der fossilen Energiewirtschaft beendet werden kann. Bei sinkender Nachfrage aus den Staaten mit ambitionierter Klimapolitik werden die Preise für fossile Rohstoffe fallen und Energieexporteuren drohen hohe Verluste. Die Wahrscheinlichkeit wäre dann hoch, dass es zum „grünen Paradox" kommt: Öl und Gas verbleiben nicht unter der Erde, sondern werden in Entwicklungs- und Schwellenländern billig genutzt, um dort das Wachstum zu befeuern. Schon heute verschiebt sich das Nachfragezentrum nach Asien. Daher sollten Energieexporteure wie Russland auf dem Weg in eine klimaneutrale Welt mitgenommen und eingebunden werden.

„Die Leute denken immer, jeder Einzelne müsse auf etwas verzichten", meint Anders Levermann, Professor für die Dynamik des Klimasystems am Potsdamer Institut für Klimafolgenforschung. „In Wirklichkeit geht es darum zu lernen, unsere Wirtschaft, unsere Technologien anders als früher zu betreiben und die gesamte Weltwirtschaft dazu zu bringen, ohne fossile Energieträger auszukommen. Das geht nicht von heute auf morgen, aber in 30 Jahren ist das zu schaffen, und es muss geschafft werden."[769] Eine der Autorinnen des Berichts des Weltklimarats, Astrid Kiendler-Scharr vom Forschungszentrum Jülich, bemerkte dazu, dass aus naturwissenschaftlicher Sicht nichts dagegen spreche, den Anstieg der Erdtemperatur in den Griff zu bekommen: Das sei „eine Frage des politischen Willens".[770] Neben realistischen Zielen müssen diese mehrheitsfähig sein, denn ohne gesellschaftliche Mehrheit ist in einer Demokratie dauerhaft nichts zu erreichen.[771] Welchen Staaten es gelingen wird, nach dem Ende des fossilen Zeitalters noch global relevante Akteure zu bleiben, wird auch davon abhängen, welche Infrastruktur und Verbindungen sie geschaffen haben werden. Die Arktis bietet hierfür vielfältige Möglichkeiten, wie Grönland zeigt.

Vielleicht eröffnet die angestrebte Unabhängigkeit Grönlands eine neue transnationale Zukunft oder gar einen „einheitlichen geopolitischen Raum der Inuit"?[772] Menschen in den nördlichen Regionen wollen Politik selbst gestalten, das gilt besonders für die indigenen Bevölkerungsgruppen der AZRF. „Russland ist offiziell ein föderaler Staat, tatsächlich aber wird der Kreml immer mächtiger", beklagt eine russische Aktivistin aus Petrosawodsk. Nur vor Ort sei zu verstehen, welche Politik es hier brauche.[773] Gute Politik auf lokaler und regionaler

Ebene ist eine Achillesferse des Kremls. Der Klimawandel wird die Probleme auf dem Land durch Wetterextreme eher noch verschärfen als verringern. Ein russischer Superagrarstaat in Sibirien ist wenig realistisch. Noch immer gehen russische Behörden wie einst in der Sowjetunion davon aus, dass bis zu 25 Prozent des russischen Landes landwirtschaftlich nutzbar gemacht werden könnten, wenn sich der Permafrost zurückgezogen hat. Tatsächlich aber treten unterirdische Flüsse und Seen zutage, die Erdrutsche von nie gekanntem Ausmaß verursachen.[774] Das Desaster ist absehbar, wenn die im Eis oder Permafrostboden verankerten Stützen der Pipelines absacken, unbemerkt Öl austritt und Straßen, Häuser und Industrieanlagen buchstäblich im Boden versinken.

Das schmelzende Meereis ermöglicht eine längere und intensivere Nutzung des Ozeans, wodurch die Biodiversität in der Polarregion in einem kritischen Maße bedroht werden kann. Gemäß der VN-Konferenz über Nachhaltige Entwicklung (UNCSD) sollen mindestens zehn Prozent der Weltmeere unter Schutz gestellt werden. Als Think-Tank für umweltpolitische Forschung und Analyse untersuchen das Ecologic Institute und seine Partner, wie ein Netzwerk von Meeresschutzgebieten in der Arktis[775] dazu beitragen könnte, die marine Vielfalt zu erhalten und die Funktionsfähigkeit mariner Ökosysteme zu sichern. Solche Projekte lassen auf eine erfolgreiche Zusammenarbeit hoffen.

Die Arktis war nie eine Region fernab aller Konflikte, nun wird sie zunehmend zum Raum widerstreitender Interessen; der Kampf um den Nordpol hat viele Facetten. Vielleicht wandelt sich die Arktis zu einem neuen zivilisatorischen Ziel und der Kampf wird zum Wettstreit um bessere und nachhaltigere Lösungen für die globalen Folgen des Klimawandels? Es ist eine neue Arktis, in der Ansätze zum Wohl und zur Sicherheit aller realisiert werden können, solange der Nordpol als Orientierung für Frieden und Zusammenarbeit dient und nicht Ziel nationalistischer Politik wird.

ABKÜRZUNGEN

A5	Arctic Five (Dänemark, Kanada, Russland, Norwegen, USA)
AA	Auswärtiges Amt
AARI	Arctic and Antarctic Research Institute
AC	Arctic Council
ACGF	Arctic Coast Guard Forum
ACHOD	Arctic Chiefs of Defence
AECO	Association of Arctic Expedition Cruise Operators
AESC	Arctic Executive Steering Committee
AFP	Agence France-Presse
AHDR	Arctic Human Development Report
AIP	Arctic Investment Protocol
AMAP	Arctic Monitoring and Assessment Programme
AMSA	Arctic Marine Shipping Assessment
ANWZF	Arctic Nuclear-Weapons-Free Zone
ARCSAR	Arctic and North Atlantic Security and Emergency Preparedness Network
ASC	Arctic Security Cutter
ASFR	Arctic Security Forces Roundtable
ASSR	Arctic Shipping Status Report
ASW	Anti-Submarine Warfare
AWI	Alfred-Wegener-Institut
AZRF	Arktische Zone der Russischen Föderation
BGR	Bundesanstalt für Geowissenschaften und Rohstoffe
BMCC	Baltic Maritime Component Command
BRI	Belt and Road Initiative

BWV	Berliner Wissenschafts-Verlag
CAAA	Chinese Arctic and Antarctic Administration
CCCC	China Communications Construction Company
CCG	Canadian Coast Guard
CCGS	Canadian Coast Guard Ship
CEPS	Centre for European Policy Studies
CHNL	Centre for High North Logistics
CIMSEC	Center for International Maritime Security
CLCS	Commission on the Limits of the Continental Shelf
CNAS	Center for a New American Security
CNPC	China National Petroleum Corporation
COSCO	China Ocean Shipping Company
COSCOL	COSCO Shipping Specialized Carriers Company
COVID-19	Corona Virus Disease 2019
CRS	Congressional Research Service
CSIS	Center for Strategic and International Studies
CSM	Christian Science Monitor
DDIS	Danish Defence Intelligence Service
DGAP	Deutsche Gesellschaft für Auswärtige Politik
DIIS	Danish Institute for International Studies
DoD	Department of Defense
DW	Deutsche Welle
EDA	Eidgenössisches Departement für auswärtige Angelegenheiten
EDM	Eurasia Daily Monitor
EMSA	European Maritime Safety Agency
ES&T	Europäische Sicherheit & Technologie
EUISS	European Union Institute for Security Studies
FAS	Frankfurter Allgemeine Sonntagszeitung
FAZ	Frankfurter Allgemeine Zeitung
FIIA	Finnish Institute of International Affairs
FONOP	Freedom of Navigation Operation
FP	Foreign Policy
FPRI	Foreign Policy Research Institute

FT	Financial Times
GIUK	Greenland-Iceland-United Kindom
HMCS	Her Majesty's Canadian Ship
HNN	High North News
IASC	International Arctic Science Committee
IBO	Independent Barents Observer
ICC	Inuit Circumpolar Council
ICDS	International Centre for Defence and Security
IISS	International Institute for Strategic Studies
IMO	International Maritime Organization
IPCC	Intergovernmental Panel on Climate Change
JACO	Joint Arctic Command
KSZE	Konferenz für Sicherheit und Zusammenarbeit in Europa
LNG	Liquefied Natural Gas
MARCOM	Maritime Command
MLI	Macdonald-Laurier Institute
MOSAiC	Multidisciplinary drifting Observatory for the Study of Arctic Climate
NAADSN	North American and Arctic Defence and Security Network
NATO	North Atlantic Treaty Organisation
NCPOR	National Centre for Polar and Ocean Research
NOAA	National Oceanic and Atmospheric Administration
NORAD	North American Aerospace Defense Command
NORDEFCO	Nordic Defence Cooperation
NSF	National Science Foundation
NSIDC	National Snow & Ice Data Center
NSR	Nördliche Seeroute
NWP	Nordwestpassage
NWS	North Warning System
NZZ	Neue Zürcher Zeitung
PAME	Protection of the Arctic Marine Environment
PIK	Potsdamer Institut für Klimafolgenforschung

PISM	Polski Instytut Spraw Międzynarodowych
PSC	Polar Security Cutter
qkm	Quadratkilometer
RCI	Radio Canada International
RIAC	Russian International Affairs Council
RUSI	Royal United Services Institute
SAR	Search and Rescue
SHIELD	Strategic Home and Integrated Ecosystem for Layered Defense
SIPRI	Stockholm International Peace Research Institute
SLBM	Submarine-Launched Ballistic Missile
SRÜ	Seerechtsübereinkommen
SWP	Stiftung Wissenschaft und Politik
SZ	Süddeutsche Zeitung
t	Tonnen
TEU	Twenty-foot Equivalent Unit (Zwanzig-Fuß-Standardcontainer)
TSR	Transpolare Seeroute
UNCLOS	United Nations Convention on the Law of the Sea
USAF	United States Air Force
USCG	United States Coast Guard
USCGC	United States Coast Guard Cutter
USMC	United States Marine Corps
USN	United States Navy
USNI	United States Naval Institute
VN	Vereinte Nationen
WSJ	Wall Street Journal

ARKTIS ONLINE

Arctic Circle: www.arcticcircle.org/
Arctic Coast Guard Forum: https://www.arcticcoastguardforum.com/
Arctic Council: https://arctic-council.org
Arctic Council. Indigenous Peoples' Secretariat: www.arcticpeoples.com
Arctic Institute: www.thearcticinstitute.org
Arctic Marine Tourism: https://arctic-council.org/projects/arctic-marine-tourism-development-in-the-arctic-and-enabling-real-change/
Arctic Military Activity Tracker: https://arcticmilitarytracker.csis.org/
ARCSAR: https://arcsar.eu/
Arctic Renewable Energy Atlas: https://arcticrenewableenergy.org/
Arctic Report Card: https://arctic.noaa.gov/
Arctic and Antarctic Research Institute: www.aari.ru
Arctic Yearbook: https://arcticyearbook.com
Association of Arctic Expedition Cruise Operators: https://www.aeco.no/
Deutsches Arktisbüro: www.arctic-office.de/
Eye on the Arctic: www.rcinet.ca/eye-on-the-arctic/
National Snow and Ice Data Center: https://nsidc.org/
Polar Research and Policy Initiative: https://polarconnection.org/
University of the Arctic: www.uarctic.org
US Arctic Research Commission: www.arctic.gov/

AUSWAHL-BIBLIOGRAFIE

Hannes Adomeit, "Russland und der Westen: Von `strategischer Partnerschaft´ zur strategischen Gegnerschaft", in: *Sirius*, 5 (2021) 2, S. 107-124.

John R. Allen, Ben Hodges, Julian Lindley-French, *Future War and the Defence of Europe*, New York: Oxford University Press, 2021

Robin Allers, Carlo Masala, Rolf Tamnes (Hg.), *Common or Divided Security? German and Norwegian Perspectives on Euro-Atlantic Security*, Frankfurt am Main: Peter Lang, 2014

Robin Allers, András Rácz und Tobias Sæther, *Dealing with Russia in the Arctic: Between Exceptionalism and Militarization*, Berlin: DGAP, 26.10.2021.

Kristin Archick, *Greenland, Denmark, and U.S. Relations*, Washington, DC: CRS, 30.8.2019 (CRS Insight, IN11161).

Arctic Council, *Arctic Council Strategic Plan 2021 to 2030*, Reykjavik, 20.5.2021, https://oaarchive.arctic-council.org/bitstream/handle/11374/2601/MMIS12_2021_REYKJAVIK_Strategic-Plan_2021-2030.pdf?sequence=1&isAllowed=y

Anders Åslund, *Russia's Crony Capitalism. The Path from Market Economy to Kleptocracy*, New Haven und London: Yale University Press, 2019

Anders Åslund und Maria Snegovaya, *The impact of Western sanctions on Russia and how they can be made even more effective*, Washington, DC: Atlantic Council, 2021

Pavel K. Baev, "The military dimension of Russia's connection with Europe", in: *European Security*, 27 (2018) 1, S. 82–97

--- "Russia's Arctic and Far East Strategies", in: Glen E. Howard und Matthew Czekaj (Hg.), *Russia's Military Strategy and Doctrine*, Washington, DC: The Jamestown Foundation, Februar 2019, S. 75-101

Douglas Barrie und James Hackett (Hg.), *Russia's Military Modernisation. An Assessment*, London: IISS, 2020

Beirat der Bundesregierung Zivile Krisenprävention und Friedensförderung, *Klimawandel und Konflikte – Herausforderungen für die deutsche Außen- und Sicherheitspolitik*, Berlin: Auswärtiges Amt, 2021

Walter Berbrick, Rachael Gosnell, Lars Saunes und Mary Thompson-Jones, "Preventing Conflict in the Arctic with Russia Starts with Dialogue. Building up existing organizations and creating new frameworks will enhance cooperation and transparency, reducing the risk of war", in: *The National Interest*, 8.3.2021

Trine Villumsen Berling, Peer Schouten, Izabela Surwillo, *Renewable energy will lead to major shifts in geopolitical power*, Kopenhagen: DIIS, 4.10.2021 (DIIS Policy Brief)

Rasmus Gjedssø Bertelsen, Jens Christian Justinussen und Coco Smits, „Energy as a developmental strategy; creating knowledge-based energy sectors in Iceland, the Faroe Islands and Greenland", in: Leif Christian Jensen und Geir Hønneland (Hg.), *Handbook of the Politics of the Arctic*, Cheltenham/Northampton, MA: Elgar, 2015, S. 3-25

Dmitry Bogoyavlenskiy und Andy Siggner, "Arctic Demography", in: Níels Einarsson, Joan Nymand Larsen, Annika Nilsson, Oran R. Young, *Arctic Human Development Report*, Akureyri: Stefansson Arctic Institut, 2004, S. 27-41

Tor Bomani-Larsen, *Amundsen. Bezwinger beider Pole*, Hamburg: mareverlag, 2019

Scott G. Borgerson, „Arctic Meltdown. The Economic and Security Implications of Global Warming“, in: *Foreign Affairs*, März/April 2008

Christopher Bott, „Responding to Russia's Northern Fleet. The United States and NATO must prepare to face a revitalized fleet capable of effective offensive operations”, in: *Proceedings*, 147 (März 2021) 3, https://www.usni.org/magazines/proceedings/2021/march/responding-russias-northern-fleet

Mathieu Boulègue und Duncan Depledge, *It Is Time to Negotiate a New Military Security Architecture for the Arctic*, Washington, DC: Wilson Center, 16.4.2021 (Polar Points #5)

Anne-Marie Brady, *China as a Polar Great Power*, Cambridge: Cambridge University Press, 2017

Aurel Braun und Stephen J. Blank, *The Cold Reality Behind Russia´s Charm Offensive: Why Canada needs a realistic Arctic policy*, Ottawa: Macdonald-Laurier Institute, April 2020

Heinrich Brauß und Joachim Krause, „Was will Russland mit den vielen Mittelstreckenwaffen?“ in: *SIRIUS*, 3 (2019) 2, S. 154-166

Martin Breum, *Cold Rush: The Astonishing True Story of the New Quest for the Polar North*, Montreal und Kingston: McGill-Queen´s University Press, 2018

Bernd Brunner, *Die Erfindung des Nordens. Kulturgeschichte einer Himmelsrichtung*, Köln: Kiepenheuer & Witsch, 2019

Bundesministerium für Bildung und Forschung (BMBF), *Report of the 2nd Arctic Science Ministerial. Co-Operation in Arctic Science – Challenges and Joint Actions*, Bonn: BMBF, Februar 2019

Bundeswehr, *Marinekommando Jahresbericht 2021. Fakten und Zahlen zur maritimen Abhängigkeit der Bundesrepublik Deutschland*, Rostock: Marinekommando, November 2021, https://www.bundeswehr-journal.de/2021/maritime-abhaengigkeit-deutschlands-jahresbericht-2021/

Sharon E. Burke, “The Arctic Threat That Must Not be Named”, in: *War on the Rocks*, 28.1.2021

Derek H. Burney und Fen Osler Hampson, *Braver Canada. Shaping Our Destiny in a Precarious World*, Montreal et al: McGill-Queen´s University Press, 2020

Michael Byers. *International Law and the Arctic*, Cambridge: Cambridge University Press, 2013

Mark F. Cancian und Cyrus Newlin (Hg.), *The Diversity of Russia's Military Power. Five Perspectives*, Washington, DC: CSIS, 2020

Agne Cepinskyte, *Global Britain's Arctic security policy: Going forward while looking back*, Helsinki: FIIA, September 2019 (FIIA Briefing Paper 270)

Agne Cepinskyte und Michael Paul, *Großmächte in der Arktis. Die sicherheitspolitischen Ambitionen Russlands, Chinas und der USA machen einen militärischen Dialog erforderlich*, Berlin: SWP, Juni 2020 (SWP-Aktuell 50/2020)

--- *Arctic Security Environment in Flux: Mitigating Geopolitical Competition through a Military-Security Dialogue*, Washington, DC: The Arctic Institute, 11.2.2021

Andrea Charron, "NATO and the Geopolitical Future of the Arctic", in: *Arctic Yearbook 2020*, Akureyri: Northern Research Forum, 2020, https://arcticyearbook.com/images/yearbook/2020/Briefing-Notes/2_Charron.pdf

Ken S. Coates und Carin Holroyd (Hg.), *The Palgrave Handbook of Arctic Policy and Politics*, London: Palgrave Macmillan, 2020

Elena Conde und Sara Iglesias Sánchez (Hg.), *Global Challenges in the Arctic Region. Sovereignty, environment and geopolitical balance*. New York, NY: Routledge, 2017

Congressional Research Service (CRS), *Changes in the Arctic: Background and Issues for Congress*, Washington, D.C.: CRS, 17.5.2021 (R41153)

--- *Russia: Foreign Policy and U.S. Relations,* Washington, DC: CRS, 15.4.2021 (R46761)

Heather A. Conley und Matthew Melino, *The Implications of U.S. Policy Stagnation toward the Arctic Region*, Washington, D.C.: CSIS, Mai 2019

--- *America's Arctic Moment: Great Power Competition in the Arctic to 2050,* Washington, D.C.: CSIS, *März 2020*

--- *The Ice Curtain: Russia's Arctic Military Presence,* Washington, DC: CSIS, 2021

Richard Connolly, "Putin´s `super weapons´", in: Samuel Bendett, Mathieu Boulègue, Richard Connolly, Margarita Konaev, Pavel Podvig, Katarzyna Zysk, *Advanced military technology in Russia*, London: RUSI, September 2021, S. 23-33

John L. Conway, "Toward a US Air Force Arctic Strategy", in: *Air & Space Power Journal*, Sommer 2017, S. 68-81

Ties Dams und Louise van Schaik, *The Arctic Elephant. Why Europe must address the geopolitics of the high north*, Den Haag: Clingendael Institute, November 2019

Danish Defence Intelligence Service (DDIS), *Intelligence Risk Assessment 2020. An assessment of developments abroad impacting on Danish security*, Kopenhagen: DDIS, 26.11.2020

Jim Danoy and Marisol Maddox, "Set NATO's sights on the High North", in: Christopher Skaluba (Hg.), *NATO 20/2020. Twenty Bold Ideas to Reimagine the Alliance After the 2020 US Election*, Washington, DC: Atlantic Council, S. 75-79

Shanshan Deng et al, "Polar Drift in the 1990s Explained by Terrestrial Water Storage Changes", in: *Geophysical Research Letters*, 22.3.2021, https://agupubs.onlinelibrary.wiley.com/doi/10.1029/2020GL092114

Duncan Depledge, "NATO and the Arctic. The Need for a New Approach", in: *The RUSI Journal*, 165 (2020) 5, S. 80-90

Duncan Depledge und P. Whitney Lackenbauer, *On Thin Ice? Perspectives on Arctic Security*, Ontario: North American and Arctic Defence and Security Network, 2021 (NAADSN Engage Series no. 5)

Galya Diment und Yuri Slezkine (Hg.), *Between Heaven and Hell. The Myth of Sibiria in Russian Culture*, New York: St. Marin´s Press, 1993

Klaus Dodds, "From Ilulissat to Kiruna: managing the Arctic Council and the contemporary geopolitics of the Arctic", in: Leif Christian Jensen und Geir Hønneland (Hg.), *Handbook of the Politics of the Arctic*, Cheltenham/Northampton, MA: Elgar, 2015, S. 375-387.

Susanne Dröge und Oliver Geden, *Auf dem Weg zur nächsten Klimakonferenz: Europa ist weiterhin gefordert*, Berlin: SWP, Dezember 2021 (SWP-Aktuell 81/2021).

Anna Maria Dyner, *Russia's National Security Strategy*, Warschau: PISM, 2021

Elizabeth Economy, „Xi Jinping's New World Order. Can China Remake the International System?", in: Foreign Affairs, Januar/Februar 2022, https://www.foreignaffairs.com/articles/china/2021-12-09/xi-jinpings-new-world-order

Rachel Ellehuus, *Surprise and Stability in the High North*, Washington, DC: CSIS, 14.12.2020

Charles Emmerson, *The Future History of the Arctic. How Climate, Resources and Geopolitics are Reshaping the North, and Why it Matters to the World*, London: Vintage Books, 2011.

John English. *Ice and Water. Politics, Peoples, and the Arctic Council*, Toronto: Allen Lane, 2013

Tobias Etzold, *Einfluss durch Kooperation? Nordische, deutsche und EU-Interessen in der Arktis*, Berlin: Friedrich-Ebert-Stiftung, August 2020

Europäische Kommission und Hoher Vertreter der Kommission für Außen- und Sicherheitspolitik, *Gemeinsame Mitteilung an das Europäische Parlament, den Rat, den Europäischen Wirtschafts- und Sozialausschuss und den Ausschuss der Regionen. Verstärktes Engagement der EU für eine friedliche, nachhaltige und prosperierende Arktis*, Brüssel, JOIN(2021) 27 final, 13.10.2021, https://op.europa.eu/en/publication-detail/-/publication/a2ab2c65-2cf1-11ec-bd8e-01aa75ed71a1/language-de/format-PDF

Jen Evans und Andreas Østhagen, *Fisheries Disputes: The Real Potential for Arctic Conflict*, Washington, DC: The Arctic Institute, 3.6.2021

European Political Strategy Centre (EPSC), *Walking on Thin Ice: A Balanced Arctic Strategy for the EU*, Juli 2019 (EPSC Strategic Note 31)

Lutz Feldt und Patrick Hébrard, *Russia´s and China´s Approaches to the Arctic: Threats or challenges for the global community?* Ottawa: Konrad-Adenauer-Stiftung, Januar 2021

Philipp Felsch, *Wie August Petermann den Nordpol erfand*, München: Luchterhand, 2010

Matthias Finger und Lassi Heininen (Hg.), *The Global Arctic Handbook*, Cham: Springer, 2019

Sabine Fischer, *Russland vor der Wahl zur Staatsduma. Repression und Autokratie*, Berlin: SWP, 21.6.2021 (SWP-Aktuell 46/2021)

Geir Flikke, "An Arctic Home? The Arctic Policies of Norway and Russia", in: Robin Allers, Carlo Masala, Rolf Tamnes (Hg.), *Common or Divided Security? German and Norwegian Perspectives on Euro-Atlantic Security*, Frankfurt/Main: Peter Lang, 2014, S. 105-124

Ralf Folland, *Arctic Security: Deterrence and Détente in the High North*, Washington, DC: TAI, 30.3.2021

Andreas Bøje Forsby, *China as a national security threat. A comparative study of changing threat perceptions in the Baltic Sea region*, Kopenhagen: DIIS, 2021

Kevin Fraley, *Engaging Arctic Indigenous Communities Meaningfully in Decision-making Affecting Their Food Security*, 23.4.2021 (NPAC Voices of the Future), www.eastwestcenter.org/node/39816

Ulrik Pram Gad, *Opposition to the Kuannersuit project offers an opportunity for the EU and United States to pursue closer cooperation with Greenland*, Kopenhagen: DIIS, 11.5.2021

Gene Germanovich, James Black, Linda Slapakova, Stephen J. Flanagan, Theodora Ogden, *Enhancing US-Finnish and regional defence cooperation: An exploratory analysis*, Santa Monica, CA und Cambridge, UK: RAND Europe, 24.9.2021

Masha Gessen, *Der Mann ohne Gesicht. Wladimir Putin. Eine Enthüllung*, München/Zürich: Piper, 2012

Masha Gessen, *The Future is History. How Totalitarianism Reclaimed Russia*, New York: Random House, 2017

James R. Gibson, "Paradoxical Perceptions of Siberia: Patrician and Plebeian Images up to the Mid-1800s", in: Galya Diment und Yuri Slezkine (Hg.), *Between Heaven and Hell. The Myth of Sibieria in Russian Culture*, New York: St. Marin´s Press, 1993, S. 67-93

Bastian Giegerich und Maximilian Terhalle, *The Responsibility to Defend: Rethinking Germany´s Strategic Culture*, London: IISS, 2021

Keir Giles, *What deters Russia. Enduring principles for responding to Moscow*, London: RUSI, 2021

Mikhail Gorbachev, *The Speech in Murmansk at the ceremonial meeting on the occasion of the presentation of the Order of Lenin and the Gold Star Medal to the city of Murmansk, 1. October 1987*, www.barentsinfo.fi/docs/Gorbachev_speech.pdf

Government of Greenland, *Greenland's Mineral strategy 2020-2024*, Nuuk 2020

Government of Iceland, *Greenland and Iceland in the New Arctic. Recommendations of the Greenland Committee Appointed by the Minister for Foreign Affairs and International Development Cooperation*, Reykjavik: The Ministry for Foreign Affairs, Dezember 2020

Robbie Gramer, „Stretched Thin on Thin Ice", in: *Foreign Policy*, 12.9.2018

Wilfrid Greaves und Whitney Lackenbauer (Hg.), *Breaking Through: Understanding Sovereignty and Security in the Circumpolar Arctic*, Toronto: University of Toronto Press, 2021

Adam Grydehoj, "Government, Policies, and Priorities in Kalaallit Nunaat (Greenland): Roads to Independence", in: Ken S.

Coates und Carin Holroyd (Hg.), *The Palgrave Handbook of Arctic Policy and Politics*, London: Palgrave Macmillan, 2020, S. 217-231.

Helga Haftendorn, "NATO and the Arctic: is the Atlantic alliance a cold war relic in a peaceful region now faced with non-military challenges?" in: *European Security*, 20 (2011) 2, S. 337-361

---, *The Case for Arctic Governance. The Arctic Puzzle*, Reykjavik: Centre for Arctic Policy Studies, 2013

Clive Hamilton und Mareike Ohlberg, *Die lautlose Eroberung. Wie China westliche Demokratien unterwandert und die Welt neu ordnet*, München: DVA, 2020

Pia Hansson and Guðbjörg Ríkey Th. Hauksdóttir, "Iceland and the European Union Arctic Security and Great Power Interest", in: Andreas Østhagen und Andreas Raspotnik (Hg.), *Looking North. The European Union and Arctic Security from a Nordic and German Perspective*, Stockholm: Konrad-Adenauer-Stiftung, 2021, S. 60-74.

Ryan Hass, *Expanding opportunities for Canada-US coordination on China*, Ontario: Macdonald-Laurier Institute, März 2021 (Commentary).

Bernd Henningsen, *Die Welt des Nordens. Zwischen Ragnarök und Wohlfahrtsutopie: Eine kulturhistorische Dekonstruktion*, Berlin: Berliner Wissenschafts-Verlag, 2021

Lassi Heininen, "Circumpolar International Relations and Geopolitics", in: Níels Einarsson, Joan Nymand Larsen, Annika Nilsson, Oran R. Young, *Arctic Human Development Report*, Akureyri: Stefansson Arctic Institut, 2004, S. 207-225.

Lassi Heininen, "Finnish Perspectives on the Arctic and Asia", in: Vijay Sakhuja und Kapil Narula (Hg.), *Asia and the Arctic. Narratives, Perspectives and Policies*, Singapur: Springer, 2016, S. 87-97.

Alan K. Henrikson, "The Arctic Peace Project. From Cold War fronts to cooperative fora", in: Gunhild Hoogensen Giørv, Marc Lanteigne, Horatio Sam-Aggrey (Hg.), *Routledge Handbook of Arctic Security*, London und New York: Routledge, 2020, S. 13-25.

Victoria Herrmann und Lillian Hussong, "No UNCLOS, No Icebreakers, No Clue? U.S. Arctic Policy Through the Eyes of Congress", in: Joachim Weber (Hg.), *Handbook on Geopolitics and Security in the Arctic. The High North Between Cooperation and Confrontation*, Cham: Springer Nature Switzerland, 2020, S. 23-40.

Paal Sigurd Hilde und Helene Forsland Widerberg, "Norway and NATO: The Art of Balancing", in: Robin Allers, Carlo Masala, Rolf Tamnes (Hg.), *Common or Divided Security? German and Norwegian Perspectives on Euro-Atlantic Security*, Frankfurt/Main: Peter Lang, 2014, S. 199-215.

Joanthan E. Hillman, *The Emperor´s New Roads. China and the Project of the Century*, New Haven und London: Yale University Press, 2020

Geir Hønneland und Leif Christian Jensen, "Norway´s approach to the Arctic: policies and discourse", in: Leif Christian Jensen und Geir Hønneland (Hg.), *Handbook of the Politics of the Arctic*, Cheltenham/Northampton, MA: Elgar, 2015, S. 462-481.

Geir Hønneland, "The Russian Arctic Debate: The Rush for the North Pole", in: Svein Vigeland Rottem und Ida Folkestad Solvedt (Hg.), *Arctic Governance. Norway, Russia and Asia*, London et al: I.B. Tauris, 2020, S. 111-135.

Gunhild Hoogensen Giørv, Marc Lanteigne, Horatio Sam-Aggrey (Hg.), *Routledge Handbook of Arctic Security*, London und New York: Routledge, 2020

Rob Huebert, "Security challenges in the Arctic", in: Elena Conde und Sara Iglesias Sánchez (Hg.), *Global Challenges in the Arctic Region. Sovereignty, environment and geopolitical balance*. New York, NY: Routledge, 2017, S. 364-384.

Christoph Humrich und Klaus Dieter Wolf, "Krieg in der Arktis? Konfliktszenarien auf dem Prüfstand“, in: Manfred Sapper et al (Hg.), *Logbuch Arktis. Der Raum, die Interessen und das Recht*, Berlin: BWV, 2011, S. 225-242.

Shinji Hyodo, "Russia´s Sphere of Influence and the Arctic and Far East Regions", in: Shinichi Kitaoka und Fumiaki Kubo (Hg.), *The Japan-US Alliance of Hope. Asia-Pacific Maritime Security*, Tokio: Japan Publishing Industry Foundation for Culture, 2020, S. 241-256.

Valur Ingimundarson, "Iceland as an Arctic State", in: Ken S. Coates und Carin Holroyd (Hg.), *The Palgrave Handbook of Arctic Policy and Politics*, London: Palgrave Macmillan, 2020, S. 251-265.

Intergovernmental Panel on Climate Change, *Climate Change 2021. The Physical Science Basis. Working Group I contribution to the Sixth Assessment Report of the Intergovernmental Panel on Climate Change*, 7.8.2021, www.ipcc.ch/report/ar6/wg1/downloads/report/IPCC_AR6_WGI_Full_Report.pdf

Marc Jacobsen, "The Power of Collective Identity Narration: Greenland's Way to a More Autonomous Foreign Policy", in: Arctic Yearbook

Uwe Jenisch, "Arktis und Seerecht. Seegrenzen, Festlandsockelansprüche und Verkehrsrechte", in: Manfred Sapper et al (Hg.), *Logbuch Arktis. Der Raum, die Interessen und das Recht*, Berlin: BWV, 2011, S. 57-76.

Leif Christian Jensen und Geir Hønneland (Hg.), *Handbook of the Politics of the Arctic*, Cheltenham/Northampton, MA: Elgar, 2015

Yang Jiang, *Chinese Investments in Greenland. Origins, progress and actors*, Kopenhagen: DIIS, 2021 (DIIS Report Brief).

Per Kalvig und Hans Lucht, *Will Greenland's minerals consolidate China's rare earth dominance? No green future without China*, Kopenhagen: DIIS, Februar 2021 (Policy Brief).

Juha Käpylä und Harri Mikkola, *On Arctic Exceptionalism. Critical Reflections in the Light of the Arctic Sunrise Case and the Crisis in Ukraine*, Helsinki: FIIA, April 2015 (FIIA Working Paper 85).

Andrea Kendall-Taylor und David Shullman, "China and Russia's Dangerous Convergence. How to Counter an Emerging Partnership", in: *Foreign Affairs*, 3.5.2021, https://www.foreignaffairs.com/articles/china/2021-05-03/china-and-russias-dangerous-convergence

Andrea Kendall-Taylor, Jim Townsend, Lawson W. Brigham, and Nick Lokker, *Navigating Relations with Russia in the Arctic: A Bilateral Road Map for Stability*, Washington, DC: CNAS, November 2021

Michaela D. King, Ian M. Howat, Salvatore G. Candela, et al, "Dynamic ice loss from the Greenland Ice Sheet driven by sustained glacier retreat", in: *Communications Earth & Environment*, 1 (2020) 1, www.nature.com/articles/s43247-020-0001-2#Sec2

Janis Kluge und Michael Paul, *Putins Arktisstrategie bis 2035. Große Pläne und ihre Grenzen,* Berlin: SWP, November 2020 (SWP-Aktuell 89/2020).

Sanna Kopra, "Finland's Arctic Policy and the European Union", in: Andreas Østhagen und Andreas Raspotnik (Hg.), *Looking North. The European Union and Arctic Security from a Nordic and German Perspective*, Stockholm: Konrad-Adenauer-Stiftung, 2021, S. 42-59.

Gunnar Köhne, „Kampf um Nordpolregion. Die Arktis als Beute der Großmächte", in: *Deutschlandfunk*, 11.3.2020, https://www.deutschlandfunk.de/kampf-um-nordpolregion-die-arktis-als-beute-der-grossmaechte.724.de.html?dram:article_id=472291

Christian R. Krause, Elias Angele, „Das Alfred-Wegener-Institut in der Geschichte der Polarforschung. Einführung und Chronik", in: *AWI. Berichte zur Polar- und Meeresforschung*, Bremerhaven 2020 (742).

Kristina Küntzel-Witt, "Eisfrei über den Nordpol? Die Suche nach der Nordostpassage im 18. Jahrhundert", in: Manfred Sapper und Volker Weichsel (Hg.), *Klimawandel und Meeresstrategie. Konflikt und Kooperation in der Arktis.*, Berlin: BWV, 2020, S. 23-37

P. Whitney Lackenbauer und James Manicom, "Asian states and the Arctic: national perspectives on regional governance", in: Leif Christian Jensen und Geir Hønneland (Hg.), *Handbook of the Politics of the Arctic*, Cheltenham/Northampton, MA: Elgar, 2015, S. 517-532.

Adam Lajeunesse, "Arctic Geopolitics and Security from the Canadian Perspective", in: Joachim Weber (Hg.), *Handbook on Geopolitics and Security in the Arctic. The High North Between Cooperation and Confrontation*, Cham: Springer Nature Switzerland, 2020, S. 41-55.

Suzanne Lalonde, "The Northwest Passage and Northern Sea Route", in: Elena Conde und Sara Iglesias Sánchez (Hg.), *Global Challenges in the Arctic Region. Sovereignty, environment and geopolitical balance*. New York, NY: Routledge, 2017, S. 42-74

Alexander Lanoszka, *More challenges than opportunities for Canada's transatlantic relationships*, Ottawa: Macdonald-Laurier Institute, Dezember 2020 (Commentary).

Marlène Laruelle, *Russia's Arctic Policy. A Power Strategy and Its Limits*, Paris: Ifri, März 2020

Horst W. Laumanns, *Moderne Eisbrecher auf allen Weltmeeren*, Stuttgart: Pietsch, 2014

Mark Leonhard, *The Age of Unpeace. How Connectivity Causes Conflict*, London: Bantam, 2021

Kong Soon Lim, "China's Arctic Policy and the Polar Silk Road Vision", in: Lassi Heininen und Heather Exner-Pirot (Hg.) *Arctic Yearbook 2018*, Akureyri, Northern Research Forum, 2018, S. 420-432

Marisa R. Lino, *Understanding China's Arctic activities*, London: IISS, 25.2.2020

John Lough, *Germany's Russia problem. The struggle for balance in Europe*, Manchester: Manchester University Press, 2021

Andri Snær Magnason, *Traumland. Was bleibt, wenn alles verkauft ist?* Berlin: Orange Press, 2006

Jean Malaurie, *Mythos Nordpol. 200 Jahre Expeditionsgeschichte*, Hamburg: National Geographic Deutschland, 2003

Paweł Markiewicz, *Rising Challenges for the Arctic Council: Between a Great Power Competition and Multilateralism?* Warschau: PISM, 20.5.2021 (Strategic File)

Carlos Masala, *Die Zukunft der NATO-Nordflanke*, München: Metis Institut für Strategie und Vorausschau, März 2021 (Metis Studie Nr. 24)

Ted L. McDorman und Clive Schofield, "Maritime limits and boundaries in the Arctic Ocean", in: Leif Christian Jensen und Geir Hønneland (Hg.), *Handbook of the Politics of the Arctic*, Cheltenham/Northampton, MA: Elgar, 2015, S. 207-226.

Michael McFaul, "Putin, Putinism, and the Domestic Determinants of Russian Foreign Policy", in: *International Security*, 45 (Herbst 2020) 2, S. 95-139

Robert McGhee, *The Last Imaginary Place. A Human History of the Arctic World*, Chicago: The University of Chicago Press, 2005

Rory Medcalf, *Indo-Pacific Empire. China, America and the Contest for the World's Pivotal Region*, Manchester: Manchester University Press, 2020

Marzio G. Mian, *Die neue Arktis. Der Kampf um den hohen Norden*, Wien und Bozen: Folio Verlag, 2019

Ministry for Foreign Affairs of Finland, *The Effects of Finland's Possible NATO Membership. An Assessment*, April 2016, https://um.fi/documents/35732/48132/the_effects_of_finlands_possible_nato_membership/c206b3c2-acaa-5809-c545-7aa67c9bcb2a?t=1525861455616

Arild Moe und Lawson W. Brigham, "Organisation and Management Challenges of Russia's Icebreaker Fleet", in: Svein Vigeland Rottem und Ida Folkestad Solvedt (Hg.), *Arctic Governance. Energy, Living Marine Resources and Shipping*, London et al: I.B. Tauris, 2018, S. 203-227.

Arild Moe, „Russlands Nördlicher Seeweg. Nationale Exporttrasse statt internationale Handelsroute", in: Manfred Sapper und

Volker Weichsel (Hg.), *Klimawandel und Meeresstrategie. Konflikt und Kooperation in der Arktis.*, Berlin: BWV, 2020, S. 61-79.

Twila A. Moon, Matthew L. Druckenmiller, Richard L. Thoman (Hg.), *Arctic Report Card 2021*, Washington, DC: NOAA, Dezember 2021, www.arctic.noaa.gov/Report-Card

Jane Nakano, *The Geopolitics of Critical Minerals Supply Chains*, Washington, DC: CSIS, März 2021

Elena Nikitina, „Russlands dreckige Arktis. Umweltverschmutzung und ökologische Ansätze", in: Manfred Sapper et al (Hg.), *Logbuch Arktis. Der Raum, die Interessen und das Recht*, Berlin: BWV, 2011, S. 195-209.

Norwegian Ministry of Defense, *The defence of Norway. Capability and readiness. Long Term Defence Plan 2020*, Oslo: Norwegian Ministry of Defense, 2020

Norwegian Ministries, *The Norwegian Government's Arctic Policy. People, opportunities and Norwegian interests in the Arctic*, Oslo: Norwegian Ministry of Foreign Affairs, 2020, https://www.regjeringen.no/globalassets/departementene/ud/vedlegg/nord/whitepaper_abstract2020.pdf

Mark Nutall „Zero Tolerance, Uranium and Greenland´s Mining Future", in: *The Polar Journal*, 3 (2013) 2, S. 368-383.

Mikkel Runge Olesen, *Getting by in a Troubled Arctic: The Kingdom of Denmark and the Great Powers*, Tallinn: ICDS, 26.2.2021 (Commentary).

Sara Olsvig und Ulrik Pram Gad , *Greenland obviously has its own defense policy – but it needs anchoring to be sustainable*, Kopenhagen: DIIS, November 2021 (DIIS Policy Brief).

Gail Osherenko und Oran R. Young, *The Age of the Arctic. Hot Conflicts and Cold Realities*, Cambridge/New York: Cambridge University Press, 1989.

Andreas Østhagen und Andreas Raspotnik (Hg.), *Looking North. The European Union and Arctic Security from a Nordic and German Perspective*, Stockholm: Konrad-Adenauer-Stiftung, 2021.

Andreas Østhagen, *The Arctic Security Paradox and What to Do About It*, 23.4.2021 (NPAC Voices of the Future), https://www.eastwestcenter.org/node/39826

Willy Østreng, Karl Magnus Eger, Brit Fløistad, Arnfinn Jørgensen-Dahl, Lars Lothe, Morten Mejlænder-Larsen, Tor Wergeland, *Shipping in Arctic Waters. A Comparison of the Northeast, Northwest and Trans Polar Passages*, Heidelberg: Springer, 2013

Michael Paul, *Kriegsgefahr im Pazifik? Die maritime Bedeutung der sino-amerikanischen Rivalität*, Baden-Baden: Nomos, 2017

--- *Allianz auf hoher See? Chinas und Russlands gemeinsame Marinemanöver*, Berlin: SWP, April 2019 (SWP-Aktuell 24/2019).

--- *Arktische Seewege: Zwiespältige Aussichten im Nordpolarmeer*, Berlin: SWP, Juli 2020 (SWP-Studie 14/2020).

--- *Grönlands Projekt Unabhängigkeit. Ambitionen und Aussichten nach 300 Jahren Zugehörigkeit zum Königreich Dänemark*, Berlin: SWP, Januar 2021 (SWP-Aktuell 2/2021).

--- *Der Kampf um den Nordpol. Russlands furioser Start als Vorsitz des Arktischen Rates*, Berlin: SWP, Juni 2021 (SWP-Aktuell 47/2021).

--- und Göran Swistek, *Russland in der Arktis. Entwicklungspläne, Militärpotential und Konfliktprävention*, Berlin: SWP, Oktober 2021 (SWP-Studie 19/2021).

---„Plans, problems and perspectives for Greenland's project independence", in: *Arctic Yearbook* 2021, https://arcticyearbook.com/arctic-yearbook/2021/2021-briefing-notes/417-plans-problems-and-perspectives-for-greenland-s-project-independence

Robert Person, "Four Myths about Russian Grand Strategy", in: Mark F. Cancian und Cyrus Newlin (Hg.), *The Diversity of Russia's Military Power. Five Perspectives*, Washington, DC: CSIS, 2020, S. 3-9.

Adrian Piecyk, *A Bridge Across Two Oceans: The Arctic Challenge to Panama Canal Shipping*, Washington, DC: The Arctic Institute, 7.1.2021.

Rebecca Pincus, "Three-Way Power Dynamics in the Arctic", in: *Strategic Studies Quarterly*, 14 (Frühjahr 2020) 1, S. 40–63.

Richard C. Powell und Klaus Dodds, *Polar Geopolitics? Knowledges, Resources and Legal Regimes*, Cheltenham und Northampton, MA: Elgar, 2014

Protection of the Arctic Marine Environment (PAME), "The Increase in Arctic Shipping 2013-2019", in: *Arctic Shipping Status Report (ASSR) #1*, 31.3.2020, https://pame.is/projects/arctic-marine-shipping/arctic-shipping-status-reports/723-arctic-shipping-report-1-the-increase-in-arctic-shipping-2013-2019-pdf-version/file

Stefan Rahmstorf und Hans Joachim Schellnhuber, *Der Klimawandel. Diagnose, Prognose, Therapie*, München: Beck, 8. vollständig überarbeitete Auflage 2018

Sivaramakrishnan Rajan und K. P. Krishnan, „India´s Scientific Endeavours in the Arctic", in: Vijay Sakhuja und Kapil Narula (Hg.), *Asia and the Arctic. Narratives, Perspectives and Policies*, Singapur: Springer, 2016, S. 43-48.

Christoph Ransmayr, *Die Schrecken des Eises und der Finsternis*, Frankfurt am Main: Fischer, 1987

Andreas Raspotnik und Andreas Østhagen, *A Global Arctic Order Under Threat? An Agenda for American Leadership in the North*, 2021 (Polar Points #3).

Andreas Renner, "Markt, Staat, Propaganda. Der Nördliche Seeweg in Russlands Arktisplänen", in: Manfred Sapper und Volker Weichsel (Hg.), *Klimawandel und Meeresstrategie. Konflikt und Kooperation in der Arktis.*, Berlin: BWV, 2020, S. 39-59.

Markus Rex, *Eingefroren am Nordpol. Das Logbuch der „Polarstern"*, München: Bertelsmann, 2020

Christiane Ritter, *Eine Frau erlebt die Polarnacht. Mit einem Nachwort der Autorin*, Frankfurt: Büchergilde Gutenberg, 2020

Lindsay L. Rodman, "Iceberg Dead Ahead! Deconstructing the Pentagon's Arctic Strategies", in: *War on the Rocks*, 25.9.2019

Svein Vigeland Rottem und Ida Folkestad Solvedt (Hg.), *Arctic Governance. Law and Politics*, London et al: I.B. Tauris, 2017.

--- *Arctic Governance. Energy, Living Marine Resources and Shipping*, London et al: I.B. Tauris, 2018

--- *Arctic Governance. Norway, Russia and Asia*, London et al: I.B. Tauris, 2020

Elana Wilson Rowe, *Arctic governance. Power in cross-border cooperation*, Manchester: Manchester University Press, 2018

Peter Rudolf, *Der amerikanisch-chinesische Weltkonflikt*, Berlin: SWP, Oktober 2019 (SWP-Studie 23/2019).

Eugene Rumer, Richard Sokolsky und Paul Stronski, *Russia in the Arctic - A Critical Examination*, Washington, DC: Carnegie Endowment, März 2021

Vijay Sakhuja und Kapil Narula (Hg.), *Asia and the Arctic. Narratives, Perspectives and Policies*, Singapur: Springer, 2016

Manfred Sapper, Volker Weichsel, Christoph Humrich (Hg.), *Logbuch Arktis. Der Raum, die Interessen und das Recht*, Berlin: BWV, 2011

Manfred Sapper und Volker Weichsel (Hg.), *Klimawandel und Meeresstrategie. Konflikt und Kooperation in der Arktis.*, Berlin: BWV, 2020

Paul Schwartz, "Evolution of Sino-Russian Defense Cooperation since the Cold War", in: Gilbert Rozman und Sergey Radchenko (Hg.), *International Relations and Asia´s Northern Tier*, Singapur: Springer, 2018, S. 27-57.

Martin Siegert et al, *The Arctic and the UK: Climate, research and engagement*, London: Imperial College, 7.6.2020 (Grantham Institute Discussion paper 7).

Uttam Kumar Sinha, "Arctic: A Paradox and Antithesis", in: Vijay Sakhuja und Kapil Narula (Hg.), *Asia and the Arctic. Narratives, Perspectives and Policies*, Singapur: Springer, 2016, S. 15-26.

Thomas Slater, Isobel R. Lawrence, Inès N. Otosaka, Andrew Shepherd, Noel Gourmelen, Livia Jakob, Paul Tepes, Lin Gilbert, *Review Article: Earth's ice imbalance*, Preprint. Discussion started: 14.8.2020, https://tc.copernicus.org/preprints/tc-2020-232/tc-2020-232.pdf

Kristina Spohr und Daniel S. Hamilton (Hg.), *The Arctic and World Order*, Washington D.C.: Johns Hopkins University, 2020

Michael Staack/Gunther Hauser (Hg.), *Russland und der Westen – Ist kooperative Sicherheit möglich?* Opladen: Verlag Barbara Budrich, 2020.

Jørgen Staun, "A Two-Faced Russia? Civilian Interests and Great Power Politics in the High North", in: Joachim Weber (Hg.), *Handbook on Geopolitics and Security in the Arctic. The High North Between Cooperation and Confrontation*, Cham: Springer Nature Switzerland, 2020, S. 3-21.

Philip E. Steinberg, "Maintaining hegemony at a distance: ambivalence in US Arctic policy", in: Richard C. Powell und Klaus Dodds, *Polar Geopolitics? Knowledges, Resources and Legal Regimes*, Cheltenham und Northampton, MA: Elgar, 2014. S. 113-130.

Adam Stępień und Andreas Raspotnik, *The EU's Arctic Policy: Between Vision and Reality*, Brügge: College of Europe Policy Brief, August 2019 (CEPOB #5)

Olav Schram Stokke, "Asia in the Arctic: Policies, Stakes and Involvement", in: Svein Vigeland Rottem und Ida Folkestad Solvedt (Hg.), *Arctic Governance. Norway, Russia and Asia*, London et al: I.B. Tauris, 2020, S. 213-235.

Ian Storey, "Singapore and the Arctic: Tropical Country, Polar Interests", in: Vijay Sakhuja/Kapil Narula (Hg.), *Asia and the Arctic. Narratives, Perspectives and Policies*, Singapur: Springer, 2016, S. 63-74.

Paul Stronski und Grace Kier, *A Fresh Start on U.S. Arctic Policy Under Biden. The Biden administration does not want conflict in the Arctic, but the potential for tension in the region depends not only on the U.S. administration, but on the actions of Russia (and China) too*, Moskau: Carnegie Moscow Center, 17.5.2021

Ping Su, "Challenges in the Arctic Exploitation and Their Impacts on China´s Arctic Position", in: Vijay Sakhuja und Kapil Narula

(Hg.), *Asia and the Arctic. Narratives, Perspectives and Policies*, Singapur: Springer, 2016, S. 33-41

H I Sutton, *Russia Increasing Submarine Cruise Missile Capacity as US Navy Decreases Its Own*, London: RUSI, 19.8.2021 (Commentary).

Rolf Tamnes, „Norwegian Foreign and Security Policy", in: Robin Allers, Carlo Masala, Rolf Tamnes (Hg.), *Common or Divided Security? German and Norwegian Perspectives on Euro-Atlantic Security*, Frankfurt/Main: Peter Lang, 2014, S. 47-67.

Paul Taylor, *After the ice: The Arctic and European security*, Brüssel: Friends of Europe, September 2020

Bruno Tertrais, "Polar Power Play. Chinese-Russian relations on ice", in: Florence Gaub (Hg.), Conflicts to come: 15 scenarios for 2030, EU ISS, 18.12.2020, S. 76-80.

Dmitri Trenin, "Has Biden Made the Right Calculation on Russia?", in: Rosa Balfour et al, *The World Reacts to Biden´s First 100 Days*, Washington, DC: Carnegie Endowment, April 2021.

Julian Tucker und Johannes Nordin, *China and the Nordics: Tracing Trends in Relations*, Stockholm: Institute for Security and Development Policy, 2021

U.S. Coast Guard, *Arctic Strategic Outlook*, Washington, D.C., April 2019

U.S. Department of Defense, *Department of Defense Arctic Strategy*, Washington, D.C.: Office of the Undersecretary of Defense for Policy, Juni 2019

U.S. Department of the Navy, *Blue Arctic. A Strategic Blueprint for the Arctic*, Januar 2021

U.S. Marine Corps, U.S. Navy, U.S. Coast Guard, *Advantage at Sea. Prevailing with Integrated All-Domain Naval Power*, Washington, DC, Dezember 2020

U.S. Navy, *Strategic Outlook for the Arctic*, Januar 2019

Jochem Vriesema, *Arctic Geopolitics: China´s Remapping of the World*, Den Haag: Clingendael Institute 7.4.

Peter Wadhams, *A Farewell to Ice*, London: Allen Lane, 2016

Paul Wassmann (Hg.), *Whither the Arctic Ocean? Research, Knowledge Needs, and Development en Route to the New Arctic*, Bilbao: BBVA Foundation, März 2021

Susanne Wasum-Rainer, Ingo Winkelmann und Katrin Tiroch (Hg), *Arctic Science, International Law and Climate Change. Legal Aspects of Marine Science in the Arctic Ocean. Papers from the International Conference at the German Federal Foreign Office in cooperation with the Ministry of Foreign Affairs of Finland*, Heidelberg: Springer, 2012

Joachim Weber (Hg.), *Handbook on Geopolitics and Security in the Arctic. The High North Between Cooperation and Confrontation*, Cham: Springer Nature Switzerland, 2020.

Christopher Weidacher Hsiung, *China's Evolving Security Alignment with Russia: Content, Motivations and Future Prospects*, Stockholm: Swedish Defence Research Agency, Mai 2021 (FOI Memo 7540).

Fredrik Westerlund und Susanne Oxenstierna (Hg.), *Russia´s Military Capabilities in a Ten-year Perspective*, Stockholm: FOI, Dezember 2016 (FOI-R--4758—SE)

James K Wither, "Svalbard. NATO's Arctic 'Achilles' Heel", in: *RUSI Journal*, 163 (2018) 5, S. 28-37

Matthew Willis und Duncan Depledge, "How we learned to stop worrying about China´s Arctic ambitions: understanding China´s admission to the Arctic Council, 2004-2013", in: Leif Christian Jensen und Geir Hønneland (Hg.), *Handbook of the Politics of the Arctic*, Cheltenham/Northampton, MA: Elgar, 2015, S. 338-407.

Elizabeth Wishnick, "Will Russia Put China's Arctic Ambitions on Ice?", in: *China's Resource Risks*, 3.6.2021, https://www.chinasresourcerisks.com/post/will-russia-put-china-s-arctic-ambitions-on-ice

Wissenschaftlicher Beirat der Bundesregierung Globale Umweltveränderungen (WBGU), *Die Zukunft der Meere – zu warm, zu hoch, zu sauer*, Berlin 2006, www.wbgu.de/fileadmin/user_upload/wbgu/publikationen/archiv/wbgu_sn2006.pdf

Kenneth Yalowitz und Ross A. Virginia, "Realism in the Arctic", in: *The National Interest*, 10.7.2020.

Jian Yang, "China and Arctic Affairs", in: Lassi Heininen (Hg.), *Arctic Yearbook 2012*, Akureyri: Northern Research Forum, 2012, https://arcticyearbook.com/arctic-yearbook/2012/2012-commentaries/22-china-and-arctic-affairs

Daniel Yergin, *The New Map. Energy, Climate, and the Clash of Nations*, New York: Penguin Press, 2020

Line Nagell Ylvisaker, *Meine Welt schmilzt. Wie das Klima mein Dorf verwandelt*, Hamburg: Hoffmann und Campe, 2021

Sukjoon Yoon, "A Cooperative Maritime Capacity-Sharing Strategy for the Arctic Region: The South Korean Perspective", in: Vijay Sakhuja und Kapil Narula (Hg.), *Asia and the Arctic. Narratives, Perspectives and Policies*, Singapur: Springer, 2016, S. 49-62.

Oran R. Young, „Shifting Ground: Competing Policy Narratives and the Future of the Arctic", in: Kristina Spohr und Daniel S. Hamilton (Hg.), *The Arctic and World Order*, Washington D.C.: Johns Hopkins University, 2020, S. 47-62

Johannes Zeilinger, *Auf brüchigem Eis. Frederick Cook und die Eroberung des Nordpols*, Berlin: Matthes & Seitz, 2009

Aleks Zivic, "Putin and the Russian Dilemma. Russia will likely remain on its current path, but it does not have continue to feel like it must embrace China", in: *The National Interest*, 3.3.2021

Katarzyna Zysk, „Russia turns north, again: interests, policies and the search for coherence", in: Leif Christian Jensen und Geir Hønneland (Hg.), *Handbook of the Politics of the Arctic*, Cheltenham/Northampton, MA: Elgar, 2015, S. 437-461.

Katarzyna Zysk, "Predictable Unpredictability? U.S. Arctic Strategy and Ways of Doing Business in the Region", in: *War on the Rocks*, 11.3.2021

ENDNOTEN

1 Ultima Thule wurde von Johann Gottfried Herder (1744–1803) als „ein Ausgang der Welt in Erhabenheit“ bezeichnet, was Ernst Bloch (1885–1977) in seinem Hauptwerk „Prinzip Hoffnung“ zu der Charakterisierung führte, es sei „die geographisch-dialektische Utopie einer Welt, die ausgeht und untergeht, doch mit dem dauernd ineinander verschränkten Kontrastbild von Sturmnacht und Burg. Thule im Nordmeer ist die Mystik des schlechten Wetters, mit dem Kaminfeuer mitten darin.“ Ernst Bloch, *Das Prinzip Hoffnung*, Frankfurt/M.: Suhrkamp, 1980, S. 914. Vgl. Bernd Henningsen, *Die Welt des Nordens. Zwischen Ragnarök und Wohlfahrtsutopie: Eine kulturhistorische Dekonstruktion*, Berlin: Berliner Wissenschafts-Verlag, 2021, S. 39–41.

2 Jean Malaurie, *Mythos Nordpol. 200 Jahre Expeditionsgeschichte*, Hamburg: National Geographic Deutschland, 2003, S. 7; Bernd Brunner, *Die Erfindung des Nordens. Kulturgeschichte einer Himmelsrichtung*, Köln: Kiepenheuer & Witsch, 2019, S. 26.

3 Mary Shelley, *Frankenstein oder der moderne Prometheus*, Frankfurt am Main: Büchergilde Gutenberg, 2018, S. 25.

4 Philipp Felsch, *Wie August Petermann den Nordpol erfand*, München: Luchterhand, 2010.

5 Malaurie, *Mythos Nordpol*, S. 129.

6 Robert E. Peary, *Die Entdeckung des Nordpols*, Tübingen: Edition Erdmann, 1981, S. 267. Vgl. Malaurie, *Mythos Nordpol*, S. 198–199.

7 Mathias Albert, Paul Reuber und Günter Wolkersdorfer, „Kritische Geopolitik“, in: Siegfried Schieder und Manuela Spindler (Hg.), *Theorien der Internationalen Beziehungen*, Opladen & Farmington Hills/MI: Verlag Barbara Budrich, 2010, S. 555.

8 Gail Osherenko und Oran R. Young, *The Age of the Arctic: Hot Conflicts and Cold Realities*, Cambridge/New York: Cambridge University Press, 1989.

9 Rasmus Gjedssø Bertelsen, „Arctic security in international security“, in: Gunhild Hoogensen Giørv, Marc Lanteigne, Horatio Sam-Aggrey (Hg.), *Routledge Handbook of Arctic Security*, London/New York: Routledge, 2020, S. 58.

10 Sigmar Gabriel, „Joe Biden und das Ende europäischer Ausreden“, in: *Handelsblatt*, 10.12.2020; Stephan-Götz Richter, „Deutschland hat Trumps Amtszeit genutzt, um Urlaub von strategischem Denken zu nehmen“, in: *Handelsblatt Online*, 23.10.2020.

11 Christiane Ritter, *Eine Frau erlebt die Polarnacht. Mit einem Nachwort der Autorin*, Frankfurt am Main: Büchergilde Gutenberg, 2020; Line Nagell

Ylvisaker, *Meine Welt schmilzt. Wie das Klima mein Dorf verwandelt*, Hamburg: Hoffmann und Campe, 2021.

12 Grundlegend waren frühere Veröffentlichungen des Autors; siehe Auswahlbibliografie.

13 Oran R. Young/Níels Einarsson, „Introduction: Human Development in the Arctic", in: Níels Einarsson, Joan Nymand Larsen, Annika Nilsson, Oran R. Young, *Arctic Human Development Report (AHDR)*, Akureyri: Stefansson Arctic Institut, 2004, S. 17.

14 Janine L. Murray, „Physical/Geographical Characteristics of the Arctic", in: *Arctic Monitoring Assessment Program (AMAP), AMAP Assessment Report: Arctic Pollution Issues*, Oslo: AMAP, 1998, S. 9f; Willy Østreng et al, *Shipping in Arctic Waters. A Comparison of the Northeast, Northwest and Trans Polar Passages*, Heidelberg: Springer, 2013, S. 3–6.

15 Dmitry Bogoyavlenskiy und Andy Siggner, „Arctic Demography", in: Níels Einarsson, Joan Nymand Larsen, Annika Nilsson, Oran R. Young, Arctic Human Development Report (AHDR), Akureyri: Stefansson Arctic Institut, 2004, S. 39.

16 Michael Paul, *Arktische Seewege: Zwiespältige Aussichten im Nordpolarmeer*, Berlin: SWP, Juli 2020 (SWP-Studie 14/2020), S. 8.

17 Arctic Council (AC), *Arctic Marine Shipping Assessment [AMSA] 2009 Report*, April 2009, S. 16.

18 Osherenko/Young, *The Age of the Arctic*, S. 227–228.

19 Siehe Rory Medcalf, *Indo-Pacific Empire. China, America and the Contest for the World's Pivotal Region*, Manchester: Manchester University Press, 2020, S. 33; Jochem Vriesema, *Arctic Geopolitics: China's Remapping of the World*, Den Haag: Clingendael Institute, 7.4.2021.

20 Michael Paul und Göran Swistek, *Russland in der Arktis. Entwicklungspläne, Militärpotential und Konfliktprävention*, Berlin: Oktober 2021 (SWP-Studie 19), S. 11.

21 International Maritime Organization (IMO), *Guidelines for Ships Operating in Arctic Ice-Covered Waters*, 2002, G-2.3 und G-3.2.2. Vgl. Østreng et al, *Shipping in Arctic Waters*, S. 8.

22 Die Klassifizierung nach Eisdicke ist von Staat zu Staat unterschiedlich; siehe Wikipedia unter dem Stichwort „Eisklasse" https://de.wikipedia.org/wiki/Eisklasse.

23 United Nations Convention on the Law of the Sea (UNCLOS), 10.12.1982.

24 Die USA sind dem SRÜ nicht beigetreten, Präsident Ronald Reagan hat vielmehr am 10. März 1983 als „United States Oceans Policy" erklärt, dass die Rechte anderer Staaten gemäß der Konvention eingehalten werden, solange dies auch für die Rechte und Freiheiten der USA und des internationalen Rechts gilt. Vgl. *United States Oceans Policy*, 10.3.1983, www.state.gov/documents/organization/143224.pdf.

25 Weitere internationale Abkommen mit Relevanz für die Arktis sind das Internationale Übereinkommen zur Verhütung der Meeresverschmutzung durch Schiffe von 1973 (MARPOL); das Übereinkommen zu persistenten organischen Schadstoffen (sog. POP-Konvention) vom Mai 2001; das Internationale Übereinkommen über die biologische Vielfalt von 1992, das VN-Übereinkommen zur Regulierung des Walfangs von 1946 und das VN-Übereinkommen über grenzüberschreitende Fischbestände von 1995. Außerdem

sind arktisspezifische Vereinbarungen und Standards zu beachten; Richtlinien für Schiffe wie den „Polar Code"; SAR-Vereinbarung von 2011 sowie das Fischereimanagement-Übereinkommen für den zentralen Arktischen Ozean. Vgl. Auswärtiges Amt, *Die arktische Rechtsordnung* (Stand 17.12.2019); AC, *AMSA 2009 Report*, S. 50–69; Kristina Spohr und Daniel S. Hamilton (Hg.), *The Arctic and World Order*, Washington D.C.: Johns Hopkins University, 2020, S. 5.

26 *Ilulissat Declaration*, https://cil.nus.edu.sg/wp-content/uploads/2017/07/2008-Ilulissat-Declaration.pdf.

27 ACIA, *Impacts of a Warming Arctic*, S. 24, 34–45.

28 Stefan Rahmstorf und Hans Joachim Schellnhuber, *Der Klimawandel. Diagnose, Prognose, Therapie*, München: Beck, 8. vollständig überarbeitete Auflage 2018, S. 8, 29–52.

29 Nationale Akademie der Wissenschaften Leopoldina, *Klimawandel: Ursachen, Folgen und Handlungsmöglichkeiten*, Halle (Saale), Mai 2021, S. 7, 10–11; „Höchste CO_2-Last seit drei Millionen Jahren, in: *Der Tagesspiegel*, 24.11.2020, S. 1.

30 Nationale Akademie der Wissenschaften Leopoldina, *Klimawandel*, S. 8.

31 REN21, *Renewables 2021 Global Status Report*, Paris: REN21, Juni 2021, S. 33, hwww.ren21.net/wp-content/uploads/2019/05/GSR2021_Full_Report.pdf.

32 Nationale Akademie der Wissenschaften Leopoldina, *Klimawandel*, S. 13. Vgl. Rahmstorf/Schellnhuber, *Der Klimawandel*, S. 68–72.

33 Wissenschaftlicher Beirat der Bundesregierung Globale Umweltveränderungen (WBGU), *Die Zukunft der Meere – zu warm, zu hoch, zu sauer*, Berlin 2006, S. 1.

34 Ministry for Foreign Affairs, Iceland, *Together towards a Sustainable Arctic. Iceland's Arctic Council Chairmanship 2019–2021*, Mai 2019.

35 REN21, *Renewables 2021 Global Status Report*, S. 32; „Skepticism to Acceptance: How Putin's Views on Climate Change Evolved Over the Years", in: *Moscow Times*, 1.7.2021.

36 Office of the Director of National Intelligence (ODNI), *Global Trends 2040. A More Contested World*, Washington, DC: National Intelligence Council, März 2021, S. 30–41.

37 Peter Wadhams, *A Farewell to Ice*, London: Allen Lane, 2016, S. 170.

38 Umweltbundesamt, *Kipp-Punkte im Klimasystem*, Dessau: Umweltbundesamt, Juli 2008, S. 4; Leopoldina, S. 20.

39 „Wir haben die Kausalkette zum Klimawandel geschlossen", in: FAZ, 7.10.2021.

40 Eine interaktive Darstellung bieten Moises Velasquez-Manoff und Jeremy White, „In the Atlantic Ocean, Subtle Shifts Hint at Dramatic Dangers", in: *NYT*, 2.3.2021, https://www.nytimes.com/interactive/2021/03/02/climate/atlantic-ocean-climate-change.html.

41 Levke Ceasar et al, „Current Atlantic Meridional Overturning Circulation weakest in last millennium", in: Geoscience, 25.2.2021. Vgl. Benjamin von Brackel, „Pumpenstörung im Meer", in: SZ, 26.2.2021.

42 Rahmstorf zitiert nach Jan Kixmüller, „Beispiellose Abschwächung des Golfstroms", in: *Tagesspiegel*, 26.2.2021, S. 22. Vgl. Rahmstorf/Schellnhuber, *Der Klimawandel*, S. 65–67.

43 „Moscow Winter to Set Warm Historical Record", *TASS*, 24.2.2020.

44 Eilís Quinn, „Record breaking temperatures recorded in Arctic Russia", in: *IBO*, 22.6.2021; Twila A. Moon, Matthew L. Druckenmiller, Richard L. Thoman (Hg.), *Arctic Report Card 2021*, Washington, DC: NOAA, Dezember 2021, S.3.

45 Hans-Otto Pörtner et al. (Hg.), *The Ocean and Cryosphere in a Changing Climate. A Special Report of the Intergovernmental Panel on Climate Change*, Genf 2019, S. 324.

46 Christian Schaller, *Der Meeresspiegelanstieg als Herausforderung für die maritime Ordnung. Kann das Seevölkerrecht Stabilität gewährleisten?* Berlin: SWP, Januar 2021 (SWP-Studie 1/2021), S. 8.

47 Yereth Rosen, „How Barents Sea ice loss contributed to extreme winter conditions in Europe", in: *Arctic Today*, 18.4.2021. Vgl. Hannah Bailey, Alun Hubbard, Eric S. Klein et al, „Arctic sea-ice loss fuels extreme European snowfall", in: *Nature Geoscience*, 1.4.2021.

48 Nationale Akademie der Wissenschaften Leopoldina, *Klimawandel*, S. 9.

49 Thomas Slater, Isobel R. Lawrence, Inès N. Otosaka, Andrew Shepherd, Noel Gourmelen, Livia Jakob, Paul Tepes, Lin Gilbert, *Review Article: Earth's ice imbalance*, Preprint. Discussion started: 14.8.2020.

50 Die Kryosphäre ist der Teil auf der Erdoberfläche, der schon sehr lange vereist und größtenteils von Eis bedeckt ist. Darin ist ein Großteil der Süßwasservorräte unseres Planeten gespeichert.

51 Joachim Müller-Jung, „Billionen Tonnen Eis sind einfach weg", in: *FAZ*, 27.8.2020.

52 Protection of the Arctic Marine Environment (PAME), „The Increase in Arctic Shipping 2013-2019", in: *Arctic Shipping Status Report (ASSR) #1*, 31.3.2020, S. 18; Rüdiger Gerdes, „Klimawandel in der Arktis. Phänomene und Prognosen"; in: Manfred Sapper et al (Hg.), *Logbuch Arktis. Der Raum, die Interessen und das Recht*, Berlin: BWV, 2011, S. 47-56; Jan Kixmüller, „Meereis in der Arktis weiter rückläufig", in: *Tagesspiegel*, 24.9.2021.

53 AWI, „Meereisausdehnung in der Arktis im Juli auf historischem Tiefstand", 27.7.2020, www.awi.de/ueber-uns/service/presse-detailansicht/presse/meereisausdehnung-in-der-arktis-im-juli-auf-historischem-tiefstand.html.

54 Rüdiger Gerdes, „Klimawandel in der Arktis", S. 50f.

55 Rex zitiert nach Sven Titz, „Arktisches Meereis nahe am Rekordminimum", in: *NZZ*, 19.9.2020; Manfred Lindinger, „Die Polarstern ist zurück", in: *FAZ*, 12.10.2020; Rex, *Eingefroren am Nordpol*, S. 277.

56 Michaela D. King, Ian M. Howat, Salvatore G. Candela, et al, „Dynamic ice loss from the Greenland Ice Sheet driven by sustained glacier retreat", in: *Communications Earth & Environment*, 1 (2020) 1, www.nature.com/articles/s43247-020-0001-2#Sec2; Neal Ascherson, „Kein Eis mehr vor Ilulissat", in: *Le Monde Diplomatique*, 7.5.2020.

57 Nationale Akademie der Wissenschaften Leopoldina, *Klimawandel*, S. 15.

58 „Aufgrund der nasskalten Umgebung reduziert sich die biologische Abbaurate in arktischen Böden stark, so dass sich während der Auftauphase mehr Humus bildet als abgebaut wird. Es entsteht Torf und langfristig erfolgt eine Einlagerung von Kohlenstoff in Permafrostböden. Permafrostböden der arktischen Tundra und Taiga sind deshalb Kohlenstoffsenken. Seit Ende der letzten Eiszeit - vor ca. 11 000 Jahren – lagert sich in den arktischen Gebieten Kohlenstoff im Boden ein, so dass beispielsweise in Nordsibirien

Torfhorizonte von mehreren 100 m Mächtigkeit entstehen konnten.“ Umweltbundesamt, *Klimagefahr durch tauenden Permafrost?* Dessau: UBA, August 2006 (UBA-Hintergrundpapier), S. 5.

59 „Die Arktis steht in Flammen“, in: *FAZ*, 13.7.2019; Kendra Pierre-Louis, „The Amazon, Siberia, Indonesia: A World of Fire“, in: *New York Times*, 29.8.2019.

60 *Copernicus reveals summer 2020's Arctic wildfires set new emission records*, Bologna: European Centre for Medium-Range Weather Forecasts, 3.9.2020.

61 Thomas Nilsen, „Satellites reveal an unusually far north wildfire in Siberia“, in: *Arctic Today*, 21.6.2021; Tom Balmforth, „Vast wildfires in Russia's Yakutia have already set an emissions record“, in: *Reuters*, 4.8.2021; Mike Eckel, „Russia Is Burning. Here's What You Need To Know“, in: RFE/RL, 26.8.2021.

62 Boris K. Biskaborn et al, „Permafrost Is Warming at a Global Scale“, in: *Nature*, 10 (2019) 254, https://www.nature.com/articles/s41467-018-08240-4#citeas.

63 Sinan Recber, „Die Brutstätten der Meere retten“, in: *Tagesspiegel*, 22.3.2021, S. 21.

64 ACIA, *Impacts of a Warming Arctic*, S. 25.

65 WBGU, *Die Zukunft der Meere*, S. 8f.

66 Frank Pattyn und Mathieu Morlighem, „The uncertain future of the Antarctic Ice Sheet“, in: *Science*, 367 (20.3.2020) 6484, S. 1331–1335.

67 Deutsches Arktisbüro, *Schifffahrt in der Arktis*, Potsdam: AWI, 2019, S. 1; Pörtner, *Ocean and Cryosphere in a Changing Climate*, S. 6.

68 Serreze zitiert in Wadhams, *A Farewell to Ice*, S. 84.

69 Dustin Patar, Arctic sea ice maximum ties for seventh-lowest on record, in: *Nunatsiaq News*, 31.1.2021.

70 AC, *AMSA 2009 Report*, S. 25–30; U.S. Navy, *Arctic Roadmap 2014–2030*, S. 11; Chad W. Thackeray/Alex Hall, „An Emergent Constraint on Future Arctic Sea-ice Albedo Feedback“, in: *Nature Climate Change*, 9 (Dezember 2019), S. 977; Malte Humpert, „New Study Narrows Window for Ice Free Arctic To As Early As 2044“, in: *High North News*, 28.11.2019; Østreng et al, *Shipping in Arctic Waters*, S. 32f; Frank Frick, „Immer wahrscheinlicher: Arktis 2035 frei von Meereis“, in: *Polar News*, 26.8.2020.

71 Andere gehen von jährlichen Kosten in Höhe von 2,6 Milliarden US-Dollar aus. Vgl. Rylin McGee, *Mapping Russia's Arctic Hydrocarbon Development Scheme*, Washington, D.C.: The Arctic Institute, 18.2.2020; Laruelle, S. 23; Paul Goble, „Moscow's Aspirations in North Melting Along With Permafrost“, in: *EDM*, 6.7.2021.

72 Robbie Andrew, *Socio-Economic Drivers of Change in the Arctic*, Oslo: AMAP, 2014 (AMAP Technical Report Nr. 9), S. 17.

73 U.S. Geological Survey, *Circum-Arctic Resource Appraisal: Estimates of Undiscovered Oil and Gas North of the Arctic Circle*, Fact Sheet, 2008, https://pubs.usgs.gov/fs/2008/3049/fs2008-3049.pdf.

74 Andrew, *Socio-Economic Drivers of Change*, S. 17; National Petroleum Council (NPC), *Arctic Potential: Realizing the Promise of U.S. Arctic Oil and Gas Resources*, Washington, D.C., 2015, S. 9.

75 Das arktische Northstar-Projekt benötigte 22 Jahre von der Fördergenehmigung bis zur Produktion, im Golf von Mexiko dagegen nur elf bis zwölf Jahre. Vgl. NPC, *Arctic Potential*, S. 14 (Grafik ES-7).

76 Jeff Mower, „Shell to resume oil and gas exploration in Alaska Arctic offshore“, in: S&P Global, 17.9.2020.
77 Atle Staalesen, „Gazprom announces record-beating natural gas discovery on Arctic shelf“, in: *The Independent Barents Observer (IBO)*, 11.11.2020.
78 Maria Morgunova und Kirsten Westphal, *Offshore Hydrocarbon Resources in the Arctic. From Cooperation to Confrontation in an Era of Geopolitical and Economic Turbulence?* Berlin: SWP, Februar 2016 (SWP Research Paper 3/2016), S. 15, 19.
79 International Energy Agency (IEA), *World Energy Outlook 2020*, Oktober 2020; Pavel K. Baev, „Russia Strives for an Oil and Gas Resurgence“, in: *Eurasia Daily Monitor (EDM)*, 7.12.2020.
80 Sergey Sukhankin, „Russia's New ‚Arctic Offensive‘: Do the Benefits Outweigh the Costs? (Part Two)“, in: *EDM*, 2.3.2021; Francis Fukuyama, „Terror ist nicht die größte Gefahr“, in: *Tagesspiegel*, 5.9.2021, S. 3.
81 Morgunova/Westphal, *Offshore Hydrocarbon Resources in the Arctic*, S. 11, 24.
82 Haley Zaremba, „China's Demand for Gas ‚Almost Infinite‘“, in: *Oilprice*, 6.6.2019; Michael Bauchmüller, „Durchbruch in der internationalen Klimadiplomatie“, in: SZ, 25.9.2020; „How Is China's Energy Footprint Evolving?“ in: *China Power*, 10.2.2020; Minxin Pei, „China's Green Gambit“, in: *Project Syndicate*, 18.12.2020; Xifan Yang, „Kohlestrom rechnet sich immer weniger“, *Zeit online*, 12.10.2021.
83 Jacob Lew und Gary Roughead, *China's Belt and Road. Implications for the United States*, New York: Council on Foreign Relations, 2021, S. 57.
84 So im Szenario für nachhaltige Entwicklung der IEA.
85 Ben Lefebvre, „How Biden may save U.S. gas exports to Europe“, in: Politico, 27.11.2020.
86 Grimm/Westphal, „Kauft Wasserstoff aus Russland“.
87 Raad Alkadiri und Björn Ewers, „Preparing National Oil Companies for a New Energy Landscape“, in: *Energy & Environment eAlert*, 23.11.2020.
88 Blauer Wasserstoff beispielsweise wird aus Erdgas hergestellt, wobei aber das entstehende CO_2 aufgefangen und eingelagert wird. Vgl. Veronika Grimm und Kirsten Westphal, „Kauft Wasserstoff aus Russland; Klimapuristen wollen nur grünen Wasserstoff haben. Das ist ein Fehler“, in: *FAS*, 2.5.2021.
89 Ping Su, „Challenges in the Arctic Exploitation and Their Impacts on China's Arctic Position“, in: Vijay Sakhuja und Kapil Narula (Hg.), *Asia and the Arctic. Narratives, Perspectives and Policies*, Singapur: Springer, 2016, S. 37.
90 James Mattis, James O. Ellis, Joe Felter und Kori Schake, „Ending China's chokehold on rare-earth minerals“, in: *Bloomberg*, 18.9.2020.
91 Jane Nakano, *The Geopolitics of Critical Minerals Supply Chains*, Washington, DC: CSIS, März 2021.
92 Vgl. Yun Schüler-Zhou, *Chinas Rohstoffpolitik für Seltene Erden*, Hannover: BGR, Mai 2018 (Commodity Top News 57), S. 1; Jakob Kullik, *Unter dem Radar: Die strategische Bedeutung Seltener Erden für die wirtschaftliche und militärische Sicherheit des Westens*, Berlin: BAKS, 2019 (BAKS Arbeitspapiere 13/2019); June Teufel Dreyer, *China's Monopoly on Rare Earth Elements – and Why We Should Care*, Philadelphia, PA: FPRI, 7.10.2020.
93 Per Kalvig und Hans Lucht, *Will Greenland's minerals consolidate China's rare earth dominance? No green future without China*, Kopenhagen: DIIS, Februar 2021 (Policy Brief), S. 2–3.

94 Ivan Stupachenko, „Can Russia's Arctic Deliver on Big Fishing Promises?", in: *Seafood Source*, 4.4.2018.
95 Vgl. Rebecca Pincus, „Arctic Geopolitics of Fishing", in: Weber, *Handbook on Geopolitics and Security in the Arctic,* S. 291–301; Jen Evans und Andreas Østhagen, *Fisheries Disputes: The Real Potential for Arctic Conflict*, Washington, DC: The Arctic Institute, 3.6.2021.
96 Timo Koivurova/Juha Käpylä/Harri Mikkola, *Continental Shelf Claims in the Arctic. Will Legal Procedure Survive the Growing Uncertainty?* Helsinki: The Finnish Institute of International Affairs (FIIA), August 2015 (FIIA Briefing Paper 178), S. 5.
97 Andrei Zagorski, *Russia and the US in the Arctic*, Moskau: Russian International Affairs Council, 2016 (Working Paper 30), S. 4, 11.
98 Schaller, *Der Meeresspiegelanstieg als Herausforderung für die maritime Ordnung*, S. 11.
99 Aleksandr Rostovtsev, „The Battle for the Arctic or the Beginning of the Last Great Redistribution", in: *Stalker Zone*, 5.12.2020, www.stalkerzone.org/the-battle-for-the-arctic-or-the-beginning-of-the-last-great-redistribution/
100 Schaller, *Der Meeresspiegelanstieg als Herausforderung für die maritime Ordnung*, S. 15–17.
101 Vgl. Elena Conde und Zhaklin Valerieva Yaneva, „Arctic outer continental shelf", in: Elena Conde und Sara Iglesias Sánchez (Hg.), *Global Challenges in the Arctic Region. Sovereignty, environment and geopolitical balance*. New York, NY: Routledge, 2017, S. 27.
102 Roald Amundsen erklärte dazu: „Es ist möglich, dass keiner der beiden den Pol erreicht hat. Abgesehen davon aber scheint mir, dass Dr. Cooks Ansprüche genauso fundiert sind wie die von Peary." Beide waren bis zu ihrem Tod überzeugt, den Nordpol betreten zu haben; dies war ihre persönliche Wahrheit. Zitiert nach Johannes Zeilinger, *Auf brüchigem Eis. Frederick Cook und die Eroberung des Nordpols*, Berlin: Matthes & Seitz, 2009, S. 301. Vgl. S. 315.
103 Die letzte Plattform *SP-31* befand sich bis Juli 1991 am Nordpol. Vgl. Emmerson, *The Future History of the Arctic*, S. 67. Valentin Raskatov, „Ein Pottwal aus Stahl fürs Ewige Eis", in: *SNA*, 24.12.2020.
104 Tom Parfitt, „Russia plants flag on North Pole seabed", in: *The Guardian*, 2.8.2007; Byers, *International Law and the Arctic*, S. 92–93.
105 Vgl. Breum, *Cold Rush*, S. 15, 25; Klaus Dodds, „From Ilulissat to Kiruna: managing the Arctic Council and the contemporary geopolitics of the Arctic", in: Leif Christian Jensen und Geir Hønneland (Hg.), *Handbook of the Politics of the Arctic*, Cheltenham/Northampton, MA: Elgar, 2015, S. 379–380.
106 Øystein Jensen, „Russia's Revised Arctic Seabed Submission", in: Svein Vigeland Rottem und Ida Folkestad Solvedt (Hg.), *Arctic Governance. Norway, Russia and Asia*, London et al: I.B. Tauris, 2020, S. 191–203.
107 Martin Breum, „Russia considers extended claim to the Arctic seabed", in: *HNN*, 1.2.2021
108 Submissions to the Commission: Partial revised Submission by the Russian Federation, 31.3.2021, www.un.org/Depts/los/clcs_new/submissions_files/submission_rus_rev1.htm?mc_cid=4e43d9f7bb&mc_eid=e919eaac5e.
109 Huebert zitiert in Emma Tranter, „`You cannot claim any more´: Russia seeks bigger piece of Arctic", in: *CBC News*, 11.4.2021.

110 Paul Goble, „Moscow Pushing Even More Expansive Claims on Arctic", in: *EDM*, 22.4.2021.

111 Denmark, Greenland and the Faroe Islands, *Kingdom of Denmark Strategy for the Arctic 2011– 2020*, Kopenhagen/Nuuk/Tórshavn, August 2011, S. 14. Vgl. Breum, *Cold Rush*, S. 94; „Denmark Challenges Russia and Canada over North Pole", *BBC News*, 15.12.2014.

112 Breum, *Cold Rush*, S. 195-211.

113 Michael Byers, *Who Owns the Arctic? Understanding Sovereignty Disputes in the North*, Vancouver: Douglas and McIntyre, 2009. Vgl. Breum, *Cold Rush*, S. 86f.

114 Breum, *Cold Rush*, S. 109.

115 Atle Staalesen, „Shelf Is Ours", in: *IBO*, 21.10.2019; „Russian Military Make Detailed Map to Back up Arctic Shelf Border Claims", *TASS*, 21.10.2019.

116 „Russia will likely disregard any CLCS recommendations that support Danish claims over key Russian claims. However, if the CLCS rules in favour of the Russian claims, parts of the Russian leadership may push for Russia's right to the area, citing the CLCS recommendations and disregarding the fact that consensus with Denmark and Canada on the matter is still pending. In both cases, disagreements over rights to the seabed and regional control could intensify." Danish Defence Intelligence Service (DDIS), *Intelligence Risk Assessment 2017. An assessment of developments abroad impacting on Danish security*, Kopenhagen: DDIS, 20.12.2017, S. 43. Vgl. Breum, *Cold Rush*, S. 48; Goble, „Moscow Pushing Even More Expansive Claims on Arctic"; U.S. Department of Defense (DoD), *Department of Defense Arctic Strategy*, Washington, D.C.: Office of the Undersecretary of Defense for Policy, Juni 2019, S. 6.

117 Uwe Jenisch, „Arktis und Seerecht. Seegrenzen, Festlandsockelansprüche und Verkehrsrechte", in: Manfred Sapper et al (Hg.), *Logbuch Arktis. Der Raum, die Interessen und das Recht*, Berlin: BWV, 2011, S. 75.

118 Trude Pettersen, „Russian paratroopers conquer North Pole", in: *IBO*, 10.4.2014; „Russia expanding Arctic airbase, consolidating military presence – article", in: *BBC Monitoring Former Soviet Union*, 6.7.2021.

119 DDIS, *Intelligence Risk Assessment 2020. An assessment of developments abroad impacting on Danish security*, Kopenhagen: DDIS, 2020, S. 19.

120 Vgl. Byers, *International Law and the Arctic*, S. 125–126.

121 Byers, *International Law and the Arctic*, S. 10–16.

122 *Treaty between the Kingdom of Norway and the Russian Federation concerning Maritime Delimitation and Cooperation in the Barents Sea and the Arctic Ocean*, https://www.regjeringen.no/globalassets/upload/ud/vedlegg/folkerett/avtale_engelsk.pdf.

123 Ted L. McDorman und Clive Schofield, „Maritime limits and boundaries in the Arctic Ocean", in: Leif Christian Jensen und Geir Hønneland (Hg.), *Handbook of the Politics of the Arctic*, Cheltenham/Northampton, MA: Elgar, 2015, S. 214. Vgl. Sergunin/Konyshev, *Russia in the Arctic*, S. 132–133.

124 Conde/Yaneva, „Arctic outer continental shelf", S. 27.

125 Sergunin/Konyshev, *Russia in the Arctic*, S. 133.

126 Jeder Staat kann Mitglied des Spitzbergenvertrags werden, so China und Deutschland seit 1925.

127 Byers, *International Law and the Arctic*, S. 16–19; Thomas Nilsen, „Heavily-armed frigate sails Norwegian Sea to `ensure safety of Russian fishermen´", in: *IBO*, 11.4.2021.

128 Andreas Østhagen, „Managing Conflict at Sea: The Case of Norway and Russia in the Svalbard Zone", in: *Arctic Review on Law and Politics*, 9 (2018), S. 100–123; Pavel K. Baev, „*Moscow Plays Hard Ball in the High North*", in: *EDM*, 10.2.2020; Atle Staalesen, „Moscow protests Norwegian exploration in Svalbard waters", in: IBO, 15.3.2021.

129 James K Wither, „Svalbard. NATO's Arctic ‚Achilles' Heel", in: *RUSI Journal*, 163 (2018) 5, S. 28–37.

130 „Each citizen affords Moscow an opportunity to play the ‚protecting Russian nationals' playbook – as seen in South Ossetia and Crimea." Elizabeth Buchanan, zitiert nach Thomas Nilsen, „*Moscow to boost Svalbard presence as part of hybrid-strategy, expert warns*", in: IBO, 9.12.2021.

131 Callum Hoare, „Royal Navy joins Cold War-style Arctic battle after Putin tipped to ‚annex' region", in: *Express*, 4.3.2021; Leon Aron, „Could Putin Launch Another Invasion? The same factors that led up to his incursion into Ukraine are in place again, including domestic protests, a struggling economy and a desire for glory", in: *Politico*, 15.3.2021.

132 Byers, *International Law and the Arctic*, S. 33; Sergunin/Konyshev, *Russia in the Arctic*, S. 117–127.

133 Amy Midgett, „IMO Approves U.S.-Russian Federation Proposal for Bering Strait Routing Measures", in: *Coast Guard Maritime Commons*, 25.5.2018.

134 Linda Jacobson, *China Prepares for an Ice-Free Arctic*, Stockholm: Stockholm International Peace Research Institute (SIPRI), März 2016 (SIPRI Background Paper), S. 6

135 Atle Staalesen, „More icebreakers coming to aid Russian Arctic ships in need", in: *IBO*, 1.12.2021.

136 Østreng et al, *Shipping in Arctic Waters*, S. 13.

137 James Stavridis, *Sea Power. The History and Geopolitics of the World's Oceans*, New York 2017, S. 239.

138 „The lack of accurate geographical coordinates in the north-south direction leaves it to future politics and international law to delimit them from each other". Østreng et al, *Shipping in Arctic Waters*, S. 13. Vgl. AC, *AMSA 2009 Report*, S. 5; Gerd Braune, *Die Arktis. Porträt einer Weltregion*, Bonn 2016, S. 182–185; Siemon Wezeman, *Military Capabilities in the Arctic: A New Cold War in the High North?*, Stockholm: SIPRI, 2016 (SIPRI Background Paper), S. 17.

139 Østreng et al, *Shipping in Arctic Waters*, S. 224–230; Emmanuel Guy/Frédéric Lasserre, „Commercial Shipping in the Arctic: New Perspectives, Challenges and Regulations", in: *Polar Record*, 52 (2016), S. 294–304.

140 Deutsches Arktisbüro, *Schifffahrt in der Arktis*, S. 2; U.S. Navy, *Arctic Roadmap 2014–2030*, Washington, D.C.: Chief of Naval Operations, Februar 2014, S. 11.

141 Auswärtiges Amt, Dänemark: Reise- und Sicherheitshinweise (Stand 12.7.2021).

142 *Arctic Marine Tourism: Development in the Arctic and enabling real change*, https://arctic-council.org/projects/arctic-marine-tourism-development-in-the-arctic-and-enabling-real-change/.

143 Pörtner, *Ocean and Cryosphere in a Changing Climate*, S. 3–84; Malte Humpert, „IMO and Arctic States Face Criticism Over Weak HFO Ban", in: *High*

North News, 23.11.2020; David Lochead, „Inuit leader at COP26 calls for Arctic shipping to be cleaned up", in: *Nunatsiaq News*, 12.11.2021, S. 14.

144 Pörtner, *Ocean and Cryosphere in a Changing Climate*, S. 3–41; Frédéric Lasserre, „Arctic Shipping: A Contrasted Expansion of a Largely Destinational Market", in: Matthias Finger/Lassi Heininen (Hg.), *The Global Arctic Handbook*, Cham 2019, S. 83–100 (90); PAME, „The Increase in Arctic Shipping 2013–2019", S. 18.

145 Congressional Research Service (CRS), *Changes in the Arctic: Background and Issues for Congress*, Washington, D.C.: CRS, 17.5.2021 (R41153), S. 50; Gramer, „Stretched Thin on Thin Ice".

146 Arctic Council's Marine Environmental Response Experts Group

147 Jane George, „Arctic reps practise response to maritime emergency", in: *Nunatsiaq News*, 23.4.2021, S. 9.

148 Obama, *A Promised Land*, S. 563. Vgl. S. 566, 570.

149 AC, *AMSA 2009 Report*, S. 86–89; CRS, *Changes in the Arctic*, S. 66–72; Michèle Schell, „Vor dreißig Jahren verursachte die ‚Exxon Valdez' eine der größten Umweltkatastrophen der Seefahrt", in: *Neue Zürcher Zeitung*, 24.3.2019; Pörtner, *Ocean and Cryosphere in a Changing Climate*, S. 3–42.

150 Wadhams, *A Farewell to Ice*, S. 99–101.

151 Agreement on Cooperation on Aeronautical and Maritime Search and Rescue in the Arctic.

152 IMO, *International Code for Ships Operating in Polar Waters (Polar Code)*, http://www.imo.org/en/MediaCentre/HotTopics/polar/Pages/default.aspx.

153 Leyland Cecco, „Mike Pompeo Rejects Canada's Claims to Northwest Passage as 'Illegitimate'", in: *The Guardian*, 7.5.2019; Michael R. Pompeo, *Looking North: Sharpening America's Arctic Focus*, Rovaniemi, 6.5.2019, https://www.state.gov/looking-north-sharpening-americas-arctic-focus/.

154 Atle Staalesen, „Russia Sets Out Stringent New Rules for Foreign Ships on the Northern Sea Route", in: *Arctic Today*, 8.3.2019.

155 „Freedom of Navigation"-Maßnahmen reichen von diplomatischen Noten bis zum Marineeinsatz; im Falle von Russland (NSR) haben die USA bislang darauf verzichtet.

156 Putin zitiert nach Arild Moe, „Russlands Nördlicher Seeweg. Nationale Exporttrasse statt internationale Handelsroute", in: Manfred Sapper und Volker Weichsel (Hg.), *Klimawandel und Meeresstrategie. Konflikt und Kooperation in der Arktis.*, Berlin: BWV, 2020, S. 64.

157 Dies demonstrierte der deutsche Hilfskreuzer Komet 1940, der als erstes Kriegsschiff die Route auf dem Weg von Deutschland in den Pazifik durchquerte. Vgl. Tobis Philbin, *The Lure of Neptune: German-Soviet Naval Collaboration and Ambitions, 1919–1941*, University of South Carolina Press, 1994, S. 131–140.

158 Die *Yong Sheng* gehört zur COSCO Shipping Specialized Carriers Company (COSCOL).

159 Verband Deutscher Reeder (VDR), „Polar-Schifffahrt", https://www.reederverband.de/de/themen-und-positionen/polarfahrt.html. Vgl. ders., *Jahresbericht 2010*, Hamburg 2010, S. 40f; Braune, *Die Arktis*, S. 175f; Trude Pettersen, „Moscow to Rule Northern Sea Route", in: *IBO*, 2.1.2013; Centre for High North Logistics (CHNL), *Transit Statistics*, http://arctic-lio.com/wp-content/uploads/2019/02/Transits_2018.pdf; CHNL, *NSR Shipping Traffic – Transits*

in 2019, https://arctic-lio.com/nsr-shipping-traffic-transits-in-2019/; European Political Strategy Center (EPSC), *Walking on Thin Ice: A Balanced Arctic Strategy for the EU*, Brüssel: ESPC, Juli 2019 (Strategic Notes 31), S. 7.

160 Vgl. AC, *AMSA 2009 Report*, S. 101; Malte Humpert, „A Russian Company Is Pushing Forward with Plans to Bring Container Shipping to the Northern Sea Route", in: *Arctic Today*, 5.6.2019; Olga Tanas/Dina Khrennikova, „Russia Willing to Pay to Lure Shippers to the Arctic", *Bloomberg*, 21.10.2019; Jörg-Dietrich Nackmayr, *Wenn das Eis schmilzt*, unveröffentlichtes Manuskript, 17.10.2019; Steven Stashwick, „Russia's Northern Sea Route Faces Setbacks, Low Interest", in: *The Diplomat*, 24.10.2019.

161 Moe, „Russlands Nördlicher Seeweg", S. 74. Vgl. S. 70–74.

162 Siehe Moe, „Russlands Nördlicher Seeweg", S. 76.

163 Vgl. AC, *AMSA 2009 Report*, S. 44; Lasserre, „Arctic Shipping", S. 93f; „Putin Wants to Keep Foreign Shipping out of Russia's Northern Sea Route", *RT*, 17.11.2017.

164 Marlène Laruelle, *Russia's Arctic Policy. A Power Strategy and Its Limits*, Paris: Ifri, März 2020, S. 18.

165 Atle Staalesen, „Kremlin's Prophesy for the Northern Sea Route Is Keeping Moscow Officials Busy", in: *IBO*, 8.8.2019; Katya Golubkova/Gleb Stolyarov, „Rosatom Sees Northern Sea Route Costs at 735 Billion Rubles, Russian Budget to Provide a Third", in: *Reuters*, 24.6.2019; Sukhankin, „Russia's New ‚Arctic Offensive'.

166 Atle Staalesen, „Top Moscow officials at odds over Arctic shipping", in: *IBO*, 22.10.2020.

167 „Russia's Arctic to need 8 nuclear-powered icebreakers by 2030", in: Port News, 15.3.2021. Vgl. Elizabeth Buchanan, „Russia's Grand Arctic Plan Will Face Tough Hurdles", in: *The Moscow Times*, 28.10.2020.

168 Trude Pettersen, „China Starts Commercial Use of Northern Sea Route", in: *IBO*, 14.3.2013; Lasserre, „Arctic Shipping", S. 84.

169 Katharina Wagner, „Putin blitzt bei Asiens Investoren ab", in: *FAZ*, 3.9.2021.

170 „‚There is no point for Novatek to increase LNG [production] if it does not fit into the global […] competitive zone, along with the US and other producers,' he [Likhachev] said." Golubkova/Stolyarov, „Rosatom Sees Northern Sea Route Costs at 735 Billion Rubles".

171 U.S. Energy Information Administration (EIA), „Natural Gas Prices in 2019 Were the Lowest in the Past Three Years", in: *Today in Energy*, 9.1.2020; Matthew Farmer, „LNG demand increased by 12.5% in 2019: Shell report", in: *Offshore Technology*, 20.2.2020; Eugene Rumer, Richard Sokolsky und Paul Stronski, *Russia in the Arctic - A Critical Examination*, Washington, DC: Carnegie Endowment, März 2021, S. 12.

172 „The NSR has to be international. We cannot create such a colossus only to ship hydrocarbons from our north", so Lichatschow, zitiert in: Golubkova/Stolyarov, „Rosatom Sees Northern Sea Route Costs at 735 Billion Rubles".

173 „Russia's greatest vulnerability, in any competition with the United States, is its economy, which is comparatively small and highly dependent on energy exports." James Dobbins et al, *Overextending and Unbalancing Russia. Assessing the Impact of Cost-Imposing Options*, Santa Monica, CA: RAND, August 2019, S. 12.

174 Gilbert Rozman, „The Russian Pivot to Asia“, in: Gilbert Rozman und Sergey Radchenko (Hg.), *International Relations and Asia´s Northern Tier*, Singapur: Springer, 2018, S. 13–26.
175 Lancaster Sound – Barrow Strait – Peel Sound –Franklin Strait – Larsen Sound – Victoria Strait –Queen Maud Gulf –Dease Strait – Coronation Gulf – Dolphin and Union Strait – Amundsen Gul. Vgl. PAME, „Shipping in the Northwest Passage: Comparing 2013 with 2019“, in: *Arctic Shipping Status Report (ASSR) #3*, April 2021, S. 12.
176 CRS, *Changes in the Arctic*, S. 56; PAME, „Shipping in the Northwest Passage“, S. 11.
177 Pörtner, *Ocean and Cryosphere in a Changing Climate*, S. 3f, 3–42; Lasserre, „Arctic Shipping“, S. 97; Melody Schreiber, „U.S. icebreaker departs on a voyage that will transit the Northwest Passage“, in: *Nunatsiaq News*, 30.8.2021.
178 Braune, *Die Arktis*, S. 176; Pörtner, *Ocean and Cryosphere in a Changing Climate*, S. 3f, 3–42; Marzio G. Mian, *Die neue Arktis. Der Kampf um den hohen Norden*, Wien und Bozen: Folio Verlag, 2019, S. 52; PAME, „Shipping in the Northwest Passage“, S. 16, 18.
179 English, *Ice and Water*, S. 144-151; Osherenko/Young, *The Age of the Arctic*, S. 292.
180 Zoe Schlanger, „The US Is Picking a Fight with Canada over a Thawing Arctic Shipping Route“, *Quartz*, 27.6.2019.
181 Suzanne Lalonde, „The U.S.-Canada Northwest Passage Disagreement: Why Agreeing to Disagree Is More Important Than Ever“, in: Spohr/Hamilton, *The Arctic and World Order*, S. 277.
182 Gloria Dickie, The Arctic is in a death spiral. How much longer will it exist? The Guardian, 13.10.2020.
183 Mia M. Bennett et al, „Climate Change and the Opening of the Transpolar Sea Route“, in: Spohr/Hamilton, *The Arctic and World Order*, S. 161. Vgl. S. 172.
184 Einen Überblick bietet die Grafik in Paul, *Arktische Seewege*, S. 19.
185 Vgl. Nackmayr, *Wenn das Eis schmilzt*; Østreng et al, *Shipping in Arctic Waters*, S. 50, 52.
186 Suez Canal Authority, *Navigation Statistics*, www.suezcanal.gov.eg/English/Navigation/Pages/NavigationStatistics.aspx, Abruf 8.4.2021; Stau im Suezkanal lässt Wirtschaft bangen“, in: FAZ, 25.3.2021; Ajsa Habibic, „Suez Canal hits record $6.3bln revenue despite challenges in 2021“, in: *Offshore Energy*, 4.1.2021.
187 Panama Canal Authority, *Panama Canal Traffic. Fiscal Years 2018 Through 2020*, www.pancanal.com/eng/op/transit-stats/2020/Table-01.pdf , Abruf 8.4.2021.
188 Das Containerschiff *Ever Green* gehört der Suezmax-Klasse an und kann 20 124 Standardcontainer (TEU) befördern. Es lief in der Nacht zum 24. März 2021 auf Grund und blockierte fast eine Woche lang den Kanal. In Russland ergaben sich zwiespältige Reaktionen. Siehe Sergey Sukhankin, „The ‘Suez Jam’: A Window of Opportunity for Russia’s Northern Sea Route?“ in: *EDM*, 30.3.2021.
189 Malte Humpert, „Major Shipping Companies Hapag-Loyd and MSC Step Away from Arctic Shipping“, in: *HNN*, 19.10.2019; Stashwick, „Russia’s

Northern Sea Route Faces Setbacks“; Pedro Goncalves, „UBS Cuts Funding for New Arctic Offshore Oil Projects“, in: *International Investment*, 19.3.2020.

190 Markus Rex, *Eingefroren am Nordpol. Das Logbuch der „Polarstern“*, München: Bertelsmann, 2020, S. 68.

191 Beirat der Bundesregierung Zivile Krisenprävention und Friedensförderung, *Klimawandel und Konflikte – Herausforderungen für die deutsche Außen- und Sicherheitspolitik*, Berlin: AA, Januar 2021.

192 Bundesregierung, *Leitlinien deutscher Arktispolitik. Verantwortung übernehmen, Vertrauen schaffen, Zukunft gestalten*, Berlin: AA, August 2019, S. 42.

193 Vgl. Blake Herzinger, „Germany Nervously Tests the Indo-Pacific Waters“, in: *FP*, 3.1.2022.

194 John Lough, *Germany's Russia problem. The struggle for balance in Europe*, Manchester: Manchester University Press, 2021, S. 1. Vgl. Bastian Giegerich und Maximilian Terhalle, *The Responsibility to Defend: Rethinking Germany's Strategic Culture*, London: IISS, 2021, S. 98–102; Michael Paul und Göran Swistek, „Maritime Wahl. Indo-pazifische versus arktisch-nordatlantische Prioritäten“, in: Günther Maihold et al (Hg.), *Deutsche Außenpolitik im Wandel. Unstete Bedingungen, neue Impulse*, Berlin: SWP, Oktober 2021 (SWP-Studie S 15), S. 41–44.

195 Vgl. Oran R. Young, „Shifting Ground: Competing Policy Narratives and the Future of the Arctic“, in: Spohr/Hamilton, *The Arctic and World Order*, S. 47–62.

196 Später bekannt als „Arctic Nuclear-Weapons-Free Zone“ (ANWZF).

197 Mikhail Gorbachev, *The Speech in Murmansk at the ceremonial meeting on the occasion of the presentation of the Order of Lenin and the Gold Star Medal to the city of Murmansk, 1. October 1987*, www.barentsinfo.fi/docs/Gorbachev_speech.pdf. Vgl. Kristian Åtland, „Mikhail Gorbachev, the Murmansk Initiative, and the Desecuritization of Interstate Relations in the Arctic“, in: *Cooperation and Conflict*, 43 (2008) 3, S. 289–311; Alan K. Henrikson, „The Arctic Peace Project. From Cold War fronts to cooperative fora“, in: Giørv et al, *Routledge Handbook of Arctic Security*, S. 13–25.

198 Auch in den folgenden Jahren war das russische Engagement gering. Erst ab 2007 beanspruchte Russland eine Führungsrolle. Vgl. Rowe, *Arctic governance*, S. 89–95.

199 English, *Ice and Water*, S. 123–125, 167.

200 Markku Heikkilä, *It All Started in Rovaniemi*, www.uarctic.org/shared-voices/shared-voices-magazine-2016-special-issue/it-all-started-in-rovaniemi/. Vgl. John English. *Ice and Water. Politics, Peoples, and the Arctic Council*, Toronto: Allen Lane, 2013, S. 105–140; Rob Huebert, „Security challenges in the Arctic“, in: Elena Conde und Sara Iglesias Sánchez (Hg.), *Global Challenges in the Arctic Region. Sovereignty, environment and geopolitical balance*. New York, NY: Routledge, 2017, S. 368–370.

201 Steven G. Sawhill, „Cleaning-up the Arctic Cold War Legacy: Nuclear Waste and Arctic Environmental Cooperation“, in: *Cooperation and Conflict*, 35 (2000) 1, S. 5–36.

202 English, *Ice and Water*, S. 173.

203 „Why not a council of Arctic countries eventually coming into existence to co-ordinate and promote co-operation among them?“ So die Frage in

seiner Rede im damaligen Leningrad (heute wieder Sankt Petersburg) am 24.11.1989, zitiert in English, *Ice and Water*, S. 125.

204 *Declaration on the Establishment of the Arctic Council*, Ottawa, 19.9.1996.

205 Die Geschäftsordnung des Rates wurde auf der ersten Ministertagung im kanadischen Iqaluit im September 1998 angenommen und in Kiruna im Mai 2013 revidiert. Siehe Arctic Council, *Arctic Council Rules of Procedure*, Tromsø: Arctic Council Secretariat, 2013.

206 Arctic Council, *Working Groups*, https://arctic-council.org/index.php/en/our-work/working-groups. Vgl. Elana Wilson Rowe, *Arctic governance. Power in cross-border cooperation*, Manchester: Manchester University Press, 2018, S. 32–33.

207 Vgl. „The Icelandic Businesses' AEC Chairmanship Priorities", 5.8.2019, https://arcticeconomiccouncil.com/the-icelandic-aec-chairmanship-priorities/.

208 Agreement on Cooperation on Aeronautical and Maritime Search and Rescue in the Arctic.

209 https://www.arcticcoastguardforum.com/.

210 Agreement on Cooperation on Marine Oil Pollution, Preparedness and Response in the Arctic.

211 Agreement on Enhancing International Arctic Scientific Cooperation.

212 Agreement to Prevent Unregulated High Seas Fisheries in the Central Arctic Ocean, www.uaf.edu/caps/resources/policy-documents/agreements-unregulated-fishing-central-arctic-ocean-2018.pdf.

213 Arctic Climate Impact Assessment (ACIA), *Impacts of a Warming Arctic*, Cambridge: Cambridge University Press, 2004; Arctic Pollution, Oslo: AMAP, 2009; AC, *AMSA 2009 Report*.

214 David Balton/Fran Ulmer, *A Strategic Plan for the Arctic Council: Recommendations for Moving Forward*, Cambridge, MA/Washington, D.C.: Belfer Center for Science and International Affairs/Woodrow Wilson International Center for Scholars, Juni 2019; Council on Foreign Relations (CFR), *Arctic Governance. Challenges and Opportunities*, New York, 29.11.2018.

215 Rob Huebert, *United States Arctic Policy: The Reluctant Arctic Power*, Calgary: University of Calgary, Mai 2009, S. 12.

216 Der ASFR war eine Initiative des US-European Command (EUCOM) und des norwegischen Verteidigungsministeriums, dem zwölf Staaten angehören: Dänemark, Deutschland, Finnland, Frankreich, Großbritannien, Island, Kanada, die Niederlande, Norwegen, Russland, Schweden und die USA.

217 Icelandic Chairmanship, https://arctic-council.org/en/about/previous-chairmanships/iceland-chair-2/; Arctic Council, *Senior Arctic Officials' Report to Ministers 2021*, Reykjavik, 20.5.2021; Patrick Eickemeier, „Masken im Meer", in: *Tagesspiegel*, 9.11.2021, S. 28.

218 Arctic Council, *Arctic Council Strategic Plan 2021 to 2030*, Reykjavik, 20.5.2021.

219 Atle Staalesen, „Moscow signals it will make national security a priority as Russia prepares to chair the Arctic Council", in: *IBO*, 14.10.2020; Rumer et al, *Russia in the Arctic*, S. 11.

220 „The government approves concept of Russia's Arctic Council chairmanship", in: *the Arctic*, 17.5.2021, https://arctic.ru/international/20210517/993632.html; *Russian Chairmanship 2021–23. Responsible Governance for a Sustainable Arctic*, https://arctic-council.org/en/about/russian-chairmanship-2/.

221 Atle Staalesen, „Russia will not talk militarization during its chairmanship in Arctic Council", in: IBO, 13.5.2021.

222 „It's long been well known to everyone that this is our territory, this is our land, we are responsible for ensuring that our Arctic coast is safe. And everything our country does there is absolutely legal and legitimate," he said. „Russia, U.S. tout cooperation ahead of Arctic Council meeting", in: *Reuters*, 18.5.2021; „Russia Warns West Against Arctic Encroachment Ahead of Talks", in: *The Moscow Times*, 17.5.2021.

223 Michael Paul, *Der Kampf um den Nordpol. Russlands furioser Start als Vorsitz des Arktischen Rates*, Berlin: SWP, Juni 2021 (SWP-Aktuell 47/2021).

224 Matthew Lee, „US, Russia at odds over military activity in the Arctic", in: *WashP*, 20.5.2021.

225 The White House, *National Security Strategy of the United States of America*, Washington, D.C., Dezember 2017, S. 25.

226 *Russia. Facts and Figures*, Washington, D.C.: The Arctic Institute, www.thearcticinstitute.org/countries/russia/, Abruf 17.12.2020.

227 Vgl. Alexander Sergunin und Valery Konyshev, *Russia in the Arctic. Hard or Soft Power?* Stuttgart: ibidem, 2016, S. 35; Thomas Schaffner und Angelina Flood, *Poll: Majority of Young Russians Distrust NATO, Don't Consider Russia a European Country*, 5.5.2020, www.russiamatters.org/blog/poll-majority-young-russians-distrust-NATO-dont-consider-russia-european-country.

228 Breum, *Cold Rush*, S. 83; Katarzyna Zysk, „Russia turns north, again: interests, policies and the search for coherence", in: Leif Christian Jensen und Geir Hønneland (Hg.), *Handbook of the Politics of the Arctic*, Cheltenham/Northampton, MA: Elgar, 2015, S. 437.

229 *Meeting of the Security Council on State Policy in the Arctic*, Moskau: Kreml, 22.4.2014, http://en.kremlin.ru/events/president/news/20845; Ekaterina Klimenko, *Russia's Evolving Arctic Strategy – Drivers, Challenges and New Opportunities*, Stockholm: SIPRI, 2014 (Policy Paper 42).

230 Abermals 2021 nach coronabedingter Selbstisolation. Vgl. „Vladimir Putin Goes Fishing", in: *Guardian*, 14.8.2007; Emmerson, *The Future History of the Arctic*, S. 227; Masha Gessen, *Der Mann ohne Gesicht. Wladimir Putin. Eine Enthüllung*, München: Piper, 2012, S. 331; „Putin ends self-isolation with Siberian fishing trip", in: *AFP*, 26.9.2021.

231 Sabine Fischer, *Russland vor der Wahl zur Staatsduma. Repression und Autokratie*, Berlin: SWP, 21.6.2021 (SWP-Aktuell 46/2021), S. 4

232 Vgl. James Kraska, „The New Arctic Geography and U.S. Strategy", in: James Kraska (Hg.), *Arctic Security in an Age of Climate Change*, Cambridge: Cambridge University Press, 2011, S. 247.

233 Yergin, *The New Map*, S. 70. Vgl. Janis Kluge, *Russlands Staatshaushalt unter Druck. Finanzielle und politische Risiken der Stagnation*, Berlin: SWP, Juli 2018 (SWP-Studie 2018/S 14), S. 7.

234 Gemäß der Russischen Akademie der Wissenschaften befinden sich im arktischen Raum außerdem 40 Prozent der Goldreserven, 47 Prozent der Platinmetalle, 90 Prozent der Diamanten-, Antimon- und Apatitvorkommen, 30 Prozent der Palladiumvorkommen, 90 Prozent der Vorkommen von Nickel, Kobalt, Chrom und Mangan, 60 Prozent der Kupfervorkommen und 90 Prozent der Vorkommen von Metallen der Seltenen Erden. Vgl. Hans-Jürgen

Wittmann, *Russland will die Arktis wirtschaftlich erschließen*, in: *Germany Trade & Invest (GTAI)*, 2.9.2020.

235 Wittmann, *Russland will die Arktis wirtschaftlich erschließen.*

236 Gorbachev, *The Speech in Murmansk.*

237 „Russia's New North Pole Floating Research Platform Readies for Maiden Voyage", in: *The Moscow Times*, 13.1.2022.

238 Vgl. Are Kristoffer Sydnes, Maria Kristoffer Sydnes, Yngve Antonsen, „International Cooperation on Search and Rescue in the Arctic", in: *Arctic Review on Law and Politics*, 8 (2017), S. 109–136.

239 So als Folge eines sino-russischen Konflikts; vgl. Bruno Tertrais, „Polar Power Play. Chinese-Russian relations on ice", in: Florence Gaub (Hg.), *Conflicts to come: 15 scenarios for 2030*, Paris: EUISS, 18.12.2020, S. 76–80.

240 Marlène Laruelle, *Russia's Arctic Policy. A Power Strategy and Its Limits*, Paris: Ifri, März 2020, S. 16; Zysk, „Russia turns north, again", S. 451–454 Thomas Nilsen, „How Murmansk government plans to attract newcomers and reverse regional decline", 21.10.2019, www.rcinet.ca/eye-on-the-arctic/2019/10/21/murmansk-depopulation-demographics-government-derunova-russia/

241 Atle Staalesen, „Moscow signals it will make national security a priority as Russia prepares to chair the Arctic Council", in: *Arctic Today*, 15.10.2020.

242 Medwedew zitiert nach Atle Staalesen, „National security chief says Russia must bolster its Arctic military", in: *IBO*, 23.6.2021.

243 Sergunin/Konyshev, *Russia in the Arctic*, S. 41.

244 *Grundlagen der Staatspolitik der Russischen Föderation in der Arktis für den Zeitraum bis 2020 und darüber hinaus* (russisch), in: *Rossijskaja Gazeta*, 27.3.2009, https://rg.ru/2009/03/30/arktika-osnovy-dok.html.

245 *Über die Strategie zur Entwicklung der Arktischen Zone der Russischen Föderation und zur Gewährleistung der nationalen Sicherheit für den Zeitraum bis 2020* (russisch), Moskau, 20.2.2013, http://government.ru/info/18360/.

246 Sergunin/Konyshev, *Russia in the Arctic*, S. 43–44; Zysk, „Russia turns north, again", S. 438.

247 Siehe Elena Nikitina, „Russlands dreckige Arktis. Umweltverschmutzung und ökologische Ansätze", in: Manfred Sapper et al (Hg.), *Logbuch Arktis. Der Raum, die Interessen und das Recht*, Berlin: BWV, 2011, S. 195–209.

248 Von 1964 bis 1991 wurden radioaktiver Abfall und Brennstäbe sowie 13 Reaktoren in der Kara- und der Barentssee entsorgt; insgesamt soll es sich um 17 000 radioaktive Fragmente (inkl. zweier U-Boote) handeln. Vgl. Sergunin/Konyshev, *Russia in the Arctic*, S. 29f; Thomas Nilsen, „Lifting Russia's accident reactors from the Arctic seafloor will cost nearly €300 million", in: IBO, 8.3.2020; „A Soviet submarine nuclear reactor has been found in Russia's Kara Sea", in: *War is Boring*, 2.9.2021.

249 Thomas Nilsen, „How Murmansk government plans to attract newcomers and reverse regional decline", in: IBO, 21.10.2019; Laruelle, *Russia's Arctic Policy*, S. 26.

250 Während die Wirtschaft in den ersten Jahren der Präsidentschaft von Putin (2000–2008) um jährlich sieben Prozent gewachsen ist, hat sich das Bruttosozialprodukt seit 2013 um ein Drittel verringert. Im Zeitraum von vier Jahren (2014–2017) ist der Lebensstandard um über zwölf Prozent gesunken, stagnierte dann und sinkt seit 2020 weiter. Als ursächlich gelten drei Gründe:

autoritäre Kleptokratie, westliche Sanktionen und der Verfall des Ölpreises. Anders Åslund, „Potemkin Putin", in: *Project Syndicate*, 3.3.2021.

251 Nach einer Schätzung sind Russland durch Sanktionen ausländische Kredite in Höhe von 270 Milliarden US-Dollar entgangen. Åslund, „Potemkin Putin".

252 Vgl. „Russia Unveils Arctic Ambitions with 2035 Strategy", in: *Moscow Times*, 6.3.2020; Alexandra Brzozowski, „Russlands neue Arktisstrategie", in: *FAZ*, 10.3.2020.

253 Wittmann, *Russland will die Arktis wirtschaftlich erschließen.*

254 Atle Staalesen, „Sergei Shoigu has a grand masterplan for Siberia", in: IBO, 28.9.2021.

255 Sukhankin, „Russia's New ‚Arctic Offensive'".

256 Kseniya Kirillova, „Poverty and Passivity: Are New Protests Expected in the Russian Regions?" in: *EDM*, 8.3.2021.

257 Christian Reichert, „Die Bodenschätze des Meeres und das Seerecht", in: José L. Lozán/Hartmut Graßl/Ludwig Karbe/Karsten Reise (Hg.), *Warnsignal Klima: Die Meere – Änderungen & Risiken*, Hamburg: GEO, 2011, S. 306–307.

258 EPSC, *Walking on Thin Ice*, S. 6; Kluge, *Russlands Staatshaushalt unter Druck*, S. 7 und S. 13; Zysk, „Russia turns north, again", S. 439.

259 Rebecca Pincus, „Three-Way Power Dynamics in the Arctic", in: *Strategic Studies Quarterly*, 14 (Frühjahr 2020) 1, S. 47.

260 Siehe Shinji Hyodo, „Russia's Sphere of Influence and the Arctic and Far East Regions", in: Shinichi Kitaoka und Fumiaki Kubo (Hg.), *The Japan-US Alliance of Hope. Asia-Pacific Maritime Security*, Tokio: Japan Publishing Industry Foundation for Culture, 2020, S. 246–247.

261 Yun Sun, *The Northern Sea Route: The Myth of Sino-Russian Cooperation*, Washington, D.C.: The Stimson Center, 5.12.2018, S. 13; Mian, *Die neue Arktis*, S. 115.

262 Elizabeth Buchanan, „Russia and China in the Arctic: assumptions and realities", in: *The Strategist*, 25.9.2020; Laruelle, *Russia's Arctic Policy*, S. 13; „Novatek says it reconfigures Obsky LNG project to produce hydrogen, ammonia", in: *Reuters*, 24.6.2021.

263 Rick Gladstone, „Russia Blocks U.N. Resolution to Treat Climate Change as a Security Threat", in: *NYT*, 14.12.2021.

264 Atle Staalesen, „Moscow national security chiefs fight western windmills", in: *IBO*, 15.12.2021.

265 2019 förderte Russland 441,4 Millionen t Kohle, 2020 fiel der Abbau auf 402,1 Millionen, künftig soll die Förderung erhöht werden. Vgl. Atle Staalesen, „Gloom in Horizon as Russia Announces It Will Boost Digging of Coal", in: *IBO*, 23.8.2019; Atle Staalesen, „As Moscow turns down coal deal at COP26, Russian miners get ready for a big Arctic dig", in: *Arctic Today*, 5.11.2021.

266 So dient die *Akademik Lomonossow* als Prototyp einer mobilen Kernkraftwerksart, die seit 2019 die arktische Hafenstadt Pewek versorgt. Vgl. Anastasia Likhacheva, *A Greener Russia? Moscow's Agenda at the COP26 Climate Summit*, Moskau: Carnegie Moscow Center, 9.11.2021.

267 Atle Staalesen, „Russian Oil Companies Seek to Soften Environmental Law ahead of a Big Push into the Arctic", in: *Arctic Today*, 2.2.2021.

268 Jake Cordell, „Arctic Oil Spill: Nornickel Failures, Tank Flaws Caused Catastrophe – Report“, in: *Moscow Times*, 26.9.2020; „Explainer: Russia's Arctic Environmental Disasters“, in: *Moscow Times*, 29.6.2020; Atle Staalesen, „Arctic Polluter Transfers 146 Billion to the State Treasury“, in: *The Independent Barents Observer*, 11.3.2021.

269 Jörg Stadelbauer, „Naturraum Arktis. Russlands Hoher Norden“, in: Manfred Sapper et al (Hg.), *Logbuch Arktis. Der Raum, die Interessen und das Recht*, Berlin: BWV, 2011, S. 35; Thomas Nilsen, „Indigenous Peoples Call on Nornickel's Global Partners to Demand Environmental Action“, in: *IBO*, 11.3.2021.

270 Kristina Küntzel-Witt, „Eisfrei über den Nordpol? Die Suche nach der Nordostpassage im 18. Jahrhundert“, in: Manfred Sapper und Volker Weichsel (Hg.), *Klimawandel und Meeresstrategie. Konflikt und Kooperation in der Arktis.*, Berlin: BWV, 2020, S. 23–37, hier: S. 26.

271 „Putin pledges Russian superiority in the Arctic with new icebreakers“, in: *Reuters*, 3.11.2020.

272 Der Name sollte an den 50. Jahrestag des Sieges über Hitler-Deutschland erinnern. Mit der Fahrt zum Nordpol wurden zwei Rekorde aufgestellt: Es war die erste Expedition zum Nordpol in der Polarnacht und die kürzeste Fahrt eines Eisbrechers von Murmansk zum Nordpol. Vgl. Laumanns, *Moderne Eisbrecher auf allen Weltmeeren*, S. 74f.

273 Paul Goble, „Kremlin's Much-Ballyhooed Icebreaker Project in Real Trouble“, in: *EDM*, 29.9.2020; Malte Humpert, „Russia's New Super Icebreaker Reaches North Pole During Ice Trials“, in: *HNN*, 5.10.2020.

274 Sergey Sukhankin, „Russia Unveils New Arctic Development Strategy: Focal Points and Key Priorities“, in: *EDM*, 9.11.2020.

275 Robert Beckhusen, „Russia Wants to Put a 76-Millimeter Cannon on an Icebreaker“, in: *War is Boring*, 13.5.2017; Mathieu Boulègue, *Russia's Military Posture in the Arctic. Managing Hard Power in a ‚Low Tension' Environment*, London: Chatham House, Juni 2019, S. 40.

276 Hans Uwe Mergener, „Russische Marine mit Arktis-Ambitionen“, in: *Marine Forum*, 4/2020, S. 40.

277 Rumer et al, *Russia in the Arctic*, S. 9; Atle Staalesen, „Rosatom hints it might not need that many new icebreakers after all“, in: *IBO*, 10.3.2021.

278 Die Friedensordnung für die Zeit nach dem Kalten Krieg basiert auf der Charta von Paris vom November 1990, die auf der Schlussakte der Konferenz für Sicherheit und Zusammenarbeit in Europa (KSZE) in Helsinki von 1975 aufbaut. Sie garantiert die territoriale Integrität der Teilnehmerstaaten, bekräftigt das Bekenntnis zum Gewaltverzicht und erklärt das „Recht der Staaten, ihre sicherheitspolitischen Dispositionen frei zu treffen“. Völkerrechtlich sind die NATO-Staaten und Russland als Rechtsnachfolger der Sowjetunion an diese Zusagen gebunden. Demgemäß traten 1999 Polen, Ungarn und Tschechien sowie 2004 Bulgarien, Estland, Lettland, Litauen, Rumänien, Slowakei, Slowenien der NATO bei. Ein Beitritt der Ukraine und Georgiens wurde 2008 vertagt.

279 Deutscher Bundestag, *Die Militärdoktrinen der Sowjetunion und der Russischen Föderation seit den 1970er Jahren. Bedrohungsszenarien und Sprache im Vergleich*, Berlin: Wissenschaftliche Dienste, März 2015, S. 17.

280 The Embassy of the Russian Federation to the United Kingdom of Great Britain and Northern Ireland, *Approved by the President of the Russian Federation on December 25, 2014: The Military Doctrine of the Russian Federation*, Artikel 12 (a), Pressemitteilung, Moskau, 29.6.2015, https://www.rusemb.org.uk/press/2029.

281 Putin, „Überfall auf die Sowjetunion".

282 Gorbatschow zitiert nach Hannes Adomeit, „NATO-Osterweiterung – gab es gegenüber der UdSSR Garantien?", in: *NZZ*, 30.12.2017.

283 „Alles russische Geschichtsdenken ist ein dezidiert raumbezogenes Denken – bis auf den heutigen Tag." Karl Schlögel, *Das russische Berlin. Eine Hauptstadt im Jahrhundert der Extreme*, Berlin: Suhrkamp, 2019, S.447. Vgl. Lough, *Germany's Russia problem*, S. 235.

284 „Putin attackiert die Amerikaner", in: FAZ, 11.2.2007.

285 Tom Parfitt, „Russia plants flag on North Pole seabed", in: *The Guardian*, 2.8.2007.

286 Gorbachev, *The Speech in Murmansk.*

287 Siehe die Grafik in Paul/Swistek, *Russland in der Arktis*, S. 30.

288 Thomas Graham, „The Sources of Russian Conduct. Kennan's Long Telegram needs an update for Putin's Russia", in: *National Interest*, 24.8.2016; Robert Person, „Four Myths about Russian Grand Strategy", in: Mark F. Cancian und Cyrus Newlin (Hg.), *The Diversity of Russia's Military Power. Five Perspectives*, Washington, DC: CSIS, 2020, S. 4.

289 „We have every reason to assume that the infamous policy of containment, led in the 18th, 19th and 20th centuries, continues today. They are constantly trying to sweep us into a corner because we have an independent position, because we maintain it and because we call things like they are and do not engage in hypocrisy. But there is a limit to everything." *Address by President of the Russian Federation*, 18.3.2014, http://en.kremlin.ru/events/president/news/20603.

290 Madeleine Albright widerlegt in ihrer Autobiografie diesen Vorwurf; vgl. *Hell and Other Destinations. A 21st-Century Memoir*, New York: HarperCollins 2020, S. 187f; Guy Faulconbridge, „Russian navy boss warns of China's race for the Arctic", in: *Reuters*, 4.10.2010; Andreas Rüesch, „Der Gedankenleser", in: *NZZ*, 26.5.2021; Paul, *Der Kampf um den Nordpol, S. 4.*

291 *Military Doctrine of the Russian Federation*, Article 32 (s). Dies war schon Thema in der Militärstrategie 2009: „Under conditions of competition for resources, it is not excluded that arising problems may be resolved using military force". *Russia's National Security Strategy to 2020*, http://rustrans.wikidot.com/russia-s-national-security-strategy-to-2020.

292 „A worst-case scenario would be multiple, simultaneous attacks from several directions, something that the Russians have feared for centuries. Until now, Russia has been vulnerable from three directions: from the west, as Napoleon, Kaiser Wilhelm and Hitler all demonstrated; from the east, following the path the Mongol-ruled Tatar cavalry hordes took in the thirteenth century, when they devastated the country and ruled it until roughly 1480; and through the Caucasus and Central Asia in the south, where the forces of the once-mighty Ottoman Empire had for centuries posed a dire threat. Today, the rapid decline in Arctic ice seems to be opening up a new, fourth front." Roger Howard,

„Russia's New Front Line", in: *Survival*, 52 (2010) 2, S. 146f. Vgl. USAF, *Arctic Strategy*, S. 2.

293 Conway, „Toward a US Air Force Arctic Strategy"; Sergey Sukhankin, „The ‚Military Pillar' of Russia's Arctic Policy", in: *EDM*, 16.3.2020.

294 Caleb Larson, „The U.S. Navy Wants to Make Sure It Can Take on Russia in the Arctic", in: The *National Interest*, 7.10.2020.

295 „Russia test fires submarine-launched hypersonic Tsirkon missile for first time", CNN, 4.10.2021.

296 Richard Connolly, „Putin's 'super weapons'", in: Samuel Bendett et al, *Advanced military technology in Russia*, London: RUSI, September 2021, S. 23–33.

297 Ausführlich dazu Paul/Swistek, *Russland in der Arktis*, S. 27.

298 Baev, The Russian Navy is Adrift in the Syrian Doldrums, S. 645.

299 Heinrich Brauß und Joachim Krause, „Was will Russland mit den vielen Mittelstreckenwaffen?" in: *SIRIUS*, 3 (2019) 2, S. 155; Thomas Nilsen, „Sevmash hands over two nuclear subs to the navy", in: *IBO*, 21.12.2021.

300 „With cost-efficiency in mind, it is easier for the Kremlin to use the armed forces as cheap labour than to go through a lengthy process of civilian engineering and development. The armed forces built dual-use SAR infrastructure ... to save both costs and time." Boulègue, *Russia's Military Posture in the Arctic*, S. 14. Vgl. Siemon Wezeman, *Military Capabilities in the Arctic: A New Cold War in the High North?* Stockholm: SIPRI, 2016 (SIPRI Background Paper), S. 13–17.

301 Sergunin/Konyshev, *Russia in the Arctic*, S. 32; Zysk, „Russia turns north, again", S. 446.

302 Thomas Nilsen, „Russian Navy to Hold Live-fire Exercise Off Northwestern Norway", in: *IBO*, 6.8.2019; Gerard O'Dwyer, „Nordic Countries See Russia Flex Its Missile Muscles", in: *Defense News*, 6.8.2019; Rebecca Pincus, „NATO North? Building a Role for NATO in the Arctic", in: *War on the Rocks*, 6.11.2019*; Alec Luhn, „Russian Submarines Power into North Atlantic in Biggest Manoeuvre since Cold War", in: Telegraph, 30.10.2019; „Manöver ‚Allied Sky'", in: Die Welt, 1.9.2020; Mike Baker, „‚Are We Getting Invaded?' A 21st-Century Cold War in the Arctic", in: NYT, 13.11.2020;* Taylor, *After the ice*, S. 22.

303 Nathaniel Herz, „U.S. investigates ‚unprofessional interactions' after Russian military confronts Bering Sea fishermen", in: *Alaska Public Media, 28.8.2020.*

304 „Belgian F-16s intercept two Russian bombers over North Sea", in: *Brussels Time, 12.11.2021;* Georgi Gotev, „Moscow says US rehearsed nuclear strike against Russia this month", in: *EurActiv.com, 24.11.2021.*

305 Ulf von Rauchhaupt, „Achtung, Trümmer im Anflug!" In: *FAZ, 20.11.2021.*

306 Fredrik Westerlund, „Russian military capability in a ten-year perspective", in: Fredrik Westerlund und Susanne Oxenstierna (Hg.), *Russia's Military Capabilities in a Ten-year Perspective*, Stockholm: FOI, Dezember 2016 (FOI-R--4758—SE), S. 143.

307 Douglas Barrie und James Hackett (Hg.), *Russia's Military Modernisation. An Assessment*, London: IISS, 2020, S. 95.

308 Jonas Kjellén und Nils Dahlqvist, „Russia's Armed Forces in 2019", in: Fredrik Westerlund und Susanne Oxenstierna (Hg.), *Russia's Military Capabilities in a Ten-year Perspective*, Stockholm: FOI, Dezember 2016 (FOI-R--4758—SE), S. 40.

309 Hans M. Kristensen/Matt Korda, „Russian Nuclear Forces, 2020", in: *Bulletin of the Atomic Scientists*, 76 (2020) 2, S. 102–117.

310 „Three Russian submarines surface and break Arctic ice during drills", in: *Reuters*, 26.3.2021.

311 „Russia reveals giant nuclear torpedo in state TV ‚leak'", in: *BBC News*, 12.11.2015; B I Sutton, „New Details of Russian Belgorod 'Doomsday' Submarine Revealed", in: *USNI News*, 25.2.2021; Thomas Nilsen, „Gigantic special mission submarine starts sea trials in White Sea", in: *IBO*, 28.6.2021.

312 Laruelle, *Russia's Arctic Policy*, S. 10; Michael Peck, „The Russian Military Couldn't Care Less About the Poseidon Nuclear Torpedo", in: *National Interest,* 21.1.2021; Thomas Nilsen, „Is this Russia's new coastal base for the ‚doomsday nuke' drones?" *IBO*, 26.1.2021.

313 50 years ago – The origins of NATO concerns about the threat of Russian strategic nuclear submarine. In: NATO Review, 24.03.2017.

314 Atland, Kristian (2007): The Introduction, Adoption and Implementation of Russia's „Northern Strategic Bastion" Concept, 1992–1999. In: The Journal of Slavic Military Studies 20 (4), S. 499–528.

315 Atle Staalesen, „New Russian fighter jets on standby in upgraded Arctic air base", in: IBO, 8.2.2021.

316 Heather A. Conley und Matthew Melino, *Ice Curtain: S-400 Deployments and Enhanced Defense of Russia's Western Arctic (Rogachevo Air Base)*, Washington, DC: CSIS, 30.3.2020 (CSIS Briefs).

317 U.S. Army, *Regaining Arctic Dominance. The U.S. Army in the Arctic*, 19.1.2021, S. 17; Alexander Mladenov, „Russia's Race for Arctic Power", in: AIR International, 12.3.2021.

318 Paul, *Arktische Seewege*, S. 12. Die Grafik zeigt optimale Navigationsrouten im Monat September anhand bereits erfolgter und für die Zukunft angenommener Schifffahrten, die den Ozean zwischen Nordatlantik und Pazifik durchqueren. Dabei wurden zahlreiche klimabedingte Projektionen zugrunde gelegt, unter anderem zur Eiskonzentration. Vgl. Laurence C. Smith/Scott R. Stephenson, „New Trans-Arctic Shipping Routes Navigable by Midcentury", in: *Proceedings of the National Academies of Science (Early Edition)*, 4.3.2013, https://www.pnas.org/content/pnas/early/2013/02/27/1214212110.full.pdf.

319 Siehe die Grafik „Arktis-Nordatlantik" in Paul/Swistek, *Russland in der Arktis*, S. 13. Vgl. Atle Staalesen, „Northernmost Arctic airfield now operational all-year, says Russian Military", in: *IBO*, 28.4.2020; Thomas Nilsen, „Russia's top General indirectly confirms Arctic deployment of the unstoppable Kinzhal missile", in: *IBO*, 19.12.2020.

320 Exemplarisch John R. Allen, Ben Hodges, Julian Lindley-French, *Future War and the Defence of Europe*, New York: Oxford University Press, 2021, S. 16.

321 „Russia's overall military posture remains fundamentally defensive, but is combined with below-the-threshold activities to unbalance rivals. Barrie/Hackett, *Russia's Military Modernisation*, S. 7. Vgl. Rumer et al, *Russia in the Arctic*, S. 9; Jørgen Staun, „A Two-Faced Russia? Civilian Interests and Great Power Politics in the High North", in: Weber, *Handbook on Geopolitics and Security in the Arctic*, S. 15.

322 „Its military posture is oriented to achieving rapid peace-to-war transition, seizing the strategic initiative and employing military power to intimidate and coerce. To achieve this, the force posture is optimised for high readiness,

prompt mobilisation, and quick movement of large forces over long distances." Rolf Tamnes, „The High North: A Call for Competitive Strategy", in: John Andreas Olsen (Hg.), *Security in Northern Europe: Deterrence, Defence and Dialogue*, London: RUSI (Whitehall Paper 93), Oktober 2018, S. 8. Vgl. Boulègue, *Russia's Military Posture in the Arctic*, S. 8f, 20, 25; Johan Norberg und Martin Goliath, „The fighting power of Russia's Armed Forces in 2019", in: Westerlund/Oxenstierna, *Russia's Military Capabilities in a Ten-year Perspective*, S. 67–69.

323 Danish Defence Intelligence Service (DDIS), *Intelligence Risk Assessment 2020. An assessment of developments abroad impacting on Danish security*, Kopenhagen: DDIS, 26.11.2020, S. 15.

324 Masha Gessen, *The Future is History. How Totatalitarianism Reclaimed Russia*, New York: Random House, 2017; Susan Stewart, *Geschichte als Instrument der Innen- und Außenpolitik am Beispiel Russlands. Wie die Gegenwart die Vergangenheit beeinflusst*, Berlin: SWP, November 2020 (SWP-Studie S 22/2020); Thomas Wochnik, „Wochniks Wochenende", in: *Tagesspiegel*, 27.2.2021, S. 19.

325 „Dies verschafft Respekt, ist also geopolitisch wichtiger und billiger, als tatsächlich militärisch auf Augenhöhe sein zu müssen." Reiner Schwalb, „Wege aus der Krise?", in: Michael Staack/Gunther Hauser (Hg.), *Russland und der Westen – Ist kooperative Sicherheit möglich?* Opladen: Verlag Barbara Budrich, 2020, S. 12.

326 Lee, „US, Russia at odds over military activity in the Arctic".

327 Website des Arktischen Rates, https://arctic-council.org/www/www/en/about/russian-chairmanship-2/.

328 Helga Haftendorn, „NATO and the Arctic: is the Atlantic alliance a cold war relic in a peaceful region now faced with non-military challenges?" in: *European Security*, 20 (2011) 2, S. 341.

329 Duncan Depledge, „NATO and the Arctic. The Need for a New Approach", in: *The RUSI Journal*, 165 (2020) 5, S. 88–89.

330 „…the extent to which the Alliance's return to the region feeds Russian perceptions of encirclement and expansionism (or, at the very least, can be instrumentalized to suit these narratives) cannot be understood without first acknowledging the extent to which NATO had shrunk away from the region and the inconsistencies in the Alliance's approach since it returned." Depledge, „NATO and the Arctic", S. 90.

331 Katarzyna Zysk, „The Future of the Arctic is Russian. Or Is It?", in: *Atlantic Community*, 8.7.2019.

332 „The most-promising options to `extend Russia´ are those that directly address its vulnerabilities, anxieties, and strengths, exploiting areas of weakness while undermining Russia's current advantages. In that regard, Russia's greatest vulnerability, in any competition with the United States, is its economy, which is comparatively small and highly dependent on energy exports." James Dobbins et al, *Overextending and Unbalancing Russia. Assessing the Impact of Cost-Imposing Options*, Santa Monica, CA: RAND, August 2019.

333 Dagegen hat Dänemark (Grönland) 100 Prozent Anteil an Territorium jenseits des 60. Breitengrades, Finnland 99, Island 100, Norwegen 82, Russland 45, Schweden 70. Vgl. English, *Ice and Water*, S. 200.

334 Mark Nuttall (Hg.), *Encyclopedia of the Arctic. Volume 1 A-F*, New York/London: Routledge, 2005, S. 26; Osherenko/Young, *The Age of the Arctic*, S. 219.

335 Malaurie, *Mythos Nordpol*, S. 175–219.

336 Ab September 1941 wurden etwa 1400 Frachtschiffe in 78 Konvois von amerikanischen, britischen und kanadischen Kriegsschiffen nach Murmansk und Archangelsk eskortiert. Die US-Militärhilfe enthielt u. a. 363 000 Lastwagen, 43 000 Jeeps und 6000 Panzer. Vgl. Niall Ferguson, *Krieg der Welt. Was ging schief im 20. Jahrhundert?* Berlin: Propyläen, 2006, S. 546 und S. 661; English, *Ice and Water*, S. 69.

337 English, *Ice and Water*, S. 192. Vgl. S. 119.

338 Im Strategiedokument des Pentagon gilt die Arktis als „potential avenue for expanded great power competition and aggression"; in der National Defense Strategy 2018 wurde sie dagegen nicht einmal erwähnt. Vgl. U.S. DoD, *Department of Defense Arctic Strategy*, S. 5.

339 „We're entering a new age of strategic engagement in the Arctic, complete with new threats to the Arctic and its real estate, and to all of our interests in that region." Pompeo, *Looking North*.

340 Ekaterina Moore, *From the Last to the First Frontier: Why the US Needs to Include the Arctic in its First Priorities*, New York: Center For Foreign Policy Affairs, 19.1.2021; Taylor, *After the ice*, S. 88.

341 U.S. Marine Corps (USMC), U.S. Navy (USN), U.S. Coast Guard (USCG), *Advantage at Sea. Prevailing with Integrated All-Domain Naval Power*, Washington, DC, Dezember 2020, S.12.

342 „Xinhua Commentary: Dialogue, win-win are right choices for China-U.S. relations", in: *Xinhua*, 21.3.2021; Sha Hua und William Mauldin, „U.S., China Climate Envoys to Meet Despite Frosty Alaska Talks", in: WSJ, 22.3.2021; Steven Lee Myers, „Despite Tensions, the U.S. and China Agree to Work Together on Climate Change", in: *NYT*, 18.4.2021.

343 Joshua Tellis, „For a Biden Arctic Agenda, Look to Governance. Competition with China is too narrow a strategy for the far north", in: *Foreign Policy*, 16.2.2021.

344 Vgl. Rumer et al, *Russia in the Arctic*, S. 15.

345 National Security Decision Memorandum 144 (NSDM-144) 1971 und National Security Decision Directive 90 (NDSS-90) 1983. Vgl. Victoria Herrmann und Lillian Hussong, „No UNCLOS, No Icebreakers, No Clue? U.S. Arctic Policy Through the Eyes of Congress", in: Weber, *Handbook on Geopolitics and Security in the Arctic*, S. 25; Osherenko/Young, *The Age of the Arctic*, S. 221–239.

346 The White House, *Presidential Decision Directive/NSC-26*, Washington, D.C., 9.6.1994.

347 English, *Ice and Water*, S. 193. Vgl. S. 259.

348 „While it is unfair to suggest that the American voices at the Arctic Council table after its creation in 1996 wanted an ineffective council, it is true that they feared what others, especially the Canadians, thought an effective council would be." English, *Ice and Water*, S. 253. Vgl. S. 202.

349 Der Lizenzverkauf an die Royal Dutch Shell hatte die Rekordsumme von 2,7 Milliarden Dollar erbracht. Doch nach den Probebohrungen erklärte das Energieunternehmen im September 2015, „auf absehbare Zeit" von weiteren Projekten dieser Art im Eismeer absehen zu wollen. Vgl. Braune, *Die Arktis*, S. 145–147, 152–156; Shell, *Shell Updates on Alaska Exploration*, 28.9.2015,

www.shell.com/media/news-and-media-releases/2015/shell-updates-on-alaska-exploration.html.

350 Gemeint sind National Security Presidential Directive (NSPD-66) und Homeland Security Presidential Directive (HSPD-25). Vgl. Michael T. Corgan, „US Security Policy in the American Arctic“, in: Giørv et al, *Routledge Handbook of Arctic Security*, S. 157.

351 Philip E. Steinberg, „Maintaining hegemony at a distance: ambivalence in US Arctic policy“, in: Richard C. Powell und Klaus Dodds, *Polar Geopolitics? Knowledges, Resources and Legal Regimes*, Cheltenham und Northampton, MA: Elgar, 2014, S. 115. Vgl. S. 125.

352 The White House, *National Strategy for the Arctic Region*, Washington, D.C., Mai 2013, S. 9. Vgl. DoD, *Arctic Strategy*, Washington, D.C., November 2013, https://dod.defense.gov/Portals/1/Documents/pubs/2013_Arctic_Strategy.pdf.

353 Corgan, „US Security Policy in the American Arctic“, S. 159; Herrmann und Hussong, „No UNCLOS, No Icebreakers, No Clue?“, S. 23, 28 und 32f.

354 DoD, *Report to Congress on Strategy to Protect United States National Security Interests in the Arctic Region*, Washington, D.C., Dezember 2016, S. 6f. Vgl. Corgan, „US Security Policy in the American Arctic“, S. 157; Julie Hirschfeld Davis, „Obama to Call for More Icebreakers in Arctic as U.S. Seeks Foothold“, in: *NYT*, 1.9.2015; Zagorski, *Russia and the US in the Arctic*, S. 12.

355 Barack Obama, *A Promised Land*, New York: Crown, 2020, S. 559.

356 Valerie Volcovici, „Trump to Target Obama's Climate Initiatives: White House Website“, *Reuters*, 20.1.2017; Robinson Meyer, „Trump Isn't a Climate Denier. It's Worse“, in: *The Atlantic*, 5.11.2019.

357 „Trump will Alaskas Regenwald abholzen lassen“, in: *FAZ*, 28.8.2019; Nadja Popovich/Livia Albeck-Ripka/Kendra Pierre-Louis, „The Trump Administration Rolled Back More Than 100 Environmental Rules. Here's the Full List“, in: *NYT*, 20.1.2021.

358 U.S. Global Change Research Program, *Fourth National Climate Assessment. Impacts, Risks, and Adaptation in the United States*, Washington, DC: U.S. Global Change Research Program, 2018, S. 1190.

359 „US federal government asks oil companies to nominate drilling parcels in Alaska's Arctic refuge“, in: *Reuters*, 16.11.2020; Ben Cahill, „Biden Plans to Halt New Oil and Gas Licensing on Public Lands“, Washington, DC: CSIS, 16.11.2020.

360 Rystad Energy, „Biden's Energy Plans Threaten Alaska's Oil Ambitions“, in: *Oil Price*, 17.2.2021.

361 Simon Johnson, „U.S. Sinks Arctic Accord Due to Climate Change Differences; Diplomats“, in: *Reuters*, 7.5.2019; *Rovaniemi Joint Ministerial Statement 2019*, https://arctic-council.org/images/PDF_attachments/Rovaniemi_Joint_Ministerial_Statement_2019_Signed.pdf.

362 Der Arctic Circle wurde 2013 gegründet; er soll Dialog und Zusammenarbeit in der Arktis fördern, unter anderem mittels der jährlichen Arctic Circle Assembly in Reykjavik.

363 Melody Schreiber, „U.S. Energy Secretary Perry Praises Arctic Oil and Gas Potential, while Emphasizing Energy Geopolitics“, in: *Arctic Today*, 12.10.2019.

364 Yereth Rosen, „Alaska's governor wants the state to cut ties with banks who shun Arctic oil drilling", in: *Arctic Today*, 15.12.2020; Petra Krumme, „Bohren, bevor Biden kommt", in: *SZ*, 8.1.2021.
365 Vgl. Björn Lomborg, „Nur keine Klimapanik", in: *Handelsblatt*, 3.11.2020.
366 Derek Brower, Myles McCormick, Justin Jacobs, „Biden opens a new era of American energy", in: *FT*, 21.1.2021; Coral Davenport, Henry Fountain, Lisa Friedman, „U.S. Suspends Drilling Leases In Arctic Lands", in: *NYT*, 2.6.2021.
367 Im Jahr 2020 importierten die USA mehr Öl und Ölprodukte aus Russland als aus Saudi-Arabien. Vgl. Javier Blas, „U.S. Thirst for Russian Oil Hits Record High Despite Tough Talk", in: *Bloomberg Businessweek*, 24.3.2021.
368 Anton Troianovski, „Moscow Media Celebrates Biden´s Reference to Russia And U.S. as `Great Powers´", in: *NYT*, 17.6.2021.
369 White House, *Biden-Harris Administration Brings Arctic Policy to the Forefront with Reactivated Steering Committee & New Slate of Research Commissioners*, Washington, DC: Press Releases, 24.9.2021.
370 Die Position war von der Trump-Administration geschaffen worden; vgl. „A Balanced Approach to the Arctic—A Conversation with U.S. Coordinator for the Arctic Region James P. DeHart", in: *The Foreign Service Journal*, Mai 2021, https://afsa.org/balanced-approach-arctic-conversation-us-coordinator-arctic-region-james-p-dehart.
371 Siehe Heather A. Conley und Matthew Melino, *America's Arctic Moment. Great Power Competition in the Arctic to 2050*, Washington, DC: CSIS, März 2020.
372 Emmerson, *The Future History of the Arctic*, S. 142.
373 Horst W. Laumanns, *Moderne Eisbrecher auf allen Weltmeeren*, Stuttgart: Pietsch, 2014, S. 98–103.
374 Congressional Research Service (CRS), *Coast Guard Polar Security Cutter (Polar Icebreaker) Program: Background and Issues for Congress*, Washington, D.C., 7.12.2021, S. 2.
375 CRS, *Coast Guard Polar Security Cutter*, S. 6; Abbie Tingstad, Scott Savitz, Dulani Woods, Jeffrey A. Drezner, *The U.S. Coast Guard Is Building an Icebreaker Fleet. What Comes Next?* Washington, DC: RAND, 20.12.2020 (Perspectives), S. 3f.
376 *CRS, Changes in the Arctic*, S. 6, 50; CRS, *Coast Guard Polar Security Cutter*, S. 3, 37-40.
377 Tingstad et al, *The U.S. Coast Guard Is Building an Icebreaker Fleet*, S. 11; CRS, *Coast Guard Polar Security Cutter, S. 4.*
378 U.S. Navy, *Arctic Roadmap 2014–2030*, S. 18.
379 „The Arctic is no longer a fortress wall, and our oceans are no longer protective moats; they are now avenues of approach for advanced conventional weapons,' said retired U.S. Gen. Terrence O'Shaugnessy during testimony last March before the Senate Armed Services Committee." Vipal Monga und Paul Vieira, „U.S., Canada to Upgrade Joint Defenses", in: *WSJ*, 1.3.2021.
380 DoD, *Department of Defense Arctic Strategy*, S. 2, 6; White House, *National Security Strategy of the United States of America*, S. 40; DoD, *Summary of the 2018 National Defense Strategy of the United States of America. Sharpening the American Military's Competitive Edge*, Washington, D.C., 2017.

381 Mitte der 1980er Jahre galt der Arktische Ozean für die US-Marine als „the new frontier for possible warfare with the Soviet Union." Zitiert nach Osherenko/Young, *The Age of the Arctic*, S. 219.

382 Anne-Marie Brady, „Facing Up to China's Military Interest in the Arctic", in: *China Brief*, 19 (10.12.2019) 21; Lyle J. Goldstein, „Chinese Nuclear Armed Submarines in Russian Arctic Ports? It Could Happen", in: *The National Interest*, 1.6.2019; Diana Stancy Correll, „A 'persistent proximate threat': Why the Navy is preparing for a fight under the sea", in: *Navy Times*, 10.9.2021.

383 U.S. Department of Defense, *Report to Congress on Strategy to Protect United States National Security Interests in the Arctic Region*, Washington, D.C.: Office of the Undersecretary of Defense for Policy, Dezember 2016, S. 3.

384 James Mason, „The Port of Nome plays a role in Navy's new Arctic strategy", in: *The Nome Nugget*, 11.2.2021.

385 Vgl. Stavridis, *Sea Power*, S. 241; Melody Schreiber, „New Legislation Speeds Up the Possibility of a Nome Port", in: *Arctic Today*, 21.11.2018; Patrick Tucker, „As the Arctic Warms, US Navy Considering Summer Transit, Bering Sea Port", in: *Defense One*, 8.1.2019; Midgett, „IMO Approves U.S.-Russian Federation Proposal for Bering Strait Routing Measures".

386 Megan Eckstein, „New Arctic Strategy Calls for Regular Presence as a Way to Compete With Russia, China", in: *USNI News*, 5.1.2021.

387 „Our strength and integrated actions with allies will demonstrate our commitment to deterring aggression, but our dynamic force employment, military posture, and operations must introduce unpredictability to adversary decision-makers." US Department of Defense, *Summary of the 2018 National Defense Strategy of the United States of America. Sharpening the American Military's Competitive Edge*, Washington, DC: DoD, 19.1.2018, S. 5. Vgl. Rachel Ellehuus, *Surprise and Stability in the High North*, Washington, DC: CSIS, 14.12.2020; Katarzyna Zysk, „Predictable Unpredictability? U.S. Arctic Strategy and Ways of Doing Business in the Region", in: *War on the Rocks*, 11.3.2021.

388 Ben Werner, „U.S. 2nd Fleet Flexes Arctic Operational Muscle", in: *USNI News*, 25.9.2019; Peter Ong, „U.S. Navy Reports on Arctic and North Atlantic", in: *Naval News*, 20.2.2021.

389 U.S. Naval Forces Europe-Africa/U.S. 6th Fleet Public Affairs, *U.S., U.K. Ships Operate in the Barents Sea*, 4.5.2020.

390 Megan Eckstein, „U.S. Would Benefit from Partner Navies, Flexibility of 2nd and 6th Fleets If Russian Conflict Arose", in: *USNI News*, 2.2.2021.

391 U.S. Navy, *Arctic Roadmap 2014–2030*, S. 18; Rebecca Pincus, „Rushing Navy Ships into the Arctic for a FONOP is Dangerous", in: *Proceedings*, 145 (Januar 2019) 1, https://www.usni.org/magazines/proceedings/2019/january/rushing-navy-ships-arctic-fonop-dangerous.

392 „That takes us up into the Barents [Sea], and then takes us around the Barents and up towards the Kola Peninsula to be more present in that part of the world. Again, where sea lanes open up in the northern passage becomes navigable, the U.S. Navy is going to guarantee that freedom of navigation exists for our partners," Mr. Braithwaite said. Zitiert nach Ben Wolfgang, „Putting Putin in his place: U.S. Navy eyes ‚freedom of navigation' patrols off Russia's Arctic coast", in: *Washington Times*, 6.1.2021.

393 U.S. Air Force, *Arctic Strategy. Ensuring a Stable Arctic through Vigilance, Power Projection, Cooperation, and Preparation, Washington, DC: Department of the Air*

Force, 2.7.2020, S. 4 und 9. Vgl. John L. Conway, „Toward a US Air Force Arctic Strategy", in: *Air & Space Power Journal*, Sommer 2017, S. 68.

394 David B. Larter, „The Arctic is a strategic hot spot, but Western allies lack good intel", in: *Defense News*, 21.9.2020.

395 Richard Milne, „US Stance on Arctic Is ‚Dangerous', Says Sweden's Foreign Minister", in: *Financial Times*, 2.9.2019.

396 Vgl. DoD, *Annual Report to Congress: Military and Security Developments Involving the People's Republic of China 2019*, S. 114; Mike Pompeo, *Tweet*, https://twitter.com/secpompeo/status/1125492180943015936?lang=de.

397 Heather A. Conley/Matthew Melino, *The Implications of U.S. Policy Stagnation toward the Arctic Region*, Washington, D.C.: CSIS, Mai 2019; Liz Ruskin, „Russia's Military Dominance over Arctic Grows while US Treads Water", *Alaska Public Media*, 13.12.2019.

398 Melody Schreiber, „What the new defense spending bill could mean for the Arctic", in: *Arctic Today*, 20.12.2021.

399 Mike Baker, „‚Are We Getting Invaded?' U.S. Boats Faced Russian Aggression Near Alaska", in: NYT, 1.12.2020; John Rossomando, „Will Joe Biden Lose the Arctic to Russia or China?", in: *National Interest*, 18.4.2021.

400 Government of Canada, *Statement on Canada's Arctic Foreign Policy. Exercising Sovereignty and Promoting Canada's Northern Strategy Abroad*, https://www.international.gc.ca/world-monde/assets/pdfs/canada_arctic_foreign_policy-eng.pdf, S. 2.

401 Heather Exner-Pirot und Rob Huebert, „Arctic Security. The Canadian Context", in: Giørv et al, *Routledge Handbook of Arctic Security*, S. 140.

402 Government of Canada, *Statement on Canada's Arctic Foreign Policy*, S. 3.

403 Geir Hønneland, „The Russian Arctic Debate: The Rush for the North Pole", in: Svein Vigeland Rottem und Ida Folkestad Solvedt (Hg.), *Arctic Governance. Norway, Russia and Asia*, London et al: I.B. Tauris, 2020, S. 117–118; Emmerson, *The Future History of the Arctic*, S. 67

404 Haftendorn, „NATO and the Arctic", S. 343.

405 Government of Canada, *A long-term, strategic vision for the Canada's Arctic and North*, Ottawa: Crown-Indigenous Relations and Northern Affairs Canada, 10.9.2019.

406 Siri Gulliksen Tømmerbakke, „Why the Canadians are Provoked by the New and Ambitious Arctic Policy Document", in: *HNN*, 13.9.2019.

407 Matthew Fisher, „Canada needs an Arctic defence strategy as Russia, China eye the north", in: *Global News*, 25.9.2020.

408 Government of Canada, *Arctic and Northern Policy Framework: Safety, security, and defence chapter*, www.rcaanc-cirnac.gc.ca/eng/1562939617400/1562939658000 (Abruf 30.12.2021). Vgl. P. Whitney Lackenbauer, „Threats Through, To and In the Arctic: A Canadian Perspective", in: Duncan Depledge und P. Whitney Lackenbauer, *On Thin Ice? Perspectives on Arctic Security*, Ontario: North American and Arctic Defence and Security Network, 2021 (NAADSN Engage Series no. 5), S. 35–47.

409 Lawrence Martin, Trudeau and Biden will restore the Canada-U.S. bond, in: *The Globe and Mail*, 12.11.2020; Derek H. Burney und Fen Osler Hampson, *Braver Canada. Shaping Our Destiny in a Precarious World*, Montreal et al: McGill-Queen's University Press, 2020, S. 23, 33, 181.

410 Adam Lajeunesse, „The Gentleman's Agreement: Sovereignty, Defence, and Canadian-American Diplomacy in the Arctic", in: Greaves und Lackenbauer, *Breaking Through*, S. 45-61.
411 David Moscrop, „Trump was exhausting for Canada. Biden will be a more welcome challenge", in: *Washington Post*, 11.11.2020.
412 Burney und Hampson, *Braver Canada*, S. 84f. Vgl. Ian Austen und Christopher Flavelle, „Trudeau Climate Record Complicated by Gas Emissions Increase", in: *NYT*, 21.4.2021.
413 David Venn, „Community reps oppose mine expansion at final day of Baffinland hearing", in: *Nunatsiaq News*, 12.11.2021, S.12.
414 „China has a voracious appetite and will stop at nothing to feed itself, and the Arctic is one of the last domains and regions left and we have to understand it and exploit it more quickly than they can exploit it." Jody Thomas, zitiert nach Robert Fife und Steven Chase, „New national security adviser is hawkish on China", in: *The Globe and Mail*, 6.1.2022.
415 Vipal Monga und Paul Vieira, „Canada Vetoes China Gold Deal in Arctic", in: *WSJ Online*, 22.12.2020.
416 Thomas Ayres, „China's Arctic gambit a concern for U.S. air and space forces", in: *Space News*, 5.10.2020.
417 Burney und Hampson, *Braver Canada*, S. 52, 59. Vgl. Jonathan Manthorpe, *Claws of the Panda: Beijings Campaign of Influence and Intimidation in Canada*, Toronto: Coromorant Books, 2019.
418 „China is teaching Canada some hard truths about China", in: *The Globe and Mail*, 21.3.2021; Thorsten Benner, Warum ich nicht mehr nach China reise, in: *Tagesspiegel*, 7.5.2021.
419 Lackenbauer, „Threats Through, To and In the Arctic: A Canadian Perspective", S. 37.
420 Suzanne Lalonde, „The Northwest Passage and Northern Sea Route", in: Elena Conde und Sara Iglesias Sánchez (Hg.), *Global Challenges in the Arctic Region. Sovereignty, environment and geopolitical balance*. New York, NY: Routledge, 2017, S. 48–55.
421 Levon Sevunts, „Canada to build two polar icebreakers for High Arctic operations", in: *RCI*, 6.5.2021.
422 Burney und Hampson, *Braver Canada*, S. 99.
423 Burney und Hampson, *Braver Canada*, S. 101.
424 Canadian Armed Forces, *Strong, Secure, Engaged. Canada´s Defence Policy*, www.canada.ca/en/department-national-defence/corporate/reports-publications/canada-defence-policy.html.
425 Todd Coyne, „Military hopeful new Arctic port will open in 2022, but ‚significant' uncertainty remains", in: *CTV News*, 8.7.2021.
426 Lee Berthiaume, „Canada has 'significant' worries about China, Defence Minister says", in: The Globe and Mail, 21.12.2020.
427 Rob Huebert, *The Newly Emerging Arctic Security Environment*, Calgary: Canadian Defence & Foreign Affairs Institute, 2010 (CDFA Paper), S. 6; Adam Lajeunesse, *The Canadian Armed Forces in the Arctic: Purpose, Capabilities, and Requirements*, Calgary: University of Calgary, Mai 2015, S.7.
428 Aurel Braun und Stephen J. Blank, *The Cold Reality Behind Russia's Charm Offensive: Why Canada needs a realistic Arctic policy*, Ottawa: Macdonald-Laurier Institute, April 2020, S. 5; Adam Lajeunesse, „Arctic Geopolitics and Security

from the Canadian Perspective“, in: Weber, *Handbook on Geopolitics and Security in the Arctic*, S. 42.

429 Peter Sproule, „Canada and the Fourth Battle of the Atlantic“, in: *Canadian Naval Review*, 16 (2021) 3, S. 4–8.

430 Monga/Vieira, „U.S., Canada to Upgrade Joint Defenses“; Exner-Pirot/Huebert, „Arctic Security“, S. 145; USAF, *Arctic Strategy*, S. 5.

431 Strategic Home and Integrated Ecosystem for Layered Defense. Vgl. Ernie Regehr, „Soft Security Responses to Hard Power Competition“, in: Depledge und Lackenbauer, *On Thin Ice?* S. 57; Andrea Charron, „Beyond the North Warning System“, in: Depledge und Lackenbauer, *On Thin Ice?* S. 66.

432 Burney und Hampson, *Braver Canada*, S. 183.

433 Norwegian Ministry of Foreign Affairs, *Norwegian Government's High North Strategy*, Oslo: Norwegian Ministry of Foreign Affairs, 2006, S. 13.

434 Rudolf Hermann, „Im Norden wird aufgerüstet“, in: *NZZ*, 28.11.2020.

435 Henningsen, *Die Welt des Nordens*, S.27.

436 Charlie Duxbury, „Sweden edges closer to NATO membership“, in: *Politico*, 22.12.2020.

437 Jüri Reinvere, „Historische Erfahrung sitzt tief“, in: *FAZ*, 30.12.2021.

438 Andreas Bøje Forsby, *China as a national security threat. A comparative study of changing threat perceptions in the Baltic Sea region*, Kopenhagen: DIIS, 2021. Vgl. Mikkel Runge Olesen/Camilla Tenna Nørup Sørensen, *Intensifying Great Power Politics in the Arctic – Points for Consideration by the Kingdom of Denmark. From an Analysis of Assessments and Strategies in Finland, Norway and Iceland*, Kopenhagen: DIIS, 2019.

439 CRS, *Changes in the Arctic*, S. 20; Heljar Havnes/Johan Martin Seland, „The Increasing Security Focus in China's Arctic Policy“, Washington, D.C.: *The Arctic Institute*, 16.7.2019; Wishnick, „Russia and the Arctic in China's Quest for Great-Power Status“, S. 67f, 73; Kai Strittmatter, „Eine brisante Minute und 'sehr energische' Drohungen“, in: *SZ*, 13.12.2019.

440 Amund Trellevik, „China Strikes Back at Norwegian Foreign Intelligence Services, Argues Report Is Flawed and Prejudiced“, in: *High North News*, 18.2.2020.

441 Frank Radosevich, „After Gui Minhai's Jailing, Opposition Call for Ambassador's Expulsion“, *Radio Sweden*, 25.2.2020; Rudolf Hermann, „Nordische Werte und chinesischer Zorn“, in: *NZZ*, 8.2.2021.

442 Government Offices of Sweden, *Finland, Norway and Sweden enhance their trilateral military operations cooperation*, 23.9.2020, www.government.se/opinion-pieces/2020/09/finland-norway-and-sweden-enhance-their-trilateral-mi; Atle Staalesen, „It is time to strengthen Nordic security, say ministers as they sign landmark defense deal“, in: *IBO*, 24.9.2020.

443 Mallory Shelbourne, Finland, Switzerland Considering F-35s and Super Hornets in Upcoming Fighter Contests, in: USNI News, 9.10.2020.

444 „Russland könnte uns im Worst-Case-Szenario von den US-Truppen abschneiden“, in: *WELT online*, 17.6.2021.

445 Zitiert nach Matthias Wyssuwa, „Unsicherheit am Polarkreis“, in: *loyal*, 25.2.2021.

446 Vgl. Prime Minister's Office, *The Faroe Islands – a Nation in the Arctic*, Tórshavn: The Foreign Service, April 2013, S. 4.

447 Henningsen, *Die Welt des Nordens*, S. 165.

448 Frederiksen zitiert nach Kai Strittmatter, „Destination Arktis“, in: *SZ*, 18.5.2021.
449 Denmark, Greenland and the Faroe Islands, *Kingdom of Denmark Strategy for the Arctic 2011– 2020*, Kopenhagen/Nuuk/Tórshavn, August 2011.
450 Noch im Juni hatten Greenpeace-Aktivisten eine Bohrinsel der britischen Cairn Energy besetzt, um erste Probebohrungen vor der Küste Grönlands zu verhindern. Vgl. Flemming Emil Hansen, „Denmark Opts for Private Investment in the Arctic“, in: *WSJ*, 24.8.2011; Breum, *Cold Rush*, S. 35.
451 Breum, *Cold Rush*, S. 120.
452 *Op-ed in Berlingske – U.S. Ambassador: Denmark must rectify the serious short comings in its armed forces*, 30.11.2020, https://dk.usembassy.gov/u-s-ambassador-denmark-must-rectify-the-serious-short-comings-in-its-armed-forces/
453 Jacob Gronholt-Pedersen, „Denmark boosts Arctic defense spending“, in: Arctic Today, 11.2.2021.
454 „Prime Minister Marin's Speech at Arctic Frontiers Conference“, 4.2.2021, https://valtioneuvosto.fi/en/-/10616/prime-minister-marin-s-speech-at-arctic-frontiers-conference.
455 Markku Heikkilä, *It All Started in Rovaniemi*, www.uarctic.org/shared-voices/shared-voices-magazine-2016-special-issue/it-all-started-in-rovaniemi/.
456 Finnish Government, *Opening Speech by Prime Minister Antti Rinne at the Arctic Circle Assembly*, 10.10.2019.
457 Finnish Government, *Finland's Strategy for Arctic Policy*, Helsinki 2021, https://julkaisut.valtioneuvosto.fi/bitstream/handle/10024/163247/VN_2021_55.pdf?sequence=1&isAllowed=y.
458 *Strategic priority areas in the Foreign Service 2018–2022*, 14.3.2018, S. 2(7).
459 Finnish Defence Forces, *Finnish Military Intelligence Review 2021*, S. 7
460 Piotr Szymański, *With Russia right across the border. Finland's security policy*, Warschau: Centre for Eastern Studies (OSW), Mai 2018 (OSW Studies No. 73).
461 Helmut Michelis, „Eine Warnung für Moskau“, in: *Rheinische Post*, 22.6.2021.
462 Ministry for Foreign Affairs of Finland, *The Effects of Finland's Possible Nato Membership. An Assessment*, April 2016, S. 57.
463 Hanna Ojanen, *Between Russia, Sweden and NATO: Finland's defence of „sovereign equality“*, Berlin et al: ECFR, 10.1.2022 (View from the Council).
464 Pekka Vanttinen, „Finland denied China airbase in the Arctic“, in: *Euractiv*, 5.3.2021; Thomas Nilsen, „Finland's military blocked a Chinese bid to buy an Arctic airport for climate research flights“, in: *Arctic Today*, 5.3.2021.
465 Kopra, „Finland's Arctic Policy and the European Union“, S. 58.
466 Spohr/Hamilton, *The Arctic and World Order*, S. 25f; Winston Qiu, „Trans-Arctic Cable Project Arctic Connect Comes to a Suspension“, in: *Submarine Cable Networks*, 29.5.2021.
467 Andrew Scott Fortune, „100 Jahre Unabhängigkeit“, in: *Icelandic Times*, 6.3.2018.
468 Rasmus Gjedssø Bertelsen, Jens Christian Justinussen und Coco Smits, „Energy as a developmental strategy; creating knowledge-based energy sectors in Iceland, the Faroe Islands and Greenland“, in: Leif Christian Jensen und Geir Hønneland (Hg.), *Handbook of the Politics of the Arctic*, Cheltenham/Northampton, MA: Elgar, 2015, S. 9.

469 Andri Snær Magnason, *Traumland. Was bleibt, wenn alles verkauft ist?* Berlin: Orange Press, 2006, S. 174.

470 „Islands Papageitaucher in der Krise“, in: *Icelandic Times*, 11.4.2018, https://icelandictimes.com/de/researching-icelands-puffins/.

471 Gemäß Bremenports ist eine Bauphase 2021–23 vorgesehen. Noch sind aber keine Fortschritte bei dem Projekt erkennbar. Vgl. Carsten Schmiester, „Wie Island vom Klimawandel profitieren will“, *tagesschau.de*, 12.9.2019; https://bremenports.de/finnafjord/meilensteine/; *The Finnafjord Port Project*, EFLA, Reykavik, 2012, https://www.efla.is/media/utgefid-efni/finnajord_bkl_juni_13.pdf, Abruf 12.4.2021.

472 Christoph Seidler, „Panamakanal am Nordpol“, in: *Der Spiegel*, Nr. 39, 27.9.2010.

473 Allein die Zahl chinesischer Touristen steigerte sich zwischen 2007 und 2018 von 9500 auf 89 000. Icelandic Tourist Board, *Visitor Surveys*, www.ferdamalastofa.is/en/recearch-and-statistics/visitor-surveys.

474 Breum, *Cold Rush*, S. 117.

475 David Jolly, „Iceland and China Enter a Free Trade Agreement“, in: *NYT*, 15.4.2013; Valur Ingimundarson, „Iceland as an Arctic State“, in: Ken S. Coates und Carin Holroyd (Hg.), *The Palgrave Handbook of Arctic Policy and Politics*, London: Palgrave Macmillan, 2020, S. 257.

476 Glenn Nye und Maria Damsgaar, „The game of power in the Arctic“, in: *The Hill*, 5.11.2020; Su, „Challenges in the Arctic Exploitation and Their Impacts on China´s Arctic Position“, S. 40.

477 Sui-Lee Wee, Huang Yan, „Chinese tycoon says controversy could kill Iceland deal“, in: *Reuters*, 2.9.2011; Andrew Higgins, „Teeing Off at the Edge of the Arctic? A Chinese Plan Baffles Iceland“, in: *NYT*, 22.3.2013.

478 Hansson/Hauksdóttir, „Iceland and the European Union“, S. 66.

479 Breum, *Cold Rush*, S. 218.

480 Korrespondenz mit Valur Ingimundarson am 1.7.2021. Vgl. Ingimundarson, „Iceland as an Arctic State“, S. 259.

481 Hansson/Hauksdóttir, „Iceland and the European Union“, S. 70.

482 Die Präsenz von NATO-Flugzeugen auf Rotationsbasis war eine partielle Kompensation für die frühere permanente US-Präsenz. Vgl. Ingimundarson, „Iceland as an Arctic State“, S. 254; Haftendorn, „NATO and the Arctic“, S. 348.

483 Lowana Veal, „Concerns About Military Build-up in Iceland“, in: *In Depth News*, 14.9.2019; Larissa Kyzer, „One Step Too Close to Having a Military Base Here Again“, in: *Icelandic Review*, 23.6.2019; David Axe, „U.S. Air Force B-2s Arrive in Iceland To Practice Arctic Stealth-Bombing“, in: *Forbes*, 25.8.2021.

484 Tor Bomani-Larsen, *Amundsen. Bezwinger beider Pole*, Hamburg: mareverlag, 2019, S. 680.

485 Königin-Maud-Land (Dronning Maud Land) umfasst über 2,7 Millionen qkm und Peter-I.-Insel (Peter I Øy) 156 Qkm.

486 Vgl. Norwegian Ministries, *Norway's Arctic Strategy – Between Geopolitics and Social Development*, Oslo: Norwegian Ministry of Foreign Affairs, 2017.

487 Vgl. Rowe, *Arctic governance*, S. 69-76.

488 Geir Hønneland und Leif Christian Jensen, „Norway's approach to the Arctic: policies and discourse“, in: Leif Christian Jensen und Geir Hønneland (Hg.),

Handbook of the Politics of the Arctic, Cheltenham/Northampton, MA: Elgar, 2015, S. 467.

489 Kai Strittmatter, „Norwegens Ölindustrie steht vor Gericht“, in: *Tagesanzeiger*, 3.11.2020; Helmut Steuer, „Unter Strom“, in: Tagesspiegel, 24.1.2021; Rudolf Hermann, „Norwegen muss ehrlich zu sich selber sein“, in: NZZ, 29.3.2021.

490 Thomas Nilsen, „Norway proposes to open 125 new oil exploration blocks in the Barents Sea“, in: *IBO*, 24.6.2020; Åtle Staalesen, Norwegian oilmen are ready to drill along border to Russia, in: *IBO*, 30.5.2021.

491 Reinhard Wolff, „Norwegen klebt am Öl“, in: *taz*, 4.10.2021.

492 Andy Corbley, „Svalbard Coal Mines Dismantled and the Area is Turned Back into Wilderness With an Enormous National Park“, in: *World at Large*, 30.6.2021; Deutsches Arktisbüro, *Svalbard*, Potsdam 2020, S. 1; Ylvisaker, *Meine Welt schmilzt*, S. 77.

493 Atle Staalesen, „No Chinese resort in Svalbard, after all“, in: *IBO*, 21.10.2016.

494 Taylor, *After the ice*, S. 53f.

495 Vgl. Paal Sigurd Hilde und Helene Forsland Widerberg, „Norway and NATO: The Art of Balancing“, in: Robin Allers, Carlo Masala, Rolf Tamnes (Hg.), *Common or Divided Security? German and Norwegian Perspectives on Euro-Atlantic Security*, Frankfurt/Main: Peter Lang, 2014, S. 204–205.

496 Rolf Tamnes, „Norwegian Foreign and Security Policy: From the Arctic Frontier to the Afghan Battlefield“, in: Robin Allers, Carlo Masala, Rolf Tamnes (Hg.), *Common or Divided Security? German and Norwegian Perspectives on Euro-Atlantic Security*, Frankfurt/Main: Peter Lang, 2014, S. 52.

497 Emer Scully, „Norwegian undersea surveillance network capable of detecting submarines has cables mysteriously cut as police are called in to investigate - while suspicion swirls that Russia may have 'sabotaged' the equipment“, in: Mail Online, 13.11.2021.

498 Norwegian Ministry of Defense, *The defence of Norway. Capability and readiness. Long Term Defence Plan 2020*, Oslo: Norwegian Ministry of Defense, 2020, S. 2.

499 Norwegian Ministry of Defense, *The defence of Norway*, S. 6.

500 Thomas Nilsen, „Admiral Moiseyev slams Norway's ties with the United States as NATO kicks off major missile defence exercise“, in: *IBO*, 16.5.2021.

501 Jan M. Olsen, „Norway says Russia was behind hacker attack on parliament“, in: AP, 14.10.2020; Florian Flade und Georg Mascolo, „Haftbefehl gegen russischen Hacker“, in: *tagesschau*, 5.5.2020.

502 „Eine tiefergehende strategische Rivalität; Norwegens Außenministerin Ine Eriksen Søreide spricht im SZ-Interview über die Arktis als neuen Brennpunkt der Weltpolitik und warum sie sich über den zunehmenden Isolationismus in der EU sorgt“, in: SZ, 12.8.2020.

503 „Russian build-up of forces and military modernization could directly challenge Norwegian and allied countries' security.“ Zitiert nach Atle Staalesen, „Erna Solberg's new Arctic Policy outlines dramatic shift in regional security“, in: *IBO*, 1.12.2020.

504 Thomas Nilsen, „US nuclear subs makes port call in Tromsø to collect supplies“, in: *IBO*, 11.1.2022; Bruno Waterfield, „Norway reopens submarine base to help US“, in: *The Times*, 12.10.2020.

505 Ben Wolfgang, „Arctic buildup: U.S. Air Force deploys B-1 bomber squadron to Norway for first time", in: *The Washington Times*, 4.2.2021; Atle Staalesen, „New Russian fighter jets on standby in upgraded Arctic air base", in: *IBO*, 8.2.2021.

506 Thomas Nilsen, „U.S. Navy will build airport infrastructure in northern Norway to meet upped Russian submarine presence", in: *IBO*, 16. April 2021; Pekka Väntinne, „US-Vereinbarung sorgt für Spannungen zwischen Oslo und Moskau", in: EurActiv.de, 6.5.2021.

507 Arne O Holm, „It is Doubtful Whether Having American Submarines at Bay in Tromsø Increases Security in the High North", in: *HNN*, 15.10.2020.

508 „‚The current Norwegian security policy creates a classical security dilemma. Because the way Russia reacts is to continue jamming, exercises, and re-arming the Norwegian-Russian border areas. Russia does not do this because it is afraid of Norway. Russia fears that Norway will be used as a springboard for American operations into Russia's most important foreign policy instrument; nuclear forces located only 40 to 120 kilometers from the Norwegian border', [Tormod Heier vom Norwegian Defense Command and Staff College] says and continues: ‚When the High North whitepaper facilitates more American operations based in Norwegian territory, the land value of Norway – and Northern Norway in particular – increases. This contributes to increased tension in the High North.'" Peter B. Danilov, „High North Whitepaper: ‚Contributes to Further Militarization of Norway's Most Important Strategic Neighborhood', in: *HNN*, 3.12.2020.

509 John Grady, „Norwegian Officials: Russian Arctic Expansion Making Security Landscape ‚Difficult'", in: *USNI News*, 22.3.2021; „Norwegen informiert Russland über geplante Nato-Manöver", in: *SNA*, 13.1.2022.

510 Clara Bullock, „Increased SAR capability in the Arctic", in: *AirMed&Rescue*, 15.2.2021.

511 Hilde-Gunn Bye, „Sweden Launches New Arctic Strategy", in: *HNN*, 2.10.2020.

512 Vgl. Rudolf Hermann, „Schwedens Kolonialismus im eigenen Land", in: *NZZ*, 3.6.2021.

513 Vgl. *Sweden's strategy for the Arctic region*, 2011, S. 4 und S. 14.

514 „The military presence and activity in the Arctic have grown, partly as a result of deteriorating relations at global level. This also increases the risk of an arms race and incidents in the region. Strained relations at global level can have repercussions at regional level in the Arctic." *Sweden's strategy for the Arctic region*, 2020, S. 22. „... there is a new military dynamic in the Arctic region. What is particularly noticeable is increased Russian activity and military build-up to defend Russian territory." *Sweden's strategy for the Arctic region*, 2020, S. 23.

515 Arne O. Holm, „Now the Swedes Also Fear Increased Militarization of the Arctic", in: *HNN*. 2.10.2020. Vgl. Sverker Sörlin, „The reluctant Arctic citizen: Sweden and the North", in: Powell/Dodds, *Polar Geopolitics?* S. 149–165; Eklund, „Security Perspectives from Sweden", in: Giørv et al, *Routledge Handbook of Arctic Security*, S. 208f.

516 Henningsen, *Die Welt des Nordens*, S. 149.

517 Rudolf Hermann, „NATO-Beitritt ist kein Tabu mehr in Schweden", in: NZZ, 14.12.2020.

518 Der Parlamentsausschuss für Außen- und Sicherheitspolitik beauftragte die Regierung mit der Vorbereitung der NATO-Option. Das bedeutet noch nicht, dass der Beitritt veranlasst wird, aber im Bedarfsfall kann er schneller vollzogen werden. Vgl. „Majority in Swedish parliament backs ‚NATO option' after Sweden Democrats shift", in: *Reuters*, 9.12.2020; Hermann, „NATO-Beitritt ist kein Tabu mehr in Schweden"; Eklund, „Security Perspectives from Sweden", S. 213f und 216.

519 Andersson zitiert nach Kai Strittmatter, „Sicherheitspolitischer Sprengstoff", in: *SZ*. 10.1.2022.

520 Sofie Donges, Schweden diskutiert Verhältnis zur NATO, in: *Tagesschau*, 17.1.2022.

521 Rudolf Hermann, „Im Norden wird aufgerüstet", in: NZZ, 28.11.2020.

522 „Sweden to beef up spending on armed forces to counter Russia", in: *The Daily Telegraph*, 16.10.2020; Helen Warral, „Sweden's navy chief hails big increase in defence spending", in: *FT*, 21.12.2020; Michael M. Phillips und James Marson, „Russia's Neighbors Rebuild Defenses", in: *WSJ*, 6.1.2020.

523 Jojje Olsson, „China's Bid to Build the Largest Port in Scandinavia Raises Security Concerns", in: *Taiwan Sentinel*, 22.12.2017; Jan Lundius, „The Arctic: Earth's Last Frontier", in: *Global Issues*, 29.8.2019.

524 Rudolf Hermann, „China droht missliebigem schwedischem Journalisten mit ‚Konsequenzen'", in: *NZZ*, 15.4.2021.

525 „How Sweden copes with Chinese bullying", in: *The Economist*, 20.2.2020. Vgl. Rush Doshi, *The Long Game. China's Grand Strategy to Displace American Orde*r, Oxford: Oxford University Press, 2021, S. 277f.

526 Adela Suliman, „Sweden sets up Psychological Defense Agency to fight fake news, foreign interference", in: *WashP*, 6.1.2022.

527 Nach der Kolonialzeit 1721 bis 1953 wurde Grönland dänische Provinz. Die Hjemmestyre (Heimverwaltung) war die seit 1979 praktizierte Regierungsform. Sie wurde 2009 durch die Selvstyre (Selbstverwaltung) ersetzt, mit weiteren Autonomierechten. Vgl. Osherenko/Young, *The Age of the Arctic*, S. 77.

528 Kevin McGwin, „Former Greenland premier wants independence by 2021", in: *Arctic Today*, 21.3.2018.

529 Government of Greenland, *Politics in Greenland*, https://naalakkersuisut.gl/en/About-government-of-greenland/About-Greenland/Politics-in-Greenland, Abruf 11.12.2020.

530 Zitiert nach Gunnar Köhne, „Grönland und die Unabhängigkeit", in: DLF, 27.2.2020. Vgl. Steuer, „China beflügelt Grönlands Traum von Unabhängigkeit und Wohlstand".

531 Adam Grydehoj, „Government, Policies, and Priorities in Kalaallit Nunaat (Greenland): Roads to Independence", in: Ken S. Coates und Carin Holroyd (Hg.), *The Palgrave Handbook of Arctic Policy and Politics*, London: Palgrave Macmillan, 2020, S. 221.

532 *Act on Greenland Self-Government*, Act no. 473 of 12 June 2009, # 12, https://naalakkersuisut.gl/~/media/Nanoq/Files/Attached%20Files/Engelske-tekster/Act%20on%20Greenland.pdf.

533 Elisabeth Bauer und Kai Gläse, *Grönland bestätigt Weg der langsamen Unabhängigkeit*, Stockholm: Konrad-Adenauer-Stiftung, Mai 2018; Martin Breum, „Greenland's Premier: `We must work towards independence´", in: *High North News*, 20.1.2020.

534 Rudolf Hermann, „In Grönland endet Chinas ‚neue Seidenstrasse' vorerst in einer Sackgasse", in: NZZ, 14.11.2018.

535 Andrea Seliger, „Flughafen-Aufträge: Zu viel China auf Grönland?" In: *polarkreisportal.de*, 10.4.2018.

536 Vgl. Teis Jensen, „Greenland shortlists Chinese company for airport construction despite Denmark's concerns", in: *Reuters*, 27.3.2018; Hermann, „In Grönland endet Chinas ‚neue Seidenstrasse' vorerst in einer Sackgasse"; Olesen.

537 Vgl. Rudolf Hermann, „Grönland will mehr als bloss vom Fischen leben", in: NZZ, 31.10.2018; Kevin McGwin, The EU will pay more to fish less in Greenland waters, in: Arctic Today, 12.1.2021.

538 Helmut Steuer, „China beflügelt Grönlands Traum von Unabhängigkeit und Wohlstand", in: *Handelsblatt*, 24.4.2018; Michael Byers, „Greenland creates opportunities for Canada", in: *The Globe and Mail*, 24.10.2019; Rudolf Hermann, „Die USA umgarnen die Färöer und Grönland", in: *NZZ*, 27.7.2020.

539 Zitiert nach Hermann, „Grönland will mehr als bloss vom Fischen leben".

540 Vgl. Stensdal, Stensdal, „Much Ado About Something?", S. 266.

541 Bertelsen et al, „Energy as a developmental strategy", S. 18; Mineral Resources Authority, https://govmin.gl/about-us/organizational-structure/; Abruf 4.3.2021.

542 Breum, *Cold Rush*, S. 164f, 184; Mingming Shi/Marc Lanteigne, „China Steps Up Its Mining Interests in Greenland", in: *The Diplomat*, 12.2.2019; Gunnar Köhne, „Grönlands große Pläne für die Zukunft", in: DLF, 24.2.2020; Hermann, „In Grönland endet Chinas ‚neue Seidenstrasse' vorerst in einer Sackgasse".

543 Yang Jiang, *China in Greenland. Companies, Governments, and Hidden Intentions?* Kopenhagen: DIIS, 26.10.2018 (DIIS Policy Brief); Iselin Stensdal, „Much Ado About Something? China in Arctic Resource Development: Greenland and the Isua Iron-Ore Project", in: Svein Vigeland Rottem und Ida Folkestad Solvedt (Hg.), *Arctic Governance. Norway, Russia and Asia*, London et al: I.B. Tauris, 2020, S. 268.

544 Eilis Quinn, „Greenland seeks to boost profile in China with new Beijing office", in *Eyes on the Arctic*, 1.12.2021.

545 Breum, *Cold Rush*, S. 134; Maurice Walsh, ‚You can't live in a museum': the battle for Greenland's uranium, in: *The Guardian*, 28.1.2017; Mingming Shi und Marc Lanteigne, „The (Many) Roles of Greenland in China's Developing Arctic Policy", in: *The Diplomat*, 30.3.2018.

546 Zitiert nach Kai Strittmatter, „Eiskalt erwischt", in: *SZ*, 22.8.2019. Vgl. EPSC, *Walking on Thin Ice*, S. 3f; *Nadia Schadlow, „Why Greenland Is Really about China", in: The Hill, 28.8.2019;* Anders Fogh Rasmussen, „Greenland Should Unite the U.S. and Denmark", in: *The Atlantic*, 29.8.2019; Pompeo, *Looking North*; Laurence Peter, „Danes See Greenland Security Risk amid Arctic Tensions", *BBC News*, 29.11.2019; Gunnar Köhne, „Großmächte buhlen um die Insel", in: *DLF*, 28.2.2020.

547 Yang Jiang, *Chinese Investments in Greenland. Origins, progress and actors*, Kopenhagen: DIIS, 2021 (DIIS Report Brief).

548 Rudolf Hermann, „Grönland ist ein schlafender Riese für strategische Rohstoffe – Präsident Trump wollte ihn wecken", in: *NZZ*, 27.4.2021.

549 Bundesanstalt für Geowissenschaften und Rohstoffe (BGR), *Seltene Erden. Rohstoffwirtschaftliche Steckbriefe*, Hannover, April 2014, S. 5; Dörte Neitzel,

Rohstoff Seltene Erden: Das müssen Einkäufer wissen, in: Technik-Einkauf, 29.5.2017; Kalvig/Lucht, *Will Greenland's minerals consolidate China's rare earth dominance?* S. 4.

550 Stacy Meichtry und Drew Hinshaw, „China's Greenland Ambitions Run Into Local Politics, U.S. Influence", in: WSJ, 7.4.2021.

551 „Kvanefjeld Rare Earth – Uranium Project", in: *Mining technology*, 11.1.2016, www.mining-technology.com/projects/kvanefjeld-rare-earth-uranium-project/.

552 Byers, „Greenland creates opportunities for Canada"; Martin Breum, „Mining project with rare earths and uranium in Greenland close to approval", in: HNN, 21.12.2020; Joe Gould und Aaron Mehta, „Trump executive order targets rare earths minerals and China", in: *Defense News*, 1.10.2020; Shi/Lanteigne, „The (Many) Roles of Greenland in China's Developing Arctic Policy"; Shi/Lanteigne, „China Steps Up Its Mining Interests in Greenland".

553 Im November 2020 wurde Kielsen als Parteichef abgewählt; sein Nachfolger Jensen wollte Kielsen als Premier ablösen. Martin Breum, „Greenland's premier is ousted from party leadership by a rival promising stronger pursuit of independence", in: *Arctic Today*, 30.11.2020.

554 „Greenland goes to the polls in rare earth mining election", in: *The Guardian*, 6.7.2021.

555 „Greenland election: Opposition win casts doubt on mine", in: *BBC*, 7.4.2021; Meichtry/Hinshaw, „China's Greenland Ambitions Run Into Local Politics".

556 „Grönland: Múte Bourup Egede (34) regiert künftig die größte Insel der Welt", in: *euronews*, 8.4.2021.

557 Naalakkersuisut, *Members of Cabinet*, https://naalakkersuisut.gl/en/Naalakkersuisut/Medlemmer-af-Naalakkersuisut, Abruf 1.7.2021.

558 Breum, „Mining project with rare earths and uranium in Greenland close to approval".

559 Greenland Minerals, *Memorandum of Understanding Signed with Shenghe for the Commercialisation of the Kvanefjeld Project*, 21.8.2018. Vgl. Martin Breum, „Greenland's snap election exposes global mineral demand", in: *EU Observer*, 25.2.2021; Kalvig/Lucht, *Will Greenland's minerals consolidate China's rare earth dominance?* S. 4; Kevin McGwin, „Greenland joins EU minerals group", in: *Arctic Today*, 9.7.2021.

560 Bislang erscheinen die Risiken zu groß, die mit einer Ölförderung verbunden wären; auch ist die Größe der Vorkommen im Gebiet KANUMAS (Kalaallit Nunaat Marine Seismic) noch unbekannt. Es wäre aber das am weitesten nördlich gelegene Offshore-Projekt und damit im Falle eine Ölverschmutzung zugleich am schlechtesten erreichbar; Dänemark und Grönland wären kaum imstande, eine Katastrophe im Eismeer einzudämmen. Vgl. Breum, *Cold Rush*, S. 122–129; Naalakkersuisut, *Greenland halts new oil exploration*, 15.7.2021, https://naalakkersuisut.gl/en/Naalakkersuisut/News/2021/07/1507_oliestop.

561 *Appeal to the Greenlandic and Danish Governments and the European Union to Help Protect the Greenlandic and Arctic Environment*, Nuuk, Narsaq, Qaqortoq, Copenhagen, Aarhus, Brussels, Amsterdam, Berlin, 10.2.2021. Vgl. Committee for Greenlandic Mineral Resources to the Benefit of Society, *To the Benefit of Greenland*, Nuussuaq: Ilisimatusarfik, University of Greenland und Kopenhagen, 24.1.2014.

562 In ersten Meldungen war von 3000 Chinesen die Rede, die für dieses Projekt auf Grönland arbeiten sollten (realistisch etwa 1350). Mittlerweile hat Nuuk die Lizenz entzogen. Vgl. Stensdal, „Much Ado About Something?", S. 260, 264, 272; Jacob Gronholt-Pedersen, „Greenland strips Chinese mining firm of license for iron ore deposit", in: *Arctic Today*, 22.11.2021; Peter Bakkemo Danilov, „Greenland Ruby secures $18M in financing", in: *Arctic Today*, 11.5.2021.

563 Als die USA 1916 die westindischen Inseln (heute Virgin Islands) von Kopenhagen erwarben, erklärte Außenminister Robert Lansing im Gegenzug, nicht der Ausweitung dänischer Rechte auf ganz Grönland zu widersprechen. Der Ablehnung der US-Offerte 1946 folgte das bilaterale Verteidigungsabkommen, das den USA umfangreiche Rechte zur Einrichtung militärischer Stützpunkte im Königreich sicherte. Vgl. Breum, *Cold Rush*, S. 50f, 67; Byers, *International Law and the Arctic*, S. 22.

564 Martin Selsoe Sorensen, „'Greenland Is Not for Sale': Trump's Talk of a Purchase Draws Derision", in: *NYT*, 16.8.2019; „Danish PM Says Trump's Idea of Selling Greenland to U.S. Is Absurd", *Reuters*, 18.8.2019.

565 Martin Breum, „Russian Hypersonic Missiles May Be the Reason for Donald Trump's Wish to Buy Greenland", in: *High North News*, 28.11.2019.

566 Pierre Morcos und Colin Wall, *Invisible and Vital: Undersea Cables and Transatlantic Security*, Washington, DC: CSIS, 11.6.2021 (Commentary).

567 Malaurie, *Mythos Nordpol*, S. 349; Mian, *Die neue Arktis*, S. 26; Brett Tingley und Tyler Rogoway, „The U.S. Can't Buy Greenland But Thule Air Base Is Set To Become More Vital Than Ever Before", in: *The Warzone*, 23.9.2019.

568 „Pituffik (Thule Air Base) in Northwest Greenland is central to securing this fundamental cooperation now and into the future." *Statement on Improved Cooperation in Greenland – Including at Pituffik (Thule Air Base)*, Washington D.C., Kopenhagen und Nuuk, 28.10.2020. Vgl. Malte Humpert, „Greenland and U.S. Agree On Improved Cooperation at Thule Air Base", in: *HNN*, 30.10.2020.

569 Martin Selsoe Sorensen, „U.S. Aid Offer To Greenland Prompts Praise And Suspicion", in: NYT, 24.4.2020.

570 Hermann, „Die USA umgarnen die Färöer und Grönland".

571 Sorensen, „U.S. Aid Offer To Greenland Prompts Praise And Suspicion".

572 Rick Noack, „A Ukrainian twist in Trump's Greenland ‚debacle' has Danes puzzled", in: Washington Post, 7.11.2019.

573 „Greenland's new Prime Minister Mute Egede says Trump's offer made him realize just how valuable his homeland was. ‚It just shows how important Greenland could be in the future of the world,' he says. ‚We are in the middle of the Arctic, the middle of North America, Europe and eastern countries.'" Zitiert nach Vivienne Walt, „The U.S. Has Had a Military Presence in Greenland Since 1941. A Young New Leader Wants Much More", in: *Time*, 19.5.2021.

574 Stephen Leahy, „Greenland's ice is melting four times faster than thought—what it means", in: National Geographic, 21.1.2019; Michaela D. King, Ian M. Howat, Salvatore G. Candela, et al, „Dynamic ice loss from the Greenland Ice Sheet driven by sustained glacier retreat", in: *Communications Earth & Environment*, 1 (2020) 1, www.nature.com/articles/s43247-020-0001-2#Sec2; Alejandra Borunda, „Greenland's melting ice may affect everyone's future, in:

National Geographic, 15.10.2019; Neal Ascherson, „Kein Eis mehr vor Ilulissat", in: *Le Monde Diplomatique*, 7.5.2020.

575 Níels Einarsson, Joan Nymand Larsen, Annika Nilsson, Oran R. Young, *Arctic Human Development Report (AHDR)*, Akureyri: Stefansson Arctic Institut, 2004, S. 10, 45ff.

576 Marius Buhl, Grönland – „Ground Zero" des Klimawandels, in: *Tagesspiegel*, 19.11.2019; Kelton Minor et al, *Greenlandic Perspectives on Climate Change 2018–2019: Results from a National Survey*, University of Greenland und University of Copenhagen. August 2019, S. 9.

577 „At the heart of Inuit culture, is the preservation and long-term protection of the living resources, on which life in the Arctic has always depended. These living resources are key to my identity and to that of my people", Hammond, zitiert nach Marc Jacobsen, „The Power of Collective Identity Narration: Greenland's Way to a More Autonomous Foreign Policy", in: Arctic Yearbook 2015.

578 Zitiert nach Mian, *Die neue Arktis*, S. 24.

579 Ascherson, „Kein Eis mehr vor Ilulissat".

580 Nelli Mikkola, Linda Randall und Annika Hagberg (Hg.), *Green growth in Nordic regions – 50 ways to make it happen*, Stockholm: Nordregio, 2016.

581 „‚Wir wollen unser Wasser mit der Welt teilen'; Grönlands Energieminister über Schmelzwasser als Schatz – und die Zukunft der Schlittenhunde, in: *Der Tagesspiegel*, 17.2.2020; Matthew Hall, How global superpowers can court Greenland in a rare earths tug of war", in: *mine*, 21.6.2021, https://mine.nridigital.com/mine_jul21/greenland_critical_minerals_five_eyes.

582 Europäische Kommission und Hohe Vertreterin der Kommission für Außen- und Sicherheitspolitik, *Gemeinsame Mitteilung an das Europäische Parlament und den Rat. Eine integrierte Politik der Europäischen Union für die Arktis*, Brüssel, 27.4.2016, S. 10–11.

583 AECO, *Willkommen in der Arktis*, https://www.aeco.no/wp-content/uploads/2018/08/Visitors-Guidelines-DE-FINAL.pdf, Abruf 15.1.2022.

584 Mary Kay Magistad, China's Arctic ambitions have revived US interest in the region, in: The World, 12.10.2020.

585 Grönland erklärte 1979 den EU-Austritt, der 1985 wirksam wurde. Die Beziehungen wurden durch die Unterzeichnung einer Gemeinsamen Erklärung im Jahr 2015 erneuert. Die EU-Außenminister beschlossen 2021 ein Hilfspaket für die nächsten sieben Jahre in Höhe von 225 Millionen Euro, das Nuuk für das Erziehungssystem und „grünes Wachstum" nutzen will. Kevin McGwin, „Greenland is set to receive half of EU funding for ‚overseas strategic outposts'", in: *Arctic Today*, 8.10.2021.

586 „Naalakkersuisut may, on behalf of the Realm, negotiate and conclude agreements under international law with foreign states and international organisations, including administrative agreements which exclusively concern Greenland and entirely relate to fields of responsibility taken over." *Act on Greenland Self-Government*, §12.1.

587 „The powers granted to Naalakkersuisut in this Chapter shall not limit the Danish authorities' constitutional responsibility and powers in international affairs, as foreign and security policy matters are affairs of the Realm. *Act on Greenland Self-Government*, §11.2–3.

588 Breum, „Greenland's Premier: ‚We must work towards independence'".

589 Jacob Gronholt-Pedersen, „As the Arctic's attractions mount, Greenland is a security black hole", in: *Reuters*, 20.10.2020.

590 Royal Greenland, *Sustainable Fisheries Policy*, Nuuk 2019, www.royalgreenland.com/en-us/royal-greenland/sustainability/related-documents/.

591 Breum, *Cold Rush*, S. 47; Gronholt-Pedersen, „As the Arctic's attractions mount"; Hilde-Gunn Bye, „Denmark Improving Surveillance in the North Atlantic", in: *HNN*, 15.12.2020.

592 Grundlage war ein Verteidigungsabkommen mit Grönland (Dänemark war von Deutschland besetzt). Vgl. Philip Kiley, „Renew the Coast Guard Greenland Patrol", in: *USNI Blog*, 24.11.2020.

593 Sara Olsvig und Ulrik Pram Gad, *Greenland obviously has its own defense policy – but it needs anchoring to be sustainable*, Kopenhagen: DIIS, November 2021 (DIIS Policy Brief).

594 Dominic Nicholls, Royal Navy leads four-nation Arctic mission to block Russian dominance, in: The Telegraph, 10.9.2020; Jacob Gronholt-Pedersen, „As the Arctic's attractions mount, Greenland is a security black hole", in: *Reuters*, 20.10.2020.

595 Allied Maritime Command (MARCOM), *NATO begins cooperation with Danish Joint Arctic Command in Greenland*, Northwood: MARCOM, 1.10.2020.

596 Piotr Szymańsk, *Overstretched? Denmark's security policy and armed forces in light of the new Defence Agreement*, Warsaw: Centre for Eastern Studies, 20.4.2018 (OSW Commentary 266).

597 „Denmark will never be able to defend itself in the Arctic," said Steen Kjaergaard, head of the Centre for Arctic Security Studies at the Royal Danish Defence College. Gronholt-Pedersen, „As the Arctic's attractions mount, Greenland is a security black hole".

598 „When small nations wake up to the world's superpower threatening to unroot that relation, it's not something to take lightly"; Martin Breu, zitiert nach Martin Selsoe Sorensen, „‚Greenland Is Not for Sale': Trump's Talk of a Purchase Draws Derision", in: *NYT*, 16.8.2019.

599 „We might see Greenlandic representation at the tables of NATO and the Arctic Council", meinte Aaja Chemnitz Larsen, Mitglied des Dänischen Parlaments für Inuit Ataqatigiit, zitiert nach: Trine Jonassen, „Greenland Wants to Take the Lead: `We Have to Pick the Right Friends´", in: *HNN*, 26.11.2021.

600 Bertelsen, „Energy as a developmental strategy, S. 19; Grydehoj, „Government, Policies, and Priorities in Kalaallit Nunaat (Greenland)", S. 221.

601 Heininen, „Finnish Perspectives on the Arctic and Asia", S. 105.

602 „Denmark agrees to give Greenland front seat at Arctic table", in: *Reuters*, 10.6.2021.

603 „The Greenlandic people want more growth than just that military base," Egede said over a Skype call ... „The U.S. wants to use the air base. We also need to have something for it." Vivienne Walt, „The U.S. Has Had a Military Presence in Greenland Since 1941", in: *Time*, 19.5.2021.

604 Paul Goble, „Moscow Ready to Exploit Increasingly Independent-Minded Greenland Against West", in: *EDM*, 22.6.2021.

605 Gemäß § 21.1 des *Act on Greenland Self-Government* soll die Entscheidung über die Unabhängigkeit von der Bevölkerung selbst getroffen werden. Nach einer Entscheidung sollen Verhandlungen zwischen der dänischen und der

grönländischen Regierung (Naalakkersuisut) erfolgen. Eine Vereinbarung beider Regierungen erfordert die Zustimmung des grönländischen Parlaments (Inatsisartut) und soll von einem Referendum der Bevölkerung angenommen werden. Darüber hinaus ist die Zustimmung des dänischen Parlaments (Folketing) notwendig. Die Unabhängigkeit beinhaltet dann die Souveränität über Grönlands Territorium. Es bedarf also natürlich (auch) der Zustimmung aus Kopenhagen, aber die Entscheidung über die Unabhängigkeit – im Sinne einer Initiierung – liegt in Nuuk.

606 „No one wants to live in an independent Kalaallit Nunaat that is beset by problems, yet equally, if states needed to be perfect to be sovereign, then there would be few sovereign states in the world indeed." Grydehoj, „Government, Policies, and Priorities in Kalaallit Nunaat (Greenland)", S. 219.

607 Byers, *International Law and the Arctic*, S. 216–218; Johannes Rohr, „Anpassung und Selbstbehauptung. Die indigenen Völker in Russlands Hohem Norden", in: Manfred Sapper et al (Hg.), *Logbuch Arktis. Der Raum, die Interessen und das Recht*, Berlin: BWV, 2011, S. 387–406.

608 Inuit Circumpolar Council Canada, *Inuit Petition Inter-American Commission on Human Rights to Oppose Climate Change Caused by the United States of America*, 7.12.2005. Vgl. Byers, *International Law and the Arctic*, S. 227–228.

609 *Arctic Council. Permanent Participants*, https://arctic-council.org/ Abruf 9.12.2021.

610 Tatiana Britskaya, „The new Arctic colonization", in: *IBO*, 25.11.2021.

611 Taylor, *After the ice*, S. 57.

612 Im Juli 2016 hat der Inuit Circumpolar Council eine Strategie zur Selbstmordprävention verabschiedet.

613 Gerd Braune, *Indigene Völker in Kanada. Der schwere Weg zur Verständigung*, Berlin: Ch. Links Verlag, 2020, S. 94; David Signer, „Kirchen brennen in Kanada", in: *NZZ*, 28.6.2021.

614 Kevin Fraley, *Engaging Arctic Indigenous Communities Meaningfully in Decision-making Affecting Their Food Security*, 23.4.2021 (NPAC Voices of the Future), www.eastwestcenter.org/node/39816.

615 Jimmy Stotts, *A Need to Focus on Indigenous Priorities*, Reykjavik, 20.5.2021

616 David Venn, „ArcticNet launches Inuit-led scientific research program", in: *Nunatsiaq News*, 11.6.2021, S. 16.

617 In der Bestimmung der allgemeinen Eignung eines Antragstellers für den Beobachterstatus berücksichtigt der Arktische Rat u. a., inwieweit der Antragsteller: a. die in der Erklärung von Ottawa definierten Ziele akzeptiert und unterstützt; b. die Souveränität, die souveränen Rechte und die Gerichtsbarkeit der Arktisstaaten in der Arktis anerkennt; c. anerkennt, dass für den Arktischen Ozean ein umfassender Rechtsrahmen gilt, der das Seerecht einschließt, und dass dieser Rahmen eine solide Grundlage für ein verantwortungsvolles Management dieses Ozeans bietet; d. die Werte, Interessen, Kultur und Traditionen der indigenen Völker der Arktis und anderer Bewohner der Arktis respektiert; e. die politische Bereitschaft sowie die finanzielle Fähigkeit gezeigt hat, zur Arbeit der Ständigen Teilnehmer und anderer indigenen Völker der Arktis beizutragen; f. arktische Interessen und Fachwissen, das für die Arbeit des Arktischen Rates relevant ist, nachgewiesen hat; und g. ein konkretes Interesse und die Fähigkeit gezeigt hat, die Arbeit des Arktischen Rates zu unterstützen, auch durch Partnerschaften mit den Mitgliedstaaten

und den Ständigen Teilnehmern, die die Belange der Arktis in globale Entscheidungsgremien einbringen. Annex 2 in Arctic Council, *Arctic Council Rules of Procedure*, S. 14.

618 Alle vier Jahre soll das andauernde Interesse an diesem Status durch den Beobachterstaat erklärt werden. Vgl. Annex 2 in Arctic Council, *Arctic Council Rules of Procedure*, S. 13.

619 Arctic Council, *Arctic Council Rules of Procedure*, S. 9; Arctic Council, *Observer Manual for Subsidiary Bodies*, Tromsø: Arctic Council Secretariat, 2016, S. 5.

620 Die britischen Shetlandinseln liegen weiter nördlich. Vgl. Thomas Nilsen, „Estonia officially applies for Arctic Council observer status“, in: IBO, 11.11.2020.

621 Vgl. Annex 1 in Arctic Council, *Arctic Council Rules of Procedure*, S. 12.

622 Aktuell: Arctic Council, *Compilation of Observer Regular Reports 2019-21*, December 2020, https://oaarchive.arctic-council.org/handle/11374/1845.

623 Republique Française, Ministère des Affaires Etrangères et du Développement International, *The Great Challenge of the Arctic. National Roadmap for the Arctic*, Paris, Juni 2016.

624 House of Commons, Environmental Audit Committee, *The Changing Arctic. Twelfth Report of Session 2017–19*, 29.11.2018, S. 3.

625 The State Council Information Office of the People's Republic of China, *Full Text: China's Arctic Policy*, 26.1.2018, http://english.www.gov.cn/archive/white_paper/2018/01/26/content_281476026660336.htm.

626 Anne-Marie Brady, *China as a Polar Great Power*, Cambridge: Cambridge University Press, 2017, S. 3.

627 „Geographically, China is a ‚Near-Arctic State', one of the continental States that are closest to the Arctic Circle.“ The State Council Information, *China's Arctic Policy*.

628 Lackenbauer/Manicom, „Asian states and the Arctic“, S. 521.

629 Yun Sun, *The Intricacy of China's Arctic Policy*, Washington, D.C.: The Stimson Center, 27.8.2018, S. 1, 5, http://www.stimson.org/content/intricacy-chinas-arctic-policy.

630 Nach China und der EU hatten auch Japan, Südkorea, Singapur, Italien und Indien sowie eine Reihe von NGOs Beobachterstatus beantragt, so dass ein administratives Regelwerk – wer erhält unter welchen Bedingungen diesen Status – notwendig geworden war.

631 Matthew Willis und Duncan Depledge, „How we learned to stop worrying about China's Arctic ambitions: understanding China's admission to the Arctic Council, 2004–2013“, in: Leif Christian Jensen und Geir Hønneland (Hg.), *Handbook of the Politics of the Arctic*, Cheltenham/Northampton, MA: Elgar, 2015, S. 392–397.

632 Taylor, *After the ice*, S. 73.

633 Marc Lanteigne, *Northern Crossroads. Sino-Russian Cooperation in the Arctic*, Seattle/Washington, D.C.: National Bureau of Asian Affairs, März 2018, S. 2; Timo Koivurova, Liisa Kauppila, Sanna Kopra, Marc Lanteigne, Mingming Shi, Malgorzata Smieszek, Adam Stepien, *China in the Arctic and the Opportunities and Challenges for Chinese-Finnish Arctic Co-operation*, Februar 2019, S. 12.

634 Jian Yang, „China and Arctic Affairs", in: Lassi Heininen (Hg.), *Arctic Yearbook 2012*, Akureyri: Northern Research Forum, 2012, https://arcticyearbook.com/arctic-yearbook/2012/2012-commentaries/22-china-and-arctic-affairs.

635 Clive Hamilton und Mareike Ohlberg, *Die lautlose Eroberung. Wie China westliche Demokratien unterwandert und die Welt neu ordnet*, München: DVA, 2020, S. 183.

636 Elizabeth Economy, „Xi Jinping's New World Order. Can China Remake the International System?", in: *Foreign Affairs*, Januar/Februar 2022.

637 Rasmus Gjedssø Bertelsen, Li Xing und Mette Højris Gregersen, „Chinese Arctic science diplomacy. An instrument for achieving the Chinese dream?", in: Elena Conde und Sara Iglesias Sánchez (Hg.), *Global Challenges in the Arctic Region. Sovereignty, environment and geopolitical balance*. New York, NY: Routledge, 2017, S. 442–460.

638 Amar Bhattachayra et al, *China's Belt and Road: The New Geopolitics of Global Infrastructure Development. A Brookings Interview*, Washington, DC: Brookings, April 2019; Elizabeth Wishnick, „Russia and the Arctic in China's Quest for Great-Power Status", in: Ashley J. Tellis/Alison Szalwinski/Michael Wills, *Strategic Asia 2019. China's Expanding Strategic Ambitions*, Seattle/Washington, D.C.: National Bureau of Asian Research (NBR), 2019, S. 55f.

639 Jonathan E. Hillman, *The Emperor's New Roads. China and the Project of the Century*, New Haven und London: Yale University Press, 2020, S. 3–15.

640 Zitiert nach Jan Hildebrand und Moritz Koch, „Wie Europa Chinas Einfluss verringern soll", in: *Handelsblatt*, 3.5.2021.

641 Sun, *The Northern Sea Route*, S. 7.

642 Kong Soon Lim, „China's Arctic Policy and the Polar Silk Road Vision", in: Lassi Heininen und Heather Exner-Pirot (Hg.) *Arctic Yearbook 2018*, Akureyri: Northern Research Forum, 2018, S. 8.

643 „‚Countries closer to the Arctic, such as Iceland, Russia, Canada, and a few other European countries may tend to wish the Arctic were private or that they had priority to develop it,' Cui Hongjian, head of the European department of the China Institute for International Studies, told reporters before Premier Wen Jiabao's visit to Europe. ‚But China insists that the Arctic belongs to everyone just like the moon.'" Zitiert nach Irene Quaile, „China's Arctic ambitions spark concerns", in: *DW*, 26.04.2012.

644 Willis/Depledge, „How we learned to stop worrying about China's Arctic ambitions", S. 393; Olav Schram Stokke, „Asia in the Arctic: Policies, Stakes and Involvement", in: Svein Vigeland Rottem und Ida Folkestad Solvedt (Hg.), *Arctic Governance. Norway, Russia and Asia*, London et al: I.B. Tauris, 2020, S. 224.

645 Laruelle, *Russia's Arctic Policy*, S. 21.

646 CRS, *Changes in the Arctic*, S. 33; EPSC, *Walking on Thin Ice*, S. 8, 15; Atle Staalesen, „Chinese Money for Northern Sea Route", in: IBO, 12.6.2018.

647 Elizabeth Wishnick, „Will Russia Put China's Arctic Ambitions on Ice?", in: *China's Resource Risks*, 3.6.2021.

648 „‚Russia is not interested in delegating its rights to other states.' The Americans are not prepared for this, either, he remarked. ‚In this respect it is impossible to disagree with US Secretary of State Michael Pompeo's statement made in May 2019 that there are two groups of countries — Arctic and non-Arctic,'

Kochunov said. ‚He said so in relation to China, which positioned itself as a near-Arctic state. We disagree with this.'" „Russia has no intention of delegating responsibility for Arctic to other countries – envoy", in: TASS, 16.6.2020.

649 Lincoln E. Flake, „Russia and China in the Arctic: A Team of Rivals", in: *Strategic Analysis*, 37 (2013) 6, S. 681–687; Sun, *The Northern Sea Route*, S. 12, 14.

650 Sanna Kopra, „China's Arctic Interests", in: Lassi Heininen (Hg.), *Arctic Yearbook 2013*, Akureyri: Northern Research Forum, 2013, S. 107–124; „China's Ice Breaker Returns after First Arctic Rim Circumnavigation", in: *Global Times*, 10.10.2017.

651 CRS, *Changes in the Arctic*, S. 32; Malte Humpert, „China To Build New Heavy Icebreaker and Lift Vessel for Arctic", in: *HNN*, 16.11.2021.

652 Paul Goble, „China Helping Russia on Northern Sea Route Now but Ready to Push Moscow Aside Later", in: *EDM*, 7.5.2021.

653 Trym Aleksander Eiterjord, „China's Busy Year in the Arctic", in: *The Diplomat*, 30.1.2019; Renner, „Markt, Staat, Propaganda", S. 57; Sun, *The Intricacy of China's Arctic Policy*, S. 5, 13.

654 „Ultra Large Container Ships" (ULCS) bieten mehr als eine Verdoppelung der Standard-Ladekapazität bei größerer Reisegeschwindigkeit. China hat mehrere ULCS bestellt und investiert weltweit in Häfen, um diese Schiffe handhaben zu können. In der Arktis gibt es dafür bisher keine Einrichtungen.

655 Goble, „China Helping Russia on Northern Sea Route Now but Ready to Push Moscow Aside Later".

656 Wishnick, „Will Russia Put China's Arctic Ambitions on Ice?".

657 Sergey Sukhankin, „Russia's Pivot to Asia (China) After 2014: The Wrong Turn?", in: *EDM*, 8.6.2021.

658 Dmitri Trenin, *Russia and China in the Arctic: Cooperation, Competition, and Consequences*, Moskau: Carnegie, 31.3.2020.

659 Vgl. Rozman, „The Russian Pivot to Asia", S. 29.

660 James Temple, „If China plans to go carbon neutral by 2060, why is it building so many coal plants? The world's largest climate polluter is trying to have it both ways", in: *MIT Technology Review*, 23.9.2020; Hendrik Ankenbrand, „Chinas nebulöses Klimaversprechen", in: FAZ, 24.9.2020; „Why Beijing Loves Biden and Paris", in: *WSJ*, 22.2.2021, A16.

661 Fabian Kretschmer, „Chinas Kohlekraftwerke am Anschlag", in: *taz*, 10.11.2021.

662 Gaskraftwerke verursachen weniger CO_2-Emissionen als Kohlekraftwerke. Förderung und Transport von Erdgas verschlechtern aber die Klimabilanz. Denn bei der Förderung entweicht Methan in die Atmosphäre, und auch beim Transport gibt es Methanaustritte, an den Pipelineventilen und durch Lecks. Dieser Effekt ist laut Claudia Kemfert „lange unterschätzt worden, auch weil er schwer zu messen ist." Vgl. „Kemfert: Erdgasausstieg bis spätestens 2038", in: *Deutsche Welle*, 25.3.2021.

663 Lin Boqiang, „China Can Support Arctic Development as Part of B&R", in: *Global Times*, 9.8.2019.

664 Die Gesamtvorräte und -ressourcen auf der Jamal-Halbinsel umfassen nach Angaben von Gazprom 26,5 Billionen Kubikmeter Gas, 1,6 Milliarden Tonnen Gaskondensat und 300 Millionen Tonnen Erdöl. Im Jahr 2018 wurden dort 87,4 Milliarden Kubikmeter Gas gefördert, künftig sollen dies bis zu

360 Milliarden Kubikmeter Gas jährlich sein. Jamal, http://www.gazprom.de/projects/yamal/.

665 Hsin Hsuan Sun, „China Just Received Its First LNG Shipment to Arrive Directly from the Russian Arctic", in: *Arctic Today*, 20.7.2018; Kuersten, „Russian Sanctions, China and the Arctic", in: *The Diplomat*, 3.1.2015; Paul Stronski/Nicole Ng, *Cooperation and Competition: Russia and China in Central Asia, The Russian Far East, and the Arctic,* Washington, D.C.: Carnegie, Februar 2018, S. 27f; Sun, *The Northern Sea Route*, S. 11; Atle Staalesen, „As LNG Prices Hit Historical Low, Russian Government Decides It Will Not Fund New Arctic Projects", in: *IBO*, 27.11.2019; Zagorski, *Russia and the US in the Arctic*, S. 10; „China Acquires 20 Percent Stake in Novatek's Latest Arctic LNG Project", in: *High North News*, 29.4.2019.

666 Zum Vergleich: Die neue Pipeline „Nord Stream 2" soll 55 Milliarden Kubikmeter russisches Gas im Jahr durch die Ostsee bis nach Deutschland leiten. „Warum Nord Stream 2 wichtig ist", in: FAZ, 9.9.2020.

667 Mathias Brüggmann, „Gefährliche Sackgasse", in: *Handelsblatt*, 1.4.2021. Vgl. Michael Lelyveld, China, Russia Tighten Ties With Gas Pipeline – Analysis, in: *Eurasia Review*, 25.11.2019; Georgi Kantchev, „China, Russia Cinch Ties Via Gas Pipeline", in: *Wall Street Journal*, 2.12.2019; Sun, *The Northern Sea Route*, S. 11; „Mehr als nur eine Pipeline", in: *FAZ*, 9.12.2019, S. 20.

668 Nikos Tsafos, *A New Chapter in U.S.-China LNG Relations*, Washington, DC: CSIS, 6.12.2021.

669 Vgl. Brady, *China as a Polar Great Power*, S. 3, 52.

670 Brady, *China as a Polar Great Power*, S. 1, 60f, 75ff. Vgl. Michael Paul, *Kriegsgefahr im Pazifik? Die maritime Bedeutung der sino-amerikanischen Rivalität*, Baden-Baden: Nomos, 2017, S. 63–69; Wishnick, „Russia and the Arctic in China's Quest for Great-Power Status", S. 64.

671 Melody Schreiber, „A US Coast Guard patrol unexpectedly encountered Chinese warships near Alaska's Aleutian Islands", in: *Arctic Today*, 16.9.2021.

672 „China mixing military and science in Arctic push: Denmark", in: *Reuters*, 29.11.2019.

673 Vgl. Brady, *China as a Polar Great Power*, S. 60, 107–110; „China Mixing Military and Science in Arctic Push, Denmark Warns", *Reuters*, 29.11.2019.

674 Ein Bericht des Pentagon konstatierte 2018, dass einige BRI-Investitionen „could create potential military advantages for China, should it require access to selected foreign ports to pre-position the necessary logistics support to sustain naval deployment". Zitiert nach CRS, *China's Military: The People's Liberation Army (PLA)*, Washington, DC: CRS, 4.6.2021 (R46808), S. 22.

675 Der Direktor des damit betrauten Instituts wurde mit den Worten zitiert: „Everyone should be fairly clear about our national strategy. One aspect is the strategic position of the poles. Another is expansion into the two poles […]." Ryan D. Martinson, „The Role of the Arctic in Chinese Naval Strategy", in: *China Brief*, 19 (20.12.2019) 22, https://jamestown.org/program/the-role-of-the-arctic-in-chinese-naval-strategy/.

676 Government Offices of Sweden, *Sweden's strategy for the Arctic region*, Stockholm: Ministry for Foreign Affairs. Department for Eastern Europe and Central Asia. Arctic Secretariat, November 2020, S. 23.

677 Die Festnahme des ehemaligen Leiters des Arktis- und Antarktis-Instituts in St. Petersburg wegen angeblichen Verrats von Staatsgeheimnissen zeigte

das tiefe Misstrauen. Angeblich handelte es sich nur um Material aus offenen Quellen. Vgl. Ann M. Simmons, „Russia Charges Scientist With Passing Information to China“, in: *WSJ*, 16.6.2020; Taylor, *After the ice*, S. 76.

678 „China includes ‘Polar Silk Road’ in next 5-year plan“, in: *Reuters*, 5.3.2021; Lew/Roughead, *China's Belt and Road*, S. 62–74.

679 Michael Paul, *Allianz auf hoher See? Chinas und Russlands gemeinsame Marinemanöver*, Berlin: SWP, April 2019 (SWP-Aktuell 24/2019).

680 Brady, „Facing Up to China's Military Interest in the Arctic“.

681 Goldstein, „Chinese Nuclear Armed Submarines in Russian Arctic Ports“; Pincus, „Three-Way Power Dynamics in the Arctic“, S. 54; Ellen Nakashima, „China´s test of nuclear-capable hypersonic vehicle is concerning to analysts, in: WashP, 20.10.2021.

682 „China may be particularly interested in the Artic because it is developing improved Type 096 combat ships that it may start to deploy in 2022–2023, which are each armed with 24 JL-2 missiles. Launching against targets in the U.S. from the North Pole only involves ranges of 3,400 kilometers versus 11,800 kilometers from Shanghai. It should be noted, however, that if Russia grants China Type-096 missile submarine bases, this would seriously limit U.S. and Japanese capability to monitor Chinese transits or to attack such ships.“ Anthony H. Cordesman, *The Biden Transition and U.S. Competition with China and Russia: The Crisis-Driven Need to Change U.S. Strategy*, Washington, DC: CSIS, Januar 2021, S. 75.

683 Zitiert nach Eduard Steiner, „Pekings großer Juniorpartner“, in: *Die Welt*, 4.1.2021.

684 Kamrul Hossain, *Why Should Bangladesh Seek An Observer Seat On the Arctic Council?* London: Polar Research and Policy Initiative, 10.9.2021.

685 Lackenbauer/Manicom, „Asian states and the Arctic“, S. 519.

686 Lackenbauer/Manicom, „Asian states and the Arctic“, S. 527.

687 Ian Storey, „Singapore and the Arctic: Tropical Country, Polar Interests“, in: Sakhuja/Narula (Hg.), *Asia and the Arctic*, S. 71.

688 John Grady, „Beijing Wants Arctic to Remain Peaceful, Chinese Diplomat Says“, in: *USNI News*, 11.2.2021.

689 Nationale Akademie der Wissenschaften Leopoldina, *Klimawandel*, S. 15.

690 Stokke, „Asia in the Arctic“, S. 227.

691 Devendra Kumar Joshi, „Foreword 1“, in: Vijay Sakhuja und Kapil Narula (Hg.), *Asia and the Arctic. Narratives, Perspectives and Policies*, Singapur: Springer, 2016, S. vii.

692 Aditya Ramanathan, „Seeking a Seat at the Table: India Turns to the Arctic“, in: Weber, *Handbook on Geopolitics and Security in the Arctic*, S. 154.

693 Bundesministerium für Bildung und Forschung (BMBF), *Report of the 2nd Arctic Science Ministerial. Co-Operation in Arctic Science – Challenges and Joint Actions*, Bonn: BMBF, Februar 2019, S. 82f; Ramanathan, „Seeking a Seat at the Table“, S. 149.

694 Dattesh D. Parulekar, *India-Nordic Engagement: A Veritable Strategic Partnership in Reimagine and Configure*, Stockholm: Institute for Security and Development Policy, September 2021.

695 Uttam Kumar Sinha, „Arctic: A Paradox and Antithesis“, in: Sakhuja/Narula (Hg.), *Asia and the Arctic*, S. 21-23; Sivaramakrishnan Rajan und K. P.

Krishnan, „India's Scientific Endeavours in the Arctic", in: Sakhuja/Narula (Hg.), *Asia and the Arctic*, S. 43.

696 Sergey Sukhankin, „Russian LNG Shipments to India: Strategic Implications and Long-Term Prospects", in: *EDM*, 2.11.2021.

697 David Pfeifer, „Emissionsfrei – in 50 Jahren", in: *SZ*, 6./7.11.2021, S. 10.

698 Bala Chauhan, „China's growing Arctic footprint may hit India's security and climate interests: Experts", in: *The New Indian Express*, 13.8.2021.

699 Lackenbauer/Manicom, „Asian states and the Arctic", S. 522; Peter B. Danilov, „Japan to Build New Icebreaker for Arctic Research", in: *HNN*, 15.4.2021.

700 Hyodo, „Russia´s Sphere of Influence and the Arctic and Far East Regions", S. 251, 253; „Japan Seeks Arctic Shipping, Agricultural Partnerships in Russia's Far East", in: *Moscow Times*, 26.1.2021.

701 Martin Fritz, „Japans abrupter Abschied vom Kurilen-Traum", in: *Deutsche Welle*, 18.12.2020,

702 KMI/EWC series *The Arctic in World Affairs*, https://www.eastwestcenter.org/publications/browse-all-series/kmiewc-series-the-arctic-in-world-affairs.

703 BMBF, *Report of the 2nd Arctic Science Ministerial*, S. 23.

704 Sukjoon Yoon, „A Cooperative Maritime Capacity-Sharing Strategy for the Arctic Region: The South Korean Perspective", in: Sakhuja/Narula (Hg.), *Asia and the Arctic*, S. 49 und 55–58; Malte Humpert, „Novatek Orders 10 Arc7 Carriers for Arctic LNG 2 from Zvezda Shipyard", in: *HNN*, 8.9.2020

705 *Arctic Policy of the Republic of Korea*, Seoul: Korea Maritime Institute, 2013; Yoon, „A Cooperative Maritime Capacity-Sharing Strategy for the Arctic Region: The South Korean Perspective", S. 55f, 59.

706 Audrey Tan, „Singapore must prepare for rising waters due to heavy rain, climbing sea levels: Experts", in: *The Straits Times*, 21.4.2021.

707 Storey, „Singapore and the Arctic, S. 63-71.

708 Ministry of the Armed Forces, *France and the New Challenges in the Arctic*, Paris 2019; Siri Gulliksen Tømmerbakke, „France Compares the Arctic to the Middle East, Claims Region Belongs to No-One", in: *HNN*, 1.10.2019.

709 Republique Française, *The Great Challenge of the Arctic. National Roadmap for the Arctic*, Paris: Ministère des Affaires Etrangères et du Développement International, Juni 2016, S. 33.

710 AWI, *AWIPEV-Forschungsbasis*, https://www.awi.de/expedition/stationen/awipev-forschungsbasis.html, Abruf 22.11.2021.

711 Bomani-Larsen, *Amundsen*, 2019, S. 114.

712 Vgl. Martin Siegert et al, *The Arctic and the UK: Climate, research and engagement*, London: Imperial College, 7.6.2020 (Grantham Institute Discussion paper 7), S. 5.

713 Foreign and Commonwealth Office (FCO), *Beyond the Ice: UK policy towards the Arctic*, London: FCO, 2018, S. 8.

714 Duncan Depledge, „(Re) Assembling Britain's `Arctic´", in: Richard C. Powell und Klaus Dodds, *Polar Geopolitics? Knowledges, Resources and Legal Regimes*, Cheltenham und Northampton, MA: Elgar, 2014, S. 183-200; Agne Cepinskyte, *Global Britain's Arctic security policy: Going forward while looking back*, Helsinki: FIIA, September 2019 (FIIA Briefing Paper 270).

715 Neben der Fregatte *HMS Sutherland* (ausgelegt für U-Boot-Bekämpfung) nahm der US-Zerstörer der *Arleigh-Burke*-Klasse *USS Ross* and die norwegische Fregatte *Thor Heyerdahl* an dem Einsatz teil. Darüber hinaus

mehr als 1200 Militärpersonal aller vier Länder, unterstützt von US-P-8 *Poseidon* and dänischen Patrouillenflugzeugen vom Typ Challenger sowie RAF-Typhoon-Kampfflugzeuge.

716 „'The principle of upholding international maritime law, wherever that may be, is very important for a country like Britain that seeks to represent free trade,' Mr Wallace said." Dominic Nicholls, „Royal Navy leads four-nation Arctic mission to block Russian dominance", in: *The Telegraph*, 10.9.2020.

717 Scottish Government, *Arctic Connections. Scotland's Arctic Policy Framework*, Edinburgh 2019.

718 Government of Ireland, *Ireland's Application for Arctic Council Observer Status*, https://www.dfa.ie/media/dfa/newsmedia/pressrelease/Irelands-Application-to-the-Arctic-Council---Key-Messages.pdf.

719 VERSO UNA STRATEGIA ITALIANA PER L'ARTICO, www.esteri.it/mae/resource/doc/2019/11/verso_una_strategia_italiana_per_lartico__linee_guida_nazionali.pdf.

720 Arianna Muro Pes, *Far but not so far: Italy's Role and Interests in the Arctic*, 10.11.2020, www.thearcticinstitute.org/italy-role-interests-arctic/.

721 Michal Luszczuk, „Evolution of Poland's approach towards the Arctic: from international scientific cooperation to science diplomacy", in: Leif Christian Jensen/Geir Hønneland (Hg.), *Handbook of the Politics of the Arctic*, Cheltenham/Northampton, MA: Elgar, 2015, S. 582; Paweł Markiewicz, *Rising Challenges for the Arctic Council: Between a Great Power Competition and Multilateralism?* Warschau: PISM, 20.5.2021 (Strategic File).

722 Switzerland - Observer Report 2018, https://oaarchive.arctic-council.org/bitstream/handle/11374/2420/AC_Observer%20Report_Switzerland_12.2018_FDFA_update.pdf?sequence=1&isAllowed=y.

723 Anna Stünzi und Benno Zogg, *Switzerland and the Arctic: Closer Than You Think*, Zürich: foraus – Forum Aussenpolitik, Oktober 2020 (Policy Paper).

724 Stefan Flückiger leitet die EDA-Abteilung für sektorielle Außenpolitiken und vertritt die Schweiz in Polarfragen, zitiert in: Claudia Hoffmann, „Engagement in der Arktis", in: *Diagonal*, 1/18, www.wsl.ch/de/publikationen-suchen/diagonal-das-wsl-magazin/schwerpunkte/kalt/engagement-in-der-arktis.html.

725 Die Europäische Kommission hat im Dezember 2008 beantragt, als Beobachter zugelassen zu werden. In der letzten Erweiterungsrunde 2013 wurde diesem Antrag zugestimmt, aber keine endgültige Entscheidung getroffen. Vgl. *Status of the European Union in the Arctic Council*, https://arctic-council.org/en/about/observers/; Piotr Graczyk und Svein Vigeland Rottem, „The Arctic Council. Soft actions, hard effects?", in: Giørv et al, *Routledge Handbook of Arctic Security*, S. 227.

726 Europäische Kommission (KOM) und Hoher Vertreter der Kommission für Außen- und Sicherheitspolitik (HV), *Gemeinsame Mitteilung an das Europäische Parlament, den Rat, den Europäischen Wirtschafts- und Sozialausschuss und den Ausschuss der Regionen. Verstärktes Engagement der EU für eine friedliche, nachhaltige und prosperierende Arktis*, Brüssel, 13.10.2021, S. 2.

727 Europäische Kommission und Hohe Vertreterin der Kommission für Außen- und Sicherheitspolitik, *Gemeinsame Mitteilung an das Europäische Parlament und den Rat. Eine integrierte Politik der Europäischen Union für die Arktis*, Brüssel, 27.4.2016, S. 4.

728 KOM/HV, *Verstärktes Engagement der EU*, S. 2.
729 „Europa muss die Sprache der Macht lernen", in: *FAZ*, 8.11.2019.
730 „We are not hard security providers, and we don't have anything approaching a European army, so, for us, the idea of security includes things like health issues, environmental issues and search-and-rescue." Kevin McGwin, „For the EU's new Arctic envoy, low tension is job No. 1", in: *Arctic Today*, 14.9.2020.
731 EK/HV, *Verstärktes Engagement der EU*, S. 2.
732 EK/HV, *Verstärktes Engagement der EU*, S. 2.
733 Die EU importiert 87 % des in der russischen Arktis erzeugten Flüssigerdgases. EK/HV, *Verstärktes Engagement der EU*, S. 13.
734 EK/HV, *Verstärktes Engagement der EU*, S. 2.
735 EK/HV, *Verstärktes Engagement der EU*, S. 2.
736 EK/HV, *Verstärktes Engagement der EU*, S. 2.
737 Finnish Government, *Opening Speech by Prime Minister Antti Rinne at the Arctic Circle Assembly*, 10.10.2019.
738 Guy-Philippe Goldstein, *A ‚Cold War 2.0' Between the US and China*, London: RUSI, 10.11.2021.
739 Robert D. Kaplan, „A New Cold War has Begun", in: *Foreign Policy*, 7.1.2019.
740 Alexander Graf Lambsdorff, *Wenn Elefanten kämpfen. Deutschlands Rolle in den kalten Kriegen des 21. Jahrhunderts*. Berlin: Propyläen-Verlag, 2021.
741 Robert „Jake" Bebber und John Hemmings, „Cold War and Strategic Competition with China", in: CIMSEC, 18.2.2021.
742 Anna Sulimina, „Arctic Cold War heats up", in: *The Moscow News*, 3.4.2012.
743 Vgl. Kai Strittmatter, *Die Neuerfindung der Diktatur. Wie China den digitalen Überwachungsstaat aufbaut und uns damit herausfordert*, München: Piper, 2018.
744 Vgl. Joseph S. Nye Jr., „There's No Cold War With China", in: *NYT*, 8.11.2021.
745 Ryan Hass verwendet dafür den Begriff „Competitive interdependence", Joe Nye den der „cooperative rivalry". Vgl. Jessica Chen Weiss, „The Cold War is a poor analogy for today's U.S.-China tensions", in: *Washington Post*, 12.7.2021; Nye, „There's No Cold War With China".
746 Im neuen Fünfjahresplan (2021–25) strebt China eine duale Zirkulation an; die Binnenwirtschaft soll ausgebaut und von Importen unabhängig gemacht werden. Vgl. Mark Leonhard, „The new China shock", in: *The Strategist*, 1.4.2021; Moritz Koch, „Chinas Selbstentkoppelung", in: *Handelsblatt*, 12.7.2021.
747 Mark Leonhard, *The Age of Unpeace. How Connectivity Causes Conflict*, London: Bantam, 2021.
748 Jeremy Shapiro, „Biden Talks a Big Game on Europe. But His Actions Tell a Different Story", in: *Politico*, 4.6.2021.
749 Vgl. Hamilton/Ohlberg, *Die lautlose Eroberung*, S. 183
750 Christoph Humrich und Klaus Dieter Wolf, „Krieg in der Arktis? Konfliktszenarien auf dem Prüfstand", in: Manfred Sapper et al (Hg.), *Logbuch Arktis. Der Raum, die Interessen und das Recht*, Berlin: BWV, 2011, S. 242. Vgl. Emmerson, *The Future History of the Arctic*, S. 143; Andrej Zagorskij, „Konflikt in den Köpfen. Kritik der Versicherheitlichung der Arktis", in: Manfred Sapper und Volker Weichsel (Hg.), *Klimawandel und Meeresstrategie. Konflikt und Kooperation in der Arktis.*, Berlin: BWV, 2020, S. 81.
751 Exemplarisch Christoph Seidler, *Arktisches Monopoly. Der Kampf um die Rohstoffe der Polarregion*, München: Deutsche Verlags-Anstalt, 2009; Richard Sale

und Eugene Potapov, *The Scramble for the Arctic. Ownership, Exploitation and Conflict in the Far North*, London: Frances Lincoln 2010.

752 Costas Paris, „Russia's Siberian Waters See Record Ship Traffic as Ice Melt Accelerates", in: *WSJ*, 8.10.2020.

753 Alexander Klimentyev/Alexey Knizhnikov/Alexey Grigoryev, *Prospects and Opportunities for Using LNG for Bunkering in the Arctic Regions of Russia*, Moskau: World Wildlife Fund, 2017, S. 26.

754 Feng Shuai, der am Polarforschungsinstitut der staatlichen Ozeanverwaltung Chinas über die NSR forschte, schrieb: „The sharp decline of transit traffic since 2014 illuminates the bursting of the Northern Sea Route shipping bubble. If Russia does not make profound changes to its development model, this round of focus on the Northern Sea Route will lead to nothing." Sun, *The Northern Sea Route*, S. 6.

755 Die Nordflotte hat 2017 mit der *Ilya Muromets* (Project 21180) einen Eisbrecher erhalten.

756 Government Offices of Sweden, *Sweden's strategy for the Arctic region*, Stockholm: Ministry for Foreign Affair, November 2020, S. 23.

757 Robert Jervis, „Cooperation Under the Security Dilemma", in: *World Politics*, 30 (1978) 2, S. 167–214.

758 So zuletzt im IISS-Europe Workshop, „The Arctic: navigating between cooperation and competition", Berlin und London, 9.9.2021. Vgl. Walter Berbrick, Rachael Gosnell, Lars Saunes und Mary Thompson-Jones, „Preventing Conflict in the Arctic with Russia Starts with Dialogue", in: *The National Interest*, 8.3.2021; Mathieu Boulègue und Duncan Depledge, *It Is Time to Negotiate a New Military Security Architecture for the Arctic*, Washington DC: Wilson Center, 2021 (Polar Points No. 5).

759 Vgl. Lough, *Germany's Russia problem*, S. 250.

760 Jane George, „Russia wants to revive military meetings among Arctic Council members", in: *Nunatsiaq News*, 28.5.2021, S.5.

761 Siri Gulliksen Tømmerbakke, „Why Finland and Iceland Want Security Politics in the Arctic Council", in: *Arctic Today*, 25.10.2019.

762 TASS, *Press Review*, 15.1.2021, https://tass.com/pressreview/1245131.

763 „It is therefore important to extend the positive relations we have within the Arctic Council to encompass the military sphere as well, first of all by revitalizing multilateral dialogue on military issues between the general staffs of the Arctic states," Lavrov said. He said later at a news conference that resuming that dialogue would be a priority for Russia while it heads the council." Zitiert nach Matthew Lee, „US, Russia at odds over military activity in the Arctic", in: *Washington Post*, 20.5.2021.

764 *Recommendations of the Participants of the Expert Dialogue on NATO-Russia Military Risk Reduction in Europe*, Dezember 2020.

765 Vgl. Alexey Gromyko, Steven Pifer, Wolfgang Richter, „Die militärischen Risiken eindämmen", in: *Frankfurter Rundschau*, 21.12.2020.

766 Andrea Kendall-Taylor, Jim Townsend, Lawson W. Brigham und Nick Lokker, *Navigating Relations with Russia in the Arctic: A Bilateral Road Map for Stability*, Washington, DC: CNAS, November 2021.

767 „The purpose of such a document would be for all states with armed forces capable of operating in the Arctic to define, collectively, the red lines of military activities in the northern high latitudes, while also creating a dialogue

mechanism that would promote greater transparency and lay the ground for a less conflict-prone relationship between NATO and Russia in the region." Duncan Depledge, Mathieu Boulègue, Andrew Foxall, Dmitriy Tulupov, „Why we need to talk about military activity in the Arctic: Towards an Arctic Military Code of Conduct", in: *Arctic Yearbook 2019*, Akureyri, Northern Research Forum, 2019. Vgl. Boulègue, *Russia's Military Posture in the Arctic*, S. 30; Tellis, „For a Biden Arctic Agenda, Look to Governance"; *Pincus, „NATO North?"*; Zagorski, *Russia and the US in the Arctic*, S. 14f; Liselotte Odgaard und Sune Lund, *Reducing Russia-NATO Tensions: Codes for Unplanned Encounters at Sea*, Washington, DC: Hudson Institute, 2.9.2020.

768 Vgl. Brunner, *Die Erfindung des Nordens*, S. 157-159; English, *Ice and Water*, S. 83; Emmerson, *The Future History of the Arctic*, S. 23-33.

769 Andrey Gurkov, „Forscher warnt: Sibirien erlebt ‚ein neues Klimaphänomen'", in: *Deutsche Welle*, 15.7.2020.

770 Zitiert nach Michael Bauchmüller, „Der Preis ist heiß", in: SZ, 30./31.10./1.11.2021, S. 2.

771 Siehe hierzu ausführlich Rex, *Eingefroren am Nordpol*, S. 301-308.

772 Malaurie, *Mythos Nordpol*, S. 390.

773 Oliver Bilger (Protokolle), „Russland steht ein heißer Frühling bevor, in: *Tagesspiegel*, 31.3.2021.

774 Mary Dejevsky, „Russia could find itself a whole lot warmer, but once again out in the cold", in: *The Independent,* 28.5.2021; Wladislaw L. Inosemzew, „Wenn in Sibirien der Permafrost auftaut", in: NZZ, 8.10.2021.

775 *Pan-arktisches Netzwerk von Meeresschutzgebieten (Ark-MPA)*, www.ecologic.eu/de/17183.

Über den Autor

Michael Paul, Dr. phil., ist Senior Fellow der Stiftung Wissenschaft und Politik (SWP) in Berlin, Mitglied des Arktisdialogs des Alfred-Wegener-Instituts, Leiter des Gesprächskreises maritime Sicherheit der SWP und war 2018-2019 Mitglied des Expertenteams im Themenzyklus „Meere und Ozeane" des Runden Tisches der Bundesregierung. Zahlreiche Veröffentlichungen, zuletzt über Russland in der Arktis sowie als „Grundlagenwerk": *Kriegsgefahr im Pazifik? Die maritime Bedeutung der sino-amerikanischen Rivalität,* Baden-Baden: Nomos-Verlag, 2017.